职业教育先进制造类产教融合新形态教材

SurfMill 9.0 基础教程

主　编　曹焕亚　蔡锐龙

副主编　苏宏志　陈洁琼　于　洋

参　编　赵传强　孟繁星　任宏涛

　　　　景　磊　王　帅

主　审　张保全　于　亮

机械工业出版社

SurfMill 是北京精雕集团自主研发的核心软件产品。作为一款专用于五轴精密加工的 CAM 软件，它具有完善的曲面设计功能，丰富的平面加工和曲面加工策略，提供智能的在机测量和虚拟制造，为用户提供可靠的加工策略和解决方案。SurfMill 9.0 是软件的最新版本，更加提升了数控加工的数字化、智能化与专业化。

本书按照模块化教学要求设计，从实用的角度出发，详细介绍 SurfMill 9.0 软件的基础知识与基本操作，全书共四个模块，主要内容包括：SurfMill 9.0 基础知识与基本操作、模型创建、虚拟加工环境设置、CAM 加工方法、在机测量技术、后置处理技术等。

为方便自学，本书各章节均配有操作短视频，学习过程中可扫描二维码观看。为方便教学，本书配有实例素材源文件、操作短视频、思考与练习、电子教案、电子课件（PPT 格式）等，凡使用本书作为教材的教师可登录机械工业出版社教育服务网（http://www.cmpedu.com），注册后免费下载。咨询电话：010-88379375。

本书所使用的软件版本为 SurfMill 9.0，所有实例的模型文件（.escam）和程序文件（.escam）可访问 surfmill 官方门户网站 surfmill. jingdiaosoft.com 免费下载。

本书可作为职业院校机械类专业群 CAD/CAM 课程的教材和北京精雕集团认证考试的培训教程，也可以作为企业制造工程师、数控加工人员的参考用书。

图书在版编目（CIP）数据

SurfMill 9.0 基础教程/曹焕亚，蔡锐龙主编. —北京：机械工业出版社，2020.10（2024.1 重印）
职业教育先进制造类产教融合新形态教材
ISBN 978-7-111-66486-4

Ⅰ.①S… Ⅱ.①曹… ②蔡… Ⅲ.①计算机辅助设计-应用软件-职业教育-教材 Ⅳ.①TP391.7

中国版本图书馆 CIP 数据核字（2020）第 170368 号

机械工业出版社（北京市百万庄大街 22 号　邮政编码 100037）
策划编辑：王英杰　责任编辑：王英杰　赵文婕
责任校对：李　婷　封面设计：张　静
责任印制：常天培
北京机工印刷厂有限公司印刷
2024 年 1 月第 1 版第 5 次印刷
184mm×260mm・21.5 印张・529 千字
标准书号：ISBN 978-7-111-66486-4
定价：59.80 元

电话服务　　　　　　　　　　网络服务
客服电话：010-88361066　　　机 工 官 网：www.cmpbook.com
　　　　　010-88379833　　　机 工 官 博：weibo.com/cmp1952
　　　　　010-68326294　　　金 书 网：www.golden-book.com
封底无防伪标均为盗版　　　　机工教育服务网：www.cmpedu.com

职业教育先进制造类产教融合新形态教材编写联盟

（学校名按拼音排序）

常州机电职业技术学院

杭州科技职业技术学院

金华职业技术学院

江苏信息职业技术学院

南京工业职业技术大学

陕西工业职业技术学院

无锡职业技术学院

西安航空职业技术学院

浙江机电职业技术学院

北京精雕科技集团

机械工业出版社

前　言

SurfMill 9.0 软件是北京精雕集团自主研发的一款基于虚拟加工技术的通用 CAD/CAM 软件。SurfMill 9.0 软件操作界面简洁、直观，功能全面，生成的加工路径可转换成不同数控系统可用的加工路径文件，适用于不同的机床加工平台。该软件具有完善的曲面设计功能和丰富的加工策略，并将实际生产加工流程镜射到编程流程中，串联起软件编程、生产设备和实际加工过程，实现了编程智能化和规范化、物料使用透明化与防呆管控，使得生产过程安全可控，可以为用户提供可靠、高效的加工解决方案。其应用最为突出的是：

1）丰富的五轴编程策略和刀轴控制方式，方便使用者根据加工零件特点进行选择，快速生成安全、可靠的五轴加工路径，满足复杂形态零件加工、精密模具复合加工、产品外观件高光加工、难切削材料铣磨加工等多轴加工需求。

2）虚拟制造，将实际加工过程映射到编程流程中，串联起软件编程、生产设备和实际加工过程，实现了编程智能化和规范化、物料使用透明化与生产过程可控化，为用户提供可靠高效的加工解决方案。

3）在机测量，支持探测过程仿真、碰撞检查及干涉检查，可生成安全高效的测量解决方案，助力实现工步检测，量化管控。

在编写过程中，编者团队系统分析了数字化设计与制造相关岗位（群）工作过程、工作任务和职业能力，充分考虑了模块化教学的要求，创新软件课程的学习策略，坚持少理论多动手的原则，重点讲授工程项目中常用的知识与技巧。模块内容由浅入深，循序渐进，工程实践性强。

本书具有以下特色：

1）编者团队结构为校企人员相融合，利于知识技能互补；内容上以职业能力为本位，实现基本原理和生产案例相融合，具有实战性和先进性。各案例均来源于合作企业的实际加工方案，突出吸收"新技术、新工艺、新规范"成功应用，涉及面广。

2）层次清晰、语言简明，既讲授知识、技巧，又增设职业拓展，将知识点细分、归纳、精练，最终落脚到数控加工应用中。

3）按机械类专业群课程的模块化教学需求来设计本书结构，确保各模块之间的技术独立与递进，模块内的知识与技能互为融合。教师可以根据专业方向、教学设计、课堂要求等选择相应的模块资源，采用项目学习、案例学习、模块化学习等形式，引导学生应用所学知识认识、分析、解决实际问题。

4）学习资源丰富。教程中提供思考与练习、电子教案、电子课件（PPT 格式）等，便于教师进行个性化教学设计；还提供了操作短视频，以文字介绍和操作演示相结合的方式促使学生自主学习，使其获得不同的学习体验；书中配有二维码，便于师生在教与学过程中对操作短视频进行随时随地观看。

5）本书共有四个模块，每个模块参考学时为 6~20 学时，可以根据各专业需要选取相应案例模块，采用理实一体化教学模式。

本书是由浙江机电职业技术学院等九所高职院校和北京精雕集团的教授、专家组成的编写联盟编写的，由曹焕亚和蔡锐龙负责总体结构和呈现方式设计；苏宏志编写模块 1 和模块 2，陈洁琼、于洋编写模块 3 和模块 4；赵传强、孟繁星和任宏涛整理和编写各章节图和文字；景磊和王帅制作各章节视频。此外，金方园、刘甜、刘朋飞、聂笑、王冉、魏敏亮、张栎为本书出版提供了必要的帮助，对他们的付出表示真诚的感谢。全书由浙江机电职业技术学院曹焕亚统稿，北京精雕集团张保全、于亮主审。

尽管编写时力求严谨完善，但限于编者水平，书中疏漏和不足之处在所难免，恳请广大读者惠予斧正。

编　者

导 读

为了更好地学习本书内容，掌握书中知识点，请您仔细阅读以下内容。

一、软件安装环境

推荐以下软、硬件配置。

系统：Windows 7 及以上；　　　　　　　　硬盘：≥500GB；

CPU：Intel 酷睿 i3 及以上；　　　　　　　USB 端口：≥1 个；

内存：≥4GB；

显卡：显存 1GB 以上，支持 Open_ GL 的 3D 图形加速。

二、本书约定

本书编写所使用的软件版本为 SurfMill 9.0.15.1104。

本书中有关鼠标操作的简略表述说明如下。

1）单击：将鼠标指针移至某位置，按一下鼠标左键。

2）双击：将鼠标指针移至某位置，连续快速地按两次鼠标左键。

3）右击：将鼠标指针移至某位置，按一下鼠标右键。

4）单击中键：将鼠标指针移至某位置，按一下鼠标中键。

5）滚动中键：只是滚动鼠标中键，而不按鼠标中键。

6）选择（选取）某对象：将鼠标指针移至某对象上，单击以选取该对象。

7）拖动某对象：将鼠标指针移至某对象上，按下鼠标左键不放，同时移动鼠标，将该对象移动到指定位置后再松开鼠标左键。

本书包含的操作步骤以 STEP 字符开始。

下面是创建一把 φ1mm 球头刀操作步骤的表述。

STEP1：进入加工环境，单击"项目设置"选项卡上"项目设置"组中的"系统刀具库"按钮，弹出"刀具创建向导"对话框。

STEP2：在"类型过滤"列表框中选择"球头刀"选项，在"系统刀具库"下拉列表框中选择"［球头］JD-1.00"选项，单击"添加" 按钮，新建一把 φ1mm 的球头刀。

STEP3：在"基本信息"选项区域中设置"刀具名称"为"［球头］JD-1.00-1"，其余参数使用默认值。

STEP4：在"刀具参数"选项区域根据实际刀具设置"刀刃长度"为 6mm，"长度"为 25mm，其余参数使用默认值。

STEP5：在"刀杆参数"选项区域勾选"使用刀杆"，设置"刀杆底直径"为 1mm，"刀杆顶直径"为 4mm，"刀杆锥高"为 4mm。

STEP6：选择"加工参数"选项卡，修改"主轴转速""进给速度"等参数和实际加工参数相同。

目 录

模块3 加工策略

模块 4　后　置　处　理

模块1

软件技术

第1章 SurfMill 9.0基础知识

本章导读

SurfMill 9.0 软件具有 2D 绘制、3D 造型和 CAM 加工等完整的 CAD/CAM 功能，不论在设计造型方面，还是在编程加工方面，都可以使用户获得良好的体验。

本章介绍软件概况、基础界面和编程流程。通过本章学习，用户可对软件的界面和主要功能建立初步认识。

学习目标

➢ 熟悉 SurfMill 9.0 软件的界面；
➢ 熟悉 SurfMill 9.0 软件三大功能模块；
➢ 了解软件的编程流程。

1.1 SurfMill 9.0 软件概述

北京精雕科技集团有限公司（以下简称为北京精雕）开发的 SurfMill 9.0 软件是一款基于曲面造型的通用 CAD/CAM 软件。它具有完善的曲面设计功能，提供丰富的 2.5 轴、三轴和五轴加工策略、在机测量技术和虚拟加工技术，为用户提供可靠的加工策略和解决方案，可广泛应用于精密模具、精密电极、光学模具、精密零件等制造领域。

1.2 安装 SurfMill 9.0 软件

STEP1：运行 SurfMill_9.0 X64 安装包，弹出安装界面，如图 1-1 所示。SurfMill 9.0 软件提供了三种语言环境，选择安装语言，单击"下一步"按钮。

STEP2：在"许可证协议"界面选中"我接受许可证协议中的条款（A）"，接受用户协议，单击"下一步"按钮。如图 1-2 所示。

STEP3：在"选择目的地位置"界面的"目的地文件夹"选项区域中，单击"浏览"按钮，在弹出的对话框中选择 SurfMill 9.0_X64 的安装路径。完成后单击"下一步"按钮，如图 1-3 所示。

STEP4：在"安装类型"界面中选择所需要的安装类型，单击"下一步"按钮，如图 1-4 所示。

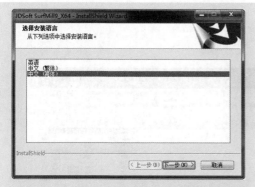

图1-1 SurfMill 9.0 "选择安装语言" 界面

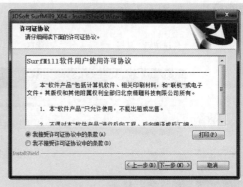

图1-2 接受许可证协议

图1-3 选择安装路径

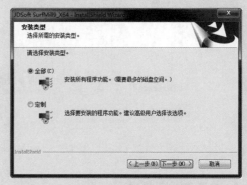

图1-4 选择安装类型

STEP5：在"安装状态"界面显示软件安装进度，如图1-5所示。

STEP6：安装完成后，单击"完成"按钮，如图1-6所示。

图1-5 显示安装进度

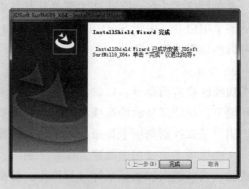

图1-6 安装完成

1.3 SurfMill 9.0软件的功能

SurfMill 9.0软件的用户界面主要由快速访问工具栏、菜单栏、功能区、导航工作区、状态提示栏、工具条、绘图区、参数输入区等组成，包括2D绘制、3D造型和加工环境三大功能模块，如图 1-7 所示。

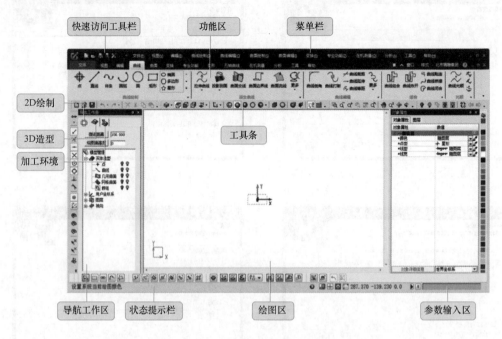

图 1-7　SurfMill 9.0 软件的用户界面

1. 快速访问工具栏

快速访问工具栏包括快速访问频繁使用的工具按钮，如"新建""打开""保存"按钮等。

2. 菜单栏

菜单栏将系统的命令通过主菜单及其各级子菜单进行分类管理，系统中大多数命令都可以从菜单中启动。由于 SurfMill 9.0 软件添加了功能区，因此系统默认将菜单隐藏起来，用户可以根据需要调出菜单。

3. 功能区

功能区将常用命令入口放置在各个选项卡中，便于用户快速启动相关命令。在不同的工作环境下，功能区显示的选项卡也不同，主要包含的公共选项卡有：文件、编辑、分析和帮助。用户可以控制选项卡和命令的显示及隐藏。

文件选项卡主要用于新建、保存、输入、输出文件和系统设置等；编辑选项卡主要用于对图层、当前视图和坐标系等进行操作；分析选项卡主要提供了如长度、角度、曲面曲率分析等实用工具；帮助选项卡主要提供了使用软件所遇到的各种问题的解决办法。

4. 导航工作区

导航工作区主要提供了一种快捷的操作导航工具，用于引导用户进行与当前状态或操作相关的工作。其主要包含 2D 绘制、3D 造型和加工环境导航区。当进行命令操作时，会增加命令导航区。

5. 状态提示栏

状态提示栏主要用于提示当前操作状态，以便进行下一步操作。

6. 工具条

在工具条中汇集了比较常用的工具，用户可以不必在菜单栏中层层选择，只需要通过单击各种工具按钮，即可进入命令。SurfMill 9.0 软件提供了定制功能，用户可以根据自己的使用情况定制工具栏。

> **说明：**
>
> 当工具图标右侧有小三角 ▼ 按钮时，表示这是一个工具组，其中包含功能相近的工具按钮，单击该符号便会展开相应的列表框，如图 1-8 所示。单击工具条右上方的反色小三角 ▼ 按钮，可以自定义（添加或删除）按钮到工具条。
>
>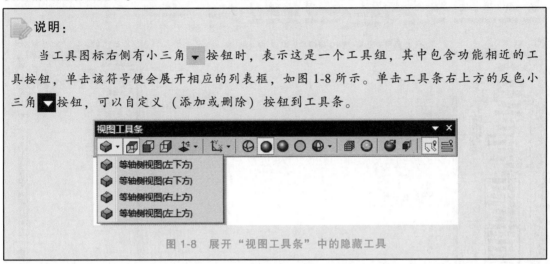
>
> 图 1-8 展开"视图工具条"中的隐藏工具

7. 绘图区

绘图区是用户界面中最大的区域，是进行模型设计和显示的区域。系统允许用户修改绘图区的背景颜色。

8. 参数输入区

参数输入区主要用于输入点的坐标值和快速启动命令。

1.3.1 2D 绘制功能模块

SurfMill 9.0 软件的 2D 绘制功能模块主要包括曲线、变换和艺术曲面等选项卡，其效果如图 1-9 所示。

曲线选项卡主要提供了系统中常用的曲线绘制和曲线编辑命令；变换选项卡主要提供了系统中常用的变换和转换命令；艺术曲面选项卡主要提供了艺术曲面、标准曲面、展平及映射拼合等曲面绘制和变换等命令。

1.3.2 3D 造型功能模块

SurfMill 9.0 软件不仅具有强大的 2D 绘制功能，而且具有完善的 3D 造型功能。单击"导航工作条"窗格中的"3D 造型"选项卡，进入 3D 造型用户界面，如图 1-10 所示。

北京精雕

图 1-9 2D 功能效果示例

3D 造型功能模块主要包括曲线、曲面、变换、专业功能、五轴曲线和在机测量等选项卡，其效果如图 1-11 所示。

曲线选项卡主要提供了基本和派生曲线绘制、曲线编辑命令；曲面选项卡主要提供了标准和自由曲面的造型、曲面编辑命令；变换选项卡主要提供了常用的图形变化和类型转换命令；专业功能选项卡主要提供了文字编辑、齿轮造型和模具设计等专业功能所需的命令；五轴曲线选项卡主要提供了五轴曲线的初始化、编辑等命令；在机测量选项卡主要提供了创建、编辑测量点等常用命令。

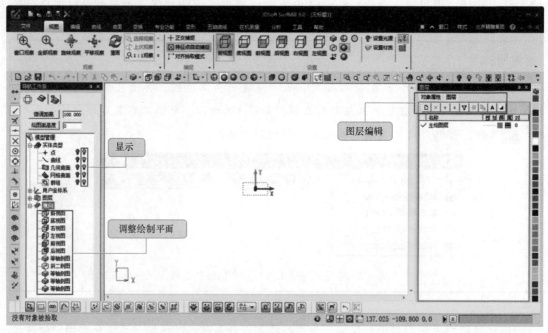

图 1-10　"3D 造型"用户界面

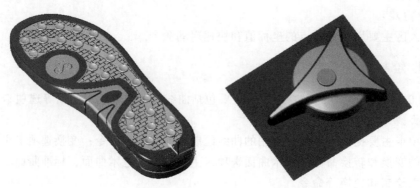

图 1-11　3D 功能效果示例

1.3.3　CAM 简介

为了提高编程规范性和路径安全性，SurfMill 9.0 软件的虚拟制造平台将实际生产加工流程映射到编程流程中，新建文件会自动进入精密加工环境，逐步引导用户规范编程。Surf-Mill 9.0 软件默认的导航工作区的状态为加工环境，如图 1-12 所示。

加工环境功能模块主要包括项目设置、刀具路径、三轴加工、多轴加工、特征加工、在机测量和路径编辑等选项卡。

项目设置选项卡主要提供了项目向导、项目设置等常用的命令；刀具路径选项卡主要提供了刀具路径过切、碰撞检查和机床模拟等常用的命令；三轴加工选项卡主要提供了 2.5 轴和三轴的加工方法；多轴加工选项卡主要提供了五轴的加工方法；特征加工选项卡主要提供了叶轮、齿轮和倒角等特征类型的加工方法；在机测量选项卡主要提供了工件位置偏差修正、元素检测、特性评价、补偿加工以及检测报告输出等命令。

图 1-12 "加工环境"用户界面

1. 数控编程

SurfMill 9.0 软件不仅提供了完善的曲面造型模块，还提供了 2.5 轴、三轴、多轴、特征加工等多种加工策略，能够为用户提供安全、稳定、高效的加工路径，如图 1-13 所示。

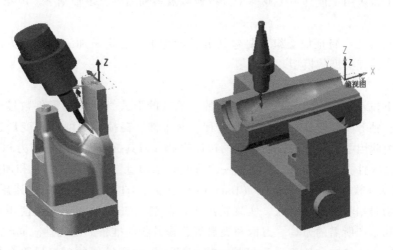

图 1-13 加工模块示例

（1）2.5 轴加工 SurfMill 9.0 软件提供了多种基于点、单线、闭合区域的 2.5 轴加工方法，主要有钻孔、扩孔、铣螺纹加工、单线切割、单线摆槽、轮廓切割、区域加工、残料补加工、区域修边和三维清角十种加工方式，常应用于规则零件加工、玻璃面板磨削和文字雕刻等领域。

（2）三轴加工　三轴加工组主要包括分层区域粗加工、曲面残料补加工、曲面精加工、曲面清根加工、成组平面加工、投影加深粗加工以及导动加工七种加工方式，常应用于精密模具和工业产品等加工行业。

（3）多轴加工　一般约定，运动轴数目大于 3 的机床为多轴加工机床。多轴加工是指多轴机床同时联合运动轴数目大于 3 时的加工形式，这些轴可以是全部联动的，也可以是部分联动的。

根据多轴机床运动轴配置形式的不同，可以将多轴数控加工分为以下几种。

1）四轴联动加工：在四轴机床（最常见的机床运动轴配置是 X、Y、Z、A 轴）上四个运动轴可同时联动的一种加工形式。

2）3+1 轴加工：在四轴机床上，实现三个直线轴可联动加工，而旋转轴间歇运动的一种加工形式，也称四轴定位加工。

3）五轴联动加工：机床的五个运动轴在加工工件时能同时协调运动的一种加工形式。

4）五轴定轴加工：也称五轴定位加工，可分为 3+2 轴加工和 4+1 轴加工。

3+2 轴加工是指在五轴机床上进行 X、Y、Z 三个直线轴联动加工，两个旋转轴固定在某角度的加工。3+2 轴加工是五轴加工中最常用的加工方式，能完成大部分侧面结构的工件加工。

4+1 轴加工是指在五轴机床上实现三个直线轴和一个旋转轴联动，另一个旋转轴做间歇运动的一种加工形式。

SurfMill 9.0 软件根据不同的加工需求和机床特点提供了五轴钻孔、五轴铣螺纹、五轴曲线、四轴旋转、曲面投影、曲面变形、曲线变形、多轴侧铣、多轴区域和多轴区域定位十种多轴加工方式。

多轴加工常应用于模具、工业模型等行业以及多轴加工、多轴刻字、雕花、倒角修边加工领域。

（4）特征加工　特征加工组主要包括五轴叶轮加工、倒角加工等加工方式，常应用于叶轮、倒角等特征类型的模型。

2. 虚拟加工技术

虚拟加工技术是利用计算机以可视化的、逼真的形式直观展示零件数控加工过程，如车、镗、铣、钻等实际产品加工的本质过程。对干涉、碰撞、切削力和变形进行预测和分析，减少或消除因参数设置错误而导致的机床损坏、刀具折断以及因切削力和切削变形造成的薄型或精密零件报废的现象，从而进一步优化切削用量，提高加工质量和加工效率。

SurfMill 9.0 软件基于数据技术（Data Technology，DT），在软件中构建虚拟加工场景，将编程端、物料端和机床端串联，实现精准虚拟制造，如图 1-14 所示，使用户在工艺规划阶段引入实际生产所需的刀具、刀柄和夹具等，提升物料准备的准确性。同时，基于生产使用的物料进行安全检查和切削过程模拟，将在机床端才能发现的碰撞风险全部显示在编程端，降低设备试切加工时间，提升设备运行效率。

3. 在机测量

在机测量是以机床为载体，附以相应的测量工具（硬件包括机床测头、机床对刀仪等，软件包括宏程序、专用 3D 测量软件等），在工件加工过程中，实时在机床上对工件进行几何特征测量的一种检测方式，根据检测数据可以进行数学计算、几何评价、工艺改进等工作。在机测量是过程控制的重要环节。

SurfMill 9.0 软件的在机测量模块是通过将测量程序的设计编写工作移入 CAM 软件，使其和刀具路径编程一样简便、直观，提升了探测计算程序的编写效率，降低了在机测量技术的使用难度，如图 1-15 所示。

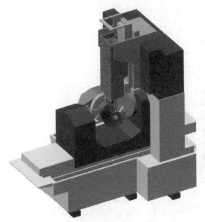

图 1-14　虚拟加工示例

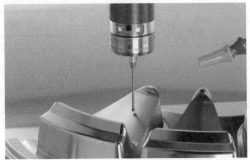

图 1-15　在机测量示例

1.4　SurfMill 9.0 软件的数控编程

SurfMill 9.0 软件的 CAD/CAM 功能简化了数控编程的过程。其编程过程如图 1-16 所示。

1. 选择文件模板

文件模板对于一台机床来说是加工环境和工艺方案的反映。文件模板可以保存机床、刀具刀柄、图层分类、常用的坐标系及刀具平面路径信息等，再次新建加工文件时可以直接调用，无须再从初始设置配置相关参数，只需根据模型稍做修改即可。对于同类型不同型号的批量产品，可使用文件模板进行编程，其操作过程十分快捷，常用于精密模具和微小零件中。

2. 输入 CAD 模型

CAD 模型是数控编程的前提和基础，任何 CAM 的程序编制必须有 CAD 模型为加工对象。获得 CAD 模型的方法通常有以下三种方式：

1）打开 SurfMill 9.0 软件设计并保存的 CAD 造型文件。

2）使用 SurfMill 9.0 软件直接造型。

3）将其他格式的模型文件转换成 SurfMill 9.0 软件可读取的格式文件。

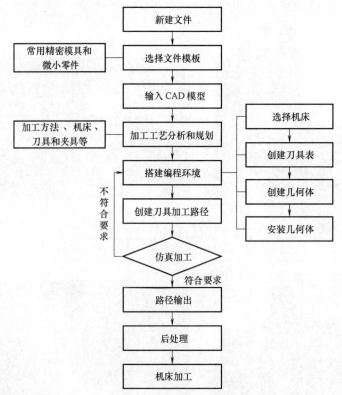

图 1-16 SurfMill 9.0 软件数控编程过程

3. 加工工艺分析和规划

加工工艺分析和规划主要包括以下内容：

（1）加工机床 通过分析模型，确定工件的加工机床。

（2）安装位置和装夹方式 分析并确定零件在机床上的安装方向和定位基准，选择合适的夹角，确定加工坐标系及原点位置。

（3）加工区域规划 对加工对象进行分析，按其形状特征、功能特征、精度要求及表面粗糙度要求等将加工对象划分为数个加工区域。对加工区域的合理规划可以提高加工效率和加工质量。

（4）加工工艺路线规划 包括从粗加工到精加工再到清根加工的流程及加工余量分配。

（5）加工工艺和加工方式 包括选择刀具、加工工艺参数和切削方式等内容。

4. 搭建编程环境

在编写加工路径之前，需要对当前的加工环境进行配置，包括机床设置、刀具表设置、几何体设置等。

（1）选择机床 选择合适的机床，对加工环境的机床进行虚拟配置。

（2）当前刀具表 针对每步工序选择合适的加工刀具并在软件中设置相应的加工参数。

（3）创建几何体　根据现有模型，设置工件、毛坯和夹具。

（4）几何体安装　对工件进行摆正，确定工件在机床上的安装方向和加工坐标系等。

5. 创建刀具加工路径

在完成编程环境的搭建后，就开始编写加工路径，主要包括以下内容：

（1）加工程序参数设置　包括进退刀位置及方式、切削用量、行间距、加工余量、安全高度等，这是CAM软件参数设置中最主要的一部分内容。

（2）路径计算　将编写的加工程序提交SurfMill 9.0系统，软件自动完成刀具轨迹的计算。

6. 仿真加工

为确保程序的安全性，必须对生成的刀具轨迹进行仿真模拟，主要包括以下内容：

（1）过切、干涉检查　检查加工过程是否存在过切现象和发生碰撞等风险，保证加工安全。

（2）线框、实体模拟　对模型进行线框和实体仿真加工，直接在计算机屏幕上观察加工效果，可以直观地检查是否有过切或干涉现象。

（3）机床仿真　采用与实际加工完全一致的机床结构，模拟机床动作。这个过程与实际机床加工十分类似。

对检查中发现的问题，应及时修改程序，调整参数设置重新进行计算，再做检验。

7. 路径输出

路径输出是指检查路径的安全状态，如果检查到过切、刀柄碰撞、机床碰撞的路径，则SurfMill 9.0软件不允许输出该路径；如果是安全状态未知的路径，则需要编程人员确认之后才能输出。输出路径文件格式主要有 ∗.ENG、∗.NC 两种格式。

8. 后处理

后处理实际上是一个文本编辑处理过程，其作用是将计算出的刀具路径以规定的标准格式转化为数控程序代码并输出保存。

9. 机床加工

在后处理生成数控程序之后，还需要检查程序文件，特别是对程序头和程序尾部分的语句进行检查，若有必要则可以修改。程序文件可以通过传输软件输送至数控机床的控制器上，由控制器按程序语句驱动机床加工。

在上述过程中，编程人员的工作主要集中在加工工艺分析和规划、创建程序这两个阶段，其中工艺分析和规划决定了刀具轨迹的质量，创建程序则构成了软件操作的主体。

知识拓展 ——工业软件

工业软件是指用于实现用户在工业领域中解决特定问题和应用需求的软件。工业软件具有鲜明的行业流程特色，软件根据用户和所服务的领域不同可以提供不同的功能。工业软件大体上分为两个类型：嵌入式软件和非嵌入式软件。嵌入式软件是嵌入在控制器、通信、传感装置之中的用于采集、控制、通信等的软件，非嵌入式软件是装在通用计算机或者工业控制计算机之中的用于设计、工艺、仿真、监控、管理等的软件。

SurfMill 9.0 软件具有文件操作、系统设置、显示操作等常用基础功能。

通过本章学习，用户可以了解文件的创建方法，如新建、打开、保存等；零件的选择、显示模式以及图层的设置方法等。

➤ 掌握文件的各种操作方法；
➤ 掌握系统设置的方法；
➤ 掌握图层的设置管理；
➤ 学会自定义合适的用户界面；
➤ 学会查阅帮助文档。

2.1 文件操作

"文件"菜单中包含各种常用的文件管理命令，可用于创建新的文件、打开已有的文件、保存或另存文件、查找 .escam 格式文件、输入/输出其他格式文件、打印文件、管理多文档等，如图 2-1 所示。

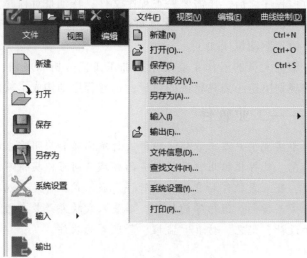

图 2-1 "文件"菜单

2.1.1 新建和打开文件

1. 新建文件

创建文件可以选择"文件"→"新建"命令，即可打开"新建"对话框，如图2-2所示。

为了方便设计和操作，SurfMill 9.0软件增加了模板功能。新建文件时，用户可以使用系统提供的常用模板文件，也可以自定义模板保存后使用，具体操作方法可查阅帮助文档（查阅方法见本章2.7中的内容）。

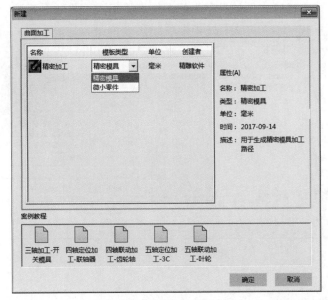

图2-2 "新建"对话框

2. 打开文件

通过"打开"命令可以直接进入与文件相对应的操作环境中。选择"文件"→"打开"命令，即可打开"打开"对话框，如图2-3所示。在对话框中选择需要打开的文件，"预览"选项区域将显示所选图形（需勾选"预览"复选框），单击"打开"按钮即可打开文件。

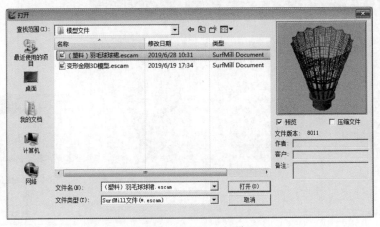

图2-3 "打开"对话框

还可以通过"文件"菜单中的"最近的文档"命令，快速打开近期打开过的文档。

2.1.2 保存或另存文件

选择"文件"→"保存"命令（或按组合快捷键<Ctrl+S>），即可将文件保存到原路径。

如需将当前文件保存至其他路径，可选择"文件"→"另存为"命令，打开"另存为"对话框，如图2-4所示，设置保存路径、文件名称等，单击"保存"按钮即可完成文件的另存操作。如需对文件进行数据压缩，可在"另存为"对话框中勾选"压缩文件"复选框。

新建文件的保存与已有文件的另存为的操作步骤相同、此处不赘述。

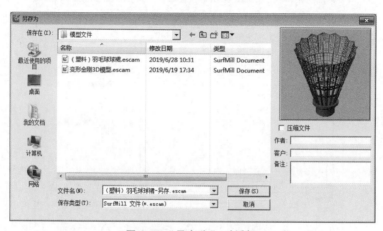

图2-4 "另存为"对话框

2.1.3 多文档管理

SurfMill 9.0 软件提供多文档功能，支持多个文档同时打开，支持层叠、水平平铺和垂直平铺三种窗口显示样式，如图2-5所示。单击不同文件的名称，可以实现多窗口切换，即通过"窗口"菜单可在多个文档之间进行切换，如图2-6所示，便于在操作时查看其他文档。

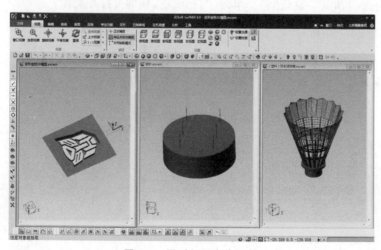

图2-5 同时打开多个文档

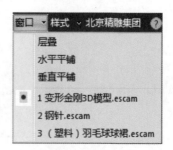

图2-6 多文档切换

2.1.4　输入/输出文件

SurfMill 9.0 软件可与其他软件进行数据共享，支持多种文件格式的转换，如 .step、.iges、.dxf 等通用格式。

1. 输入文件

文件"输入"与文件"打开"不同，"输入"文件不破坏当前的工作环境，新输入的数据与原设计并行存在，输入的数据独立成块不影响原设计数据；"打开"文件如同开始一个新设计，破坏了当前的工作环境，将工作环境全部交给新打开的图形数据。

如需打开设计软件创建的数据文件，需先打开或新建一个模型，再选择"文件"→"输入"命令，在弹出的"输入"对话框中设置文件类型并选择需要输入的文件，如图 2-7 所示，单击"打开"按钮，弹出图 2-8 所示对话框，确认无误后单击"确定"按钮可完成文件的输入。

图 2-7　设置输入的文件类型

需要注意的是，SurfMill 9.0 软件的加工环境支持加工数据和系统文件的输入，不支持三维曲线曲面和点阵图像的输入。

2. 输出文件

SurfMill 9.0 软件可将现有模型输出为其他类型文件，如 .iges、.stl、.obj、.dxf 等格式，还可以输出为图片格式（SurfMill 9.0 软件的加工环境无文件输出功能）。

选择"文件"→"输出"命令，在导航栏选择输出图形的条件，单击"确定"　按钮，弹出"输出"对话框，选择需要输出文件的保存类型和路径，单击"保存"按钮即可完成文件的输出，如图 2-9 所示。

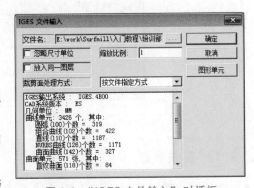

图 2-8　"IGES 文件输入"对话框

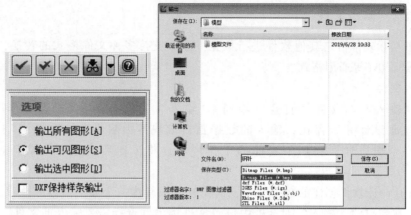

图 2-9 "输出"对话框

2.2 系统设置

系统设置功能可以设置系统的默认值，在设计时，可以根据需要对系统的基本参数进行修改。选择"文件"→"系统设置"命令，即可弹出"系统设置"对话框，如图 2-10 所示。用户可根据需要设置相关参数，单击"确定"按钮即可完成设置。

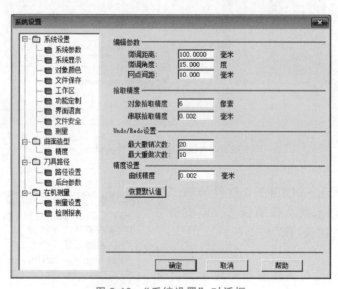

图 2-10 "系统设置"对话框

2.2.1 系统参数

在"系统设置"对话框中选择"系统参数"选项，显示"系统参数"界面，它包括"编辑参数""拾取精度""Undo/Redo 设置""精度设置"四个选项区域。

1. "编辑参数"选项区域

（1）"微调距离"文本框 使用键盘的方向控制键设置被选图形在四个方向上移动的

距离。

（2）"微调角度"文本框　按住<Shift>键的同时使用键盘的方向控制键设置被选图形在平面内旋转的角度。

（3）"网点间距"文本框　使用网格捕捉时，设定坐标变化的位移量，也就是相邻两点间的距离。

2．"拾取精度"选项区域

（1）"对象拾取精度"文本框　采用鼠标选择对象时，鼠标指针的单击位置和拾取到的对象在屏幕上的最大像素误差值。

（2）"串联拾取精度"文本框　串联拾取曲线链对象时，两相邻曲线能够成功被串联拾取时端点处的最大间隙值。

3．"Undo/Redo设置"选项区域

（1）"最大撤销次数"文本框　设置"编辑"菜单中撤销命令的最大有效次数。

（2）"最大重做次数"文本框　设置"编辑"菜单中重做命令的最大有效次数。

4．"精度设置"选项区域

（1）"曲线精度"文本框　构成曲线关键点的两点间的距离。

（2）"恢复默认值"按钮　将参数设置恢复到系统的默认值。

2.2.2　文件保存

为了减少因意外情况导致的数据丢失，系统设置了软件自动备份功能。选择"系统设置"对话框中的"文件保存"选项，显示"自动保存"界面，如图2-11所示。

文件保存功能可以将设计数据按设定的时间间隔自动保存。默认保存到SurfMill 9.0软件应用程序目录下的 *_AutoSave.escam文件中。（*---表示原文件名称。）

如需保存到指定目录，则可选中"保存到以下指定目录"选项，单击"浏览"按钮，设置自动保存的文件夹位置。

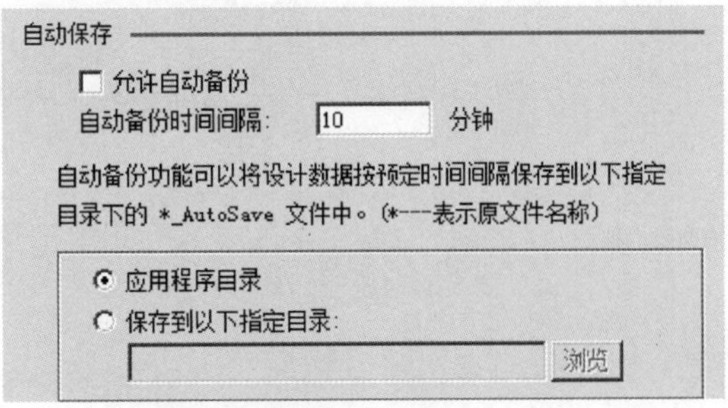

图2-11　"自动保存"选项区域

2.2.3　测量

为满足用户的不同需求，系统设置中可设置测量数据的精度。在"系统设置"对话框中选择"测量"选项，显示"测量数据"界面，如图2-12所示。"测量数据"默认值为3，允许填写1~10，表示测量得到的数据小数点后保留几位小数。

2.2.4　路径设置

SurfMill 9.0软件针对刀具路径的新建、计算、显示、输出等操作，提供了一些常用设置。在"系统设置"对话框中选择"路径设置"选项，显示"路径设置"界面，如图2-13所示。

图2-12　测量

1. "刀具路径"选项区域

勾选"启用多线程计算模式"复选框，计算路径时可以提高多核 CPU 的使用率，缩短路径计算时间。同时，可通过"支持□核运算"文本框设置刀具路径计算时支持的最高 CPU 核数。

2. "刀具表""项目模板"选项区域

勾选"新建文件时自动加载"复选框，单击"浏览" 按钮选择模板，在新建文件时可快速加载常用的刀具/项目模板。

3. "路径设置"选项区域

勾选"变换加工方法时更改路径名称"复选框，在刀具路径参数设置中更改加工方法后，路径名称更改为新的加工方法。输出路径时选择子程序模式，子程序号以输入的数值为起点逐步增加。

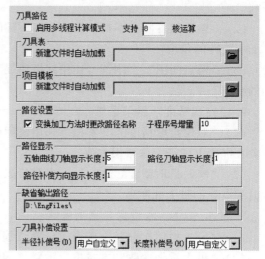

图 2-13 "路径设置"界面

4. "路径显示"选项区域

（1）五轴曲线刀轴显示长度：用于控制五轴曲线刀轴的显示长度，如图 2-14a 所示。

（2）路径刀轴显示长度：用于设置加工路径的刀轴线显示长度，如图 2-14b 所示。

（3）路径补偿方向显示长度：用于设置半径磨损补偿方向显示长度，如图 2-14c 所示。

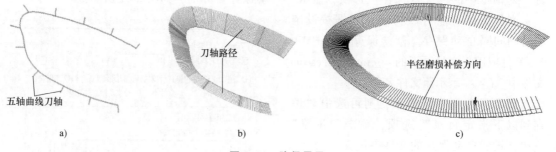

图 2-14 路径显示

5. "缺省输出路径"选项区域

用于设定输出路径的默认存放位置。

6. "刀具补偿设置"选项区域

刀具的"半径补偿号"和"长度补偿号"的设定分为输出编号和路径设定两种方式。其中"输出编号"以当前路径中使用的刀具输出编号作为补偿号进行输出；"路径设定"以用户在当前路径中设定的补偿号为依据进行输出。

2.2.5 测量设置

在"系统设置"对话框中选择"测量设置"选项，显示"测量显示"界面，如图 2-15 显示。勾选"测量点 ID 显示"复选框，在绘图区生成的测量点旁边会默认显示 ID 号，且可以调整显示 ID 的尺寸和显示方向的长度。

（1）测量点 ID 尺寸：在绘图区显示的测量点 ID 数字的大小。

（2）测量方向显示长度：在绘图区显示的测量点显示长度引线的尺寸，如图 2-16 所示。

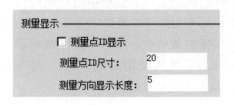

图 2-15　"测量显示"选项区域

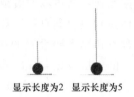

图 2-16　测量方向显示长度

2.3　自定义用户界面

为了提高效率，系统允许用户根据操作习惯对菜单栏、工具条和快捷键等进行自定义。在菜单栏或工具条的空白区域右击，在弹出的菜单中选择"自定义"选项，然后在"自定义"对话框中对菜单栏、工具条、快捷键或命令别名等进行定制，如图 2-17 所示。

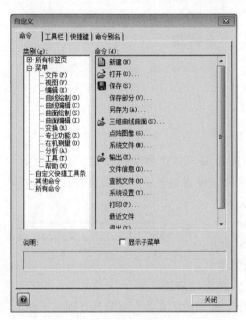

图 2-17　"自定义"对话框

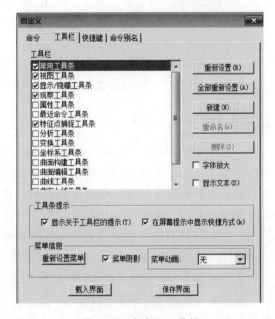

图 2-18　自定义工具栏

2.3.1　自定义工具条

用户根据操作习惯可以对系统提供的工具条进行定制。单击"自定义"对话框中的"工具栏"选项卡，即可切换到工具栏自定义界面，如图 2-18 所示，勾选列表框中各复选框即可显示相应的工具条。单击"保存界面"按钮可将自定义的工具栏以 *.ui 格式保存为 SurfMill 9.0 软件的配置文件；单击"载入界面"按钮可将已保存的 SurfMill 9.0 软件的配置文件载入并直接应用。

2.3.2 自定义快捷键

用户根据操作习惯可以设置或更改快捷键。单击"自定义"对话框中的"快捷键"选项卡，即可切换到快捷键自定义界面，如图 2-19 所示。单击需要设置快捷键命令的空白处，然后使用键盘直接输入要设置的快捷键，即可完成快捷键的设置。单击"保存快捷键"按钮可将自定义的快捷键以 *.uik 格式保存为 SurfMill 9.0 软件的配置文件；单击"读取快捷键"按钮可将已保存的 SurfMill 9.0 软件的配置文件载入并直接应用。

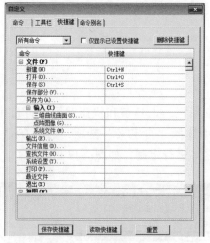

图 2-19　自定义快捷键

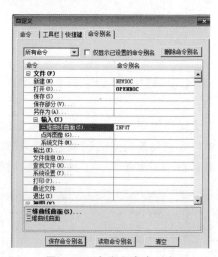

图 2-20　自定义命令别名

2.3.3 命令别名配置

在 3D 造型环境下，可为每个命令配置一个功能按键来快速启动该命令。这相当于给一个命令定义了一个别名。用户根据操作习惯可以给命令设置别名。单击需要设置别名的命令空白处，使用键盘直接输入要设置的别名，即可完成命令别名的设置，如图 2-20 所示。单击"保存命令别名"按钮可将自定义的快捷键以 *.uik 格式保存为 SurfMill 9.0 软件的配置文件；单击"读取命令别名"

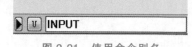

图 2-21　使用命令别名

按钮可将已保存的 SurfMill 9.0 软件的配置文件载入并直接应用。

使用命令别名时，选择"编辑"→"允许输入命令"命令激活文本框（软件界面右下角），然后在文本框框中输入别名后按<Enter>键，即可启动该别名所配置的命令，如图 2-21 所示。

2.4　显示操作

2.4.1 键盘操作

1. 键盘快捷键

SurfMill 9.0 软件针对常用命令操作提供了组合快捷键，供用户快速、有效地操作本软件。如"新建"命令的组合快捷键为<Ctrl+N>，"窗口观察"命令的快捷键为<F5>，"图层管理"命令的快捷键为<Alt+L>等。相关命令的快捷键及组合快捷键支持自定义。

2. 导航功能键

导航功能键是 SurfMill 9.0 软件特色的键盘快捷操作方式。之所以称为导航功能键，是因为这些按键都出现在导航工作条中，随着不同的工具状态和运行命令而动态地变化。用户可以通过按下按键快速启动一个新的命令或完成命令的选择。

一般而言，导航功能键都是可见的，凡在导航工具条中的命令按钮等控件，如果其标题具有一个被"[ ]"包括的下划线字符，那么该字符便是一个导航功能键。图 2-22 所示为绘制直线时导航工作条中的功能键配置，可通过<A><S><D><F><P>这几个导航功能键进行快速设置，从而完成不同类型的直线绘制。

图 2-22　绘制直线
子命令

3. 快速命令配置

用户也可以通过输入自定义的命令别名快速启动相关命令，详细内容参考本章 2.3.3 命令别名配置。

2.4.2　鼠标操作

用户在操作 SurfMill 9.0 软件时，建议使用三键滚轮鼠标，如图 2-23 所示。

（1）左键　可用于选择菜单栏中的命令，单击工具条中的按钮，在绘图区绘制几何对象等。

（2）中键　在绘图区滚动中键，可对视图进行放大或缩小；按下中键的同时拖动鼠标，可对视图进行旋转观察。

（3）右键　右击可弹出快捷菜单；按住<Ctrl>键的同时长按右键并拖动，可对视图进行旋转观察；按住<Shift>键的同时长按右键并拖动，可对视图进行平移观察。

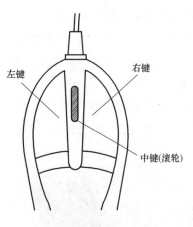

图 2-23　三键滚轮鼠标

2.4.3　视图观察

在三维空间中观察三维模型，需要设定不同的观察角度，即图形视角。图形视角是当前屏幕显示的三维图形的观察角度，设定图形的观察视角相当于用照相机从不同的角度对模型进行拍照，以在不同角度查看模型。在设计中常需要通过观察模型来查看模型设计是否合理。SurfMill 9.0 软件提供的视图操作功能，可以通过不同的视角观察模型，也可以动态调整图形视角，方便用户操作，如图 2-24 所示。

图 2-24　视图操作

1. 窗口观察

"窗口观察"命令是系统提供的对图形进行窗口放大的功能，用户可根据需要，通过鼠标框选某一区域来对窗口内的对象进行放大观察。选择"窗口观察"命令后，光标会由 ▷ 变为 ◉，在绘图区按住鼠标左键并拖动鼠标框选某一区域，然后释放左键以再次单击即可实现对图形的窗口观察，如图 2-25 所示。

2. 全部观察

"全部观察"命令是系统提供的将所有的图形显示到整个绘图区的功能，方便用户快速观察到绘图区的所有图形。选择"全部观察"命令后，当前视图内的图形会自动放大或缩小显示比例以保证所有图形都能居中显示在绘图区内，并且尽可能占满整个绘图区，如图 2-26 所示。

图 2-25　窗口观察

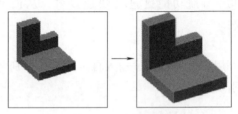

图 2-26　全部观察

3. 旋转观察

"旋转观察"命令是系统提供的对图形进行旋转观察的功能，用户可根据需要对创建的模型进行动态旋转，让模型停留在任意角度，方便观察。选择"旋转观察"命令后，光标会由 ▷ 变为 ⟳，在绘图按下中键并拖动，即可实现对图形的旋转观察，如图 2-27 所示。

4. 平移观察

"平移观察"命令是系统提供的对图形进行平移观察的功能。选择"平移观察"命令后，光标会由 ▷ 变为 ✋，按住鼠标左键并拖动即可实现图形对象的平移观察，如图 2-28 所示。

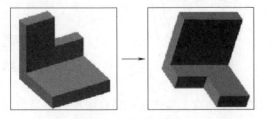

图 2-27　旋转观察

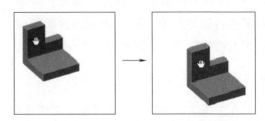

图 2-28　平移观察

5. 放缩观察

"放缩观察"命令是系统提供的对图形进行放缩观察的功能，用户可根据需要对图形对象进行放大或缩小。选择"放缩观察"命令后，光标会由 ▷ 变为 ⊕，在绘图区滚动中键即可实现对图形的放缩观察，如图 2-29 所示。需要注意的是，系统定义向上滚动中键为放大，向下滚动中键为缩小。

2.4.4 显示观察

1. 显示/隐藏功能区

单击用户界面右上角的"显示/隐藏功能区" 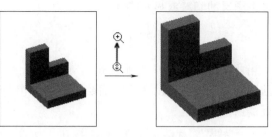 按钮，可设置显示或隐藏功能区，如图 2-30 所示。

2. 全屏观察

单击用户界面右上角的"全屏观察"

图 2-29 放缩观察

23

按钮或按<F12>快捷键，可以将绘图区全屏显示，如图 2-31 所示。

图 2-30 显示/隐藏功能区

图 2-31 全屏观察

2.5 图层操作

2.5.1 图层管理器

在 SurfMill 9.0 软件中，图层是一个非常重要的概念，它可以使绘图过程更加明晰。在构造模型的过程中，可将属性相似的对象或同一绘图面上的曲线放在同一层中，便于进行对象的选择、显示、加锁和编辑等操作。单击各功能菜单按钮，可以方便地进行图层的添加、删除、复制和移动等操作。

在图层管理器中，选择目标图层后右击，在弹出的快捷菜单中，用户可选择更多的图层操作选项。

2.5.2 图层的命名

图层的命名功能可方便用户更好地管理图层。图层的命名操作只能在图层管理器中进行。选择目标图层后右击（如"图层 3"），在弹出的快捷菜单中选择"更名"选项，在文本框中输入图层的新名称即可实现图层的更名。

2.5.3 图层的可见性设置

图层的可见性包括图层的显示和隐藏。图层隐藏后该图层所包含的所有对象在绘图区内也处于隐藏状态，使绘图区内简洁明了，方便用户绘图操作。在需要对隐藏的图层对象进行操作时，再将其显示即可。

在图层管理器中选择需要显示或隐藏的图层，单击"显示"栏中该图层对应的 👁 或 ✖ 按钮，即可隐藏或显示该图层，如图 2-32 所示。其中 👁 表示图层处于显示状态；✖ 表示图层处于隐藏状态。同时选择多个图层，单击任一被选中图层的 👁 或 ✖ 按钮，可以实现多个图层的隐藏或显示操作。

2.5.4 设置当前图层

当前图层表示用户当前操作所处的图层。当前图层的设置能帮助用户明确绘制图形操作所处的图层。

在"图层"对话框中单击 --- 按钮，使按钮变为 ✓ 即可完成当前图层的设置，如图 2-33 所示。

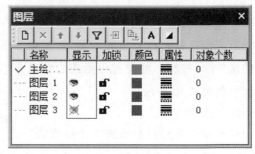

图 2-32　图层可见性设置

2.5.5 图层的加锁和解锁

在 SurfMill 9.0 软件的实体造型过程中，为了方便绘图，需要将目标图层锁定，以保证该图层所包含的图形对绘图过程造成较少干扰。当需要操作该图层中的图形对象时，再对其进行解锁操作。

在"图层"对话框中选择需要加锁或解锁的图层，单击"加锁"栏中该图层对应的 🔓 或 🔒 按钮即可解锁或加锁该图层，如图 2-34 所示。其中 🔓 表示图层处于解锁状态；🔒 表示图层处于加锁状态。

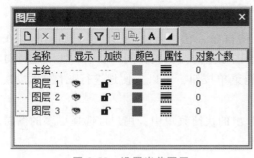

图 2-33　设置当前图层

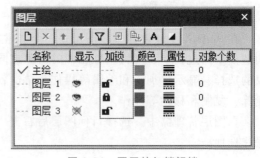

图 2-34　图层的加锁解锁

2.5.6 图层样式设置

图层样式设置功能可对图层的颜色、线型和线宽进行设置。用户可单击"图层"对话框的"属性"栏中该图层对应的 ▦ 按钮（图 2-35 所示），打开"设置图层属性"对话框设置颜色、线型、线宽等，如图 2-36 所示。

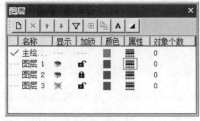

图 2-35　图层样式设置

图 2-36　设置图层属性

2.6 对象操作

SurfMill 9.0软件支持的操作对象类型包括点、曲线、组合曲线、几何曲面、组合曲面、网格曲面、群组、坐标系、图层等。其中，支持的曲线类型包括直线、圆弧、非均匀有理B样条曲线（NURBS 曲线）、三维折线、等距曲线和曲面边界线；支持的几何曲面类型包括直纹曲面、旋转曲面、NURBS 曲面和等距曲面；支持的群组类型是集点、线、面于一体的组合。

2.6.1 对象属性

在使用 SurfMill 9.0 软件进行造型的过程中，用户若了解图形对象的属性，则可提高绘图效率。SurfMill 9.0 软件为用户提供了对象属性功能，帮助用户快捷查看或修改对象属性。

当用户需要对图形对象的属性进行修改时，可单击功能区的"编辑"标签下的"对象属性"按钮进行操作，如图 2-37 所示。

在"对象属性"对话框中，用户可以设置当前选中对象的颜色、线型、和线宽等属性，如图 2-38 所示。单击"对象属性"对话框右下角的黑色三角 ▼ 按钮，可以进行"世界坐标系"与"当前工作坐标系"之间的切换；单击"对象详细信息"按钮，将弹出"详细信息"对话框，用户可快捷地获取所选对象的详细信息描述。

图 2-37 启动对象属性

2.6.2 按类型选择对象

SurfMill 9.0 软件提供了按类型选择对象的功能，适用于重叠图形、交叉图形的选择，在图形复杂的时候，方便用户进行对象筛选操作。

3D 造型环境中，在导航工作区中右击需要操作的对象类型（如几何曲面），在弹出的快捷菜单中，用户可对几何曲面采用"全选""去选""反选"三种方式进行选择，如图 2-39 所示。

2.6.3 单个拾取对象

用户可以通过图 2-40 所示方式进行对象的单个拾取。将光标移到指定的对象上单击，对象即被选中。单个拾取对象也被称为点拾取。

2.6.4 窗口拾取对象

JDSoft SurfMill 9.0 软件提供了矩形框选对象的功能，用户可一次性选择多个对象。在绘图区长按左键并向左或向右拖动光标形成一个蓝色矩形线框，其中，向右移动光标的框选模式称为包含框选；向左移动光标的框选模式称为相交框选，如图 2-41 所示。

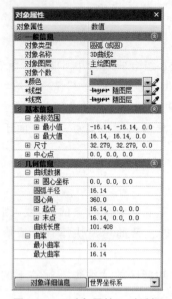

图 2-38　"对象属性"对话框

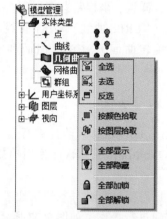

图 2-39　在快捷菜单中选择对象

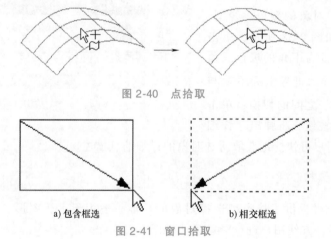

图 2-40　点拾取

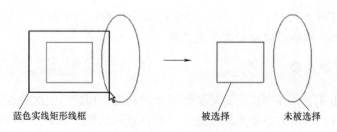

a) 包含框选　　　　　　　　b) 相交框选

图 2-41　窗口拾取

1. 包含框选

按住左键并从左向右拖动光标，形成一个由实线构成的蓝色矩形线框，完全包含在矩形线框内部的对象被选择，在矩形线框外以及与矩形线框相交的对象都没有被选中，如图 2-42 所示。

蓝色实线矩形线框　　　　　　　被选择　　　未被选择

图 2-42　包含框选（长方形选中）

2. 相交框选

按住左键并从右向左拖动光标，形成一个由虚线构成的蓝色矩形线框，包含在矩形线框之内以及与矩形线框相交的对象均被选中，如图 2-43 所示。

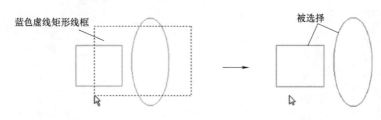

图 2-43　相交框选（全部选中）

2.6.5　显示/隐藏对象

在构造模型过程中，常要将一些暂时不操作的对象隐藏起来，可使需要进行操作的对象更加清晰，提高构造模型效率。当需要对隐藏的对象进行操作时，再将其显示即可。隐藏与显示功能只是控制对象的显示状态，隐藏后对象的位置关系和对象本身保持不变，而且隐藏的对象不再参与任何编辑（包括选择）。如果需要对隐藏的对象进行再编辑，则将其显示即可。

用户可以单击工具条中的"显示" 💡 按钮和"隐藏" 💡 按钮，也可以单击导航工作区中"隐藏" 💡 按钮和"显示" 💡 按钮按类型对图形对象进行显示和隐藏操作，如图 2-44 所示。

2.6.6　对象的加锁和解锁

SurfMill 9.0 软件提供了对象的加锁和解锁功能。在构造模型过程中，常要将一些暂时不操作的对象进行加锁，减少对需要进行操作的对象的干扰，方便用户对图形的操作；当需要对加锁的对象进行操作时，再将其解锁即可。加锁与解锁功能只是控制对象的拾取

图 2-44　显示与隐藏操作

状态，加锁后对象的位置关系和对象本身保持不变，只是在对象编辑中不能被拾取；加锁对象被解锁后，又可以进行正常的拾取操作。

1. 单种实体类型的加锁和解锁

右击导航工作区中的目标实体类型（如几何曲面），在弹出的快捷菜单中进行加锁和解锁功能的操作，如图 2-45 所示。

2. 实体类型全部加锁和解锁

右击导航工作区中"实体类型" 🗇 按钮，在弹出的快捷菜单中可进行实体模型的加锁和解锁功能的操作，如图 2-46 所示。

2.6.7　对象显示模式

使用 SurfMill 9.0 软件造型时，不同的对象显示模式既能方便制作模型（如捕捉曲面上点时，线框显示模式下较容易捕捉），又能方便观察查看模型的构造。用户可以单击"视

图"工具条中相应的按钮开启不同的显示模式。图 2-47 所示为常用的"线框显示""渲染显示""边界显示"效果对比。

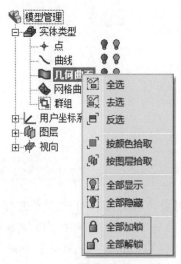

图 2-45　单种实体类型的加
锁与解锁操作

图 2-46　实体类型全部
加锁与解锁操作

a) 线框显示

b) 渲染显示

c) 边界显示

图 2-47　显示模式

除常规显示模式外，系统还支持剖视图显示，即在指定位置剖开造型面，方便用户观察模型的内部结构，如图 2-48 所示。剖视图状态中的不可见图形并未处于隐藏状态，仍然可以被拾取到。右击结束"剖视图"命令后，模型仍保持剖视状态，须再次选择"剖视图"命令才能使模型完全结束剖视状态。

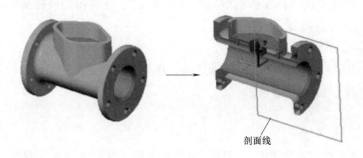

剖面线

图 2-48　剖视图

2.7 访问帮助

菜单栏中的"帮助"命令集合了"帮助主题""升级说明"精雕软件社区"关于"四个功能，为用户提供软件使用指导。

2.7.1 查看软件说明书

JDSoft SurfMill 9.0 软件自带了在线帮助和离线帮助说明书，当用户不会使用某个功能时，选择该命令，按<F1>快捷键，即可在线查看相关功能的使用说明书。

1. 在线帮助

用户可以通过以下多种方法选择 SurfMill 9.0 软件的"在线帮助"命令，包括：

1）选择菜单栏中的"帮助"→"帮助主题"命令，打开帮助文件的主界面。

2）选择菜单栏中的"帮助"→"升级说明"命令，打开帮助文件的升级说明主界面。

3）在操作过程中，按<F1>键进入该功能所对应的上下文相关的帮助界面。

4）在对话框中单击"帮助"按钮进入对话框所对应的上下文相关的帮助界面。

2. 离线帮助

SurfMill 9.0 软件绝大部分功能支持在线查看其对应的功能介绍，个别功能不支持。若按<F1>键无法调出帮助文档时，可通过以下方式查找离线功能使用说明：在软件的安装目录（\JDSoft-SurfMill9_X64\Help）中保存了软件整套说明书（.chm 格式文档），按照功能分类，即可查到目标功能对应的使用说明。

2.7.2 升级说明

软件发布新版本时，会配有"升级说明书"，若用户想查看新版本有哪些改动内容，则可在菜单栏选择"帮助"→"升级说明"命令，调出"软件升级说明书"，可查看从 SurfMill 8.0-1084 版本开始已发布的各软件版本更新的内容。

2.7.3 访问精雕软件社区

用户可以直接访问 surfmill 官方门户网站，如图 2-49 所示。

图 2-49 精雕软件社区官方网站首页

知识拓展 ——CAD/CAM 一体化软件

CAD/CAM 一体化软件将参数化设计、变量化设计、特征造型技术与传统的实体和曲面造型功能结合在一起，具备两轴平面加工到五轴联动加工的各种编程能力，满足各类工件的加工要求，支持数控加工过程的自动控制和优化，并提供了二次开发工具允许用户扩展。

模块2

编 程 准 备

第3章

SurfMill 9.0模型创建

本章导读

模型是 CAM 编程加工的基础，SurfMill 9.0 软件提供了丰富的造型和编辑功能，不仅可以绘制基本的 2D 图形，还可以创建复杂的 3D 模型，并且支持模型的编辑和变换。用户可根据产品和加工要求设计模型，为数控加工提供模型依据。

本章主要介绍曲线和曲面的绘制、编辑、分析方法。通过学习，学生/用户可以掌握圆、多边形、样条曲线、投影曲线等基本图形的绘制方法，旋转面、直纹面、双向蒙面等复杂曲面的造型过程，修剪、平移、镜像等图形的编辑和转换操作，曲线和曲面角度、曲率图等模型分析操作。

学习目标

➢ 掌握各类曲线的创建和编辑方法；
➢ 掌握各类曲面的创建和编辑方法；
➢ 熟悉分析曲线和曲面的常用操作方法。

3.1 曲线绘制

曲线是构造三维线架模型和曲面模型的基础。SurfMill 9.0 软件不仅提供了三维造型中的点、直线、圆弧、样条曲线等基本曲线的绘制功能，还提供了圆、椭圆、矩形、多边形、包围盒和二次曲线等一些特征图形曲线的绘制功能。

根据绘制的方法不同，可以把曲线绘制分成三类：基础曲线绘制、借助曲线生成和借助曲面生成。

3.1.1 基础曲线绘制

1. 绘制点

点命令一般用作绘图或放置参考。执行点命令后，在绘图区中的任何位置，都可以绘制点，绘制的点不影响建模的外形，只起参考作用。

在多轴加工中，点常作为孔或类孔曲面的加工辅助点。点命令可以生成两个不平行线段的交点、曲线投影在另一条曲线上的投影点、网格点、等分点、圆周点、投影截断点、线面交点和特征点。下面以"等分点"为例，绘制点。

单击功能区的"曲线"选项卡中的"点"按钮，打开"点"导航栏，选中"等分点"单选按钮；在"计算方法"选项区域选中"按间距"单选按钮，在"点间距"文本框中输入"10"；根据左下角状态提示栏，拾取曲线。图 3-1 所示为按间距生成的等分点。右击结束命令。

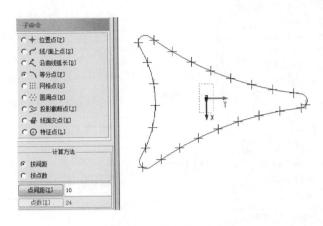

图 3-1　创建等分点

说明：

　　SurfMill 9.0 软件中的点命令不但提供了一系列点的创建方法，而且提供了一些特殊的形状，用户可在"属性"工具条中单击"点"按钮右侧的 按钮，如图 3-2 所示。

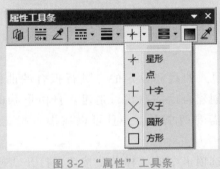

图 3-2　"属性"工具条

2. 绘制直线

　　直线命令用于生成两点线、角平分线、平行线、曲面的垂线、曲线的切线或垂线。

　　直线作为组成平面的要素，在空间中无处不在。例如，空间中的任意两点都可以生成一条直线，在两个平面相交时可以产生一条直线。下面以"指定角度参考线创建两点线"为例，绘制直线。

　　单击功能区的"曲线"选项卡中的"直线"按钮，打开"直线"导航栏，选中"两点线"单选按钮；单击"指定角度参考线"按钮；根据左下角状态提示栏，依次拾取或输入角度参考线的起点和终点；在"直线"导航栏的"角度"文本框中设置旋转角度，完成后按<Enter>键即可锁定该值；再拾取直线的起点，在"直线"导航栏的"长度"文本框中设置直线长度，在绘图区单击即可生成两点线，如图 3-3 所示。右击结束命令。

　　其中，在"直线"导航栏的"直线方向"选项区域中有两种方式定义直线方向：

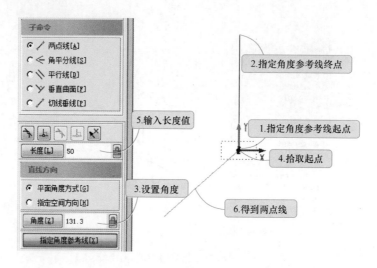

图 3-3　选择"两点线"方式绘制直线

1）选中"平面角度方式"单选按钮，输入的角度值为绕当前绘图平面的 X 轴正方向逆时针转过的角度；通过在绘图区中拾取两个点来定义参考直线（指定角度参考线），定义的角度方向即为当前绘图平面内将该参考直线逆时针转过的角度方向。

2）选中"指定空间方向"单选按钮，即在绘图区拾取空间中的两个点来定义要绘制的直线方向。

3. 绘制样条曲线

样条曲线是指通过多项式曲线和设定的点进行拟合的曲线，其形状由这些点控制。样条曲线可用于创建自由的曲线，是建立自由形状曲面（或片体）的基础。绘制样条曲线至少需要两个点，并且可以在端点指定相切，也可以自由控制其形状。

单击功能区的"曲线"选项卡中的"样条"按钮，打开"样条曲线"导航栏。SurfMill 9.0 软件提供了"过顶点"和"控制点"两种方式绘制样条曲线：

（1）过顶点　利用该方式绘制的样条曲线完全通过点，可以通过捕捉存在点的方式定义点，也可以单击直接定义点。选择"过顶点"方式，直接在绘图区指定点，右击确定完成绘制，如图 3-4 所示。

（2）控制点　利用该方式绘制样条曲线时，在曲线定义的同时绘图区动态显示不确定的样条曲线，可以交互地改变定义点处的斜率、曲率等参数。采用该方式绘制样条曲线的操作步骤与"过顶点"方式类似，如图 3-5 所示。

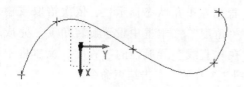

图 3-4　选择"过顶点"方式绘制样条曲线

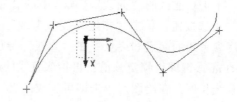

图 3-5　选择"控制点"方式绘制样条曲线

> **说明：**
>
> 　利用"控制点"方式绘制样条曲线时，除端点外，绘制的样条曲线不通过控制点；当控制点在一条水平线上时，将得到直线。

4. 绘制圆弧

圆弧命令可以用来生成指定半径和弧度的圆弧，以及完整的圆。

单击功能区的"曲线"选项卡中的"圆弧"按钮，打开"圆弧"导航栏，系统提供了"三点圆弧""圆心半径角度""圆心首点末点"三种方式绘制圆弧。下面以"三点圆弧"为例，绘制圆弧。

该方法以三个点分别作为圆弧的起点、终点和圆弧上的一点来创建圆弧。另外，可以选取两个点和输入半径来确定圆弧，还可以增加圆弧约束条件。选中"三点圆弧"单选按钮，单击"切点优先捕捉"按钮，在绘图区依次选取起点、终点并设置圆弧半径，此时可能会出现多条符合条件的圆弧，如图3-6所示。

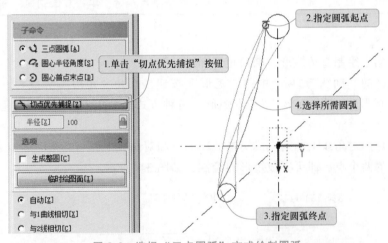

图 3-6　选择"三点圆弧"方式绘制圆弧

> **说明：**
>
> 　输入的三个点不能在一条直线上，否则将不能生成满足条件的圆弧；定义的圆弧半径值不能小于输入的圆弧起点与终点距离的一半，否则将不能生成满足条件的圆弧。

5. 绘制圆

圆命令用于生成给定圆心和半径的圆。

圆命令常用于创建模型的截面，由它生成的实体曲面包括球面、圆柱面、圆台面等。圆又可以看作是圆心角为360°的圆弧，因此在绘制圆时，既可以利用"圆"命令，也可以利用"圆弧"命令。

单击功能区的"曲线"选项卡中的"圆"按钮，打开"圆"导航栏，系统提供了"圆心半径""两点半径圆""三点圆""径向两点圆""截面圆"五种方式绘制圆。下面以"截面圆"为例，绘制圆。

该方法以曲线上某一点为圆心生成垂直这条曲线的指定半径的圆。选中"截面圆"单选按钮，在"半径"文本框输入截面圆的半径后按<Enter>键，此时半径值为锁住状态，然后拾取截面圆的圆心，即完成截面圆的绘制，如图3-7所示。右击结束该命令。

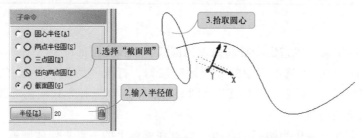

图 3-7　选择"截面圆"的方式绘制圆

> **应用技巧：**
>
> 将光标靠近截面圆，当截面圆的圆心获得焦点高亮显示时，单击可绘制同一圆心的圆。

6. 绘制矩形

矩形命令用于绘制直角矩形、圆角矩形和槽口等。

单击功能区的"曲线"选项卡中的"矩形"按钮，打开"矩形"导航栏。系统提供了"直角矩形""圆角矩形""三点矩形"三种方式绘制矩形。下面以"直角矩形"为例绘制矩形。

该方法以矩形对角线上的两点或矩形的中心点和对角线上的一点来创建矩形。在绘图区依次选取矩形的两个点，即可完成矩形的绘制，如图3-8所示。

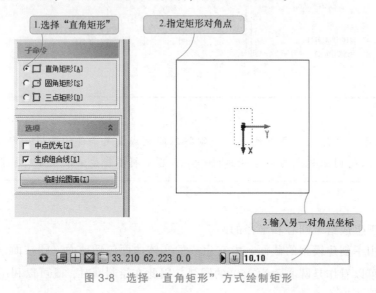

图 3-8　选择"直角矩形"方式绘制矩形

7. 绘制多边形

多边形命令用于生成大于或等于三条边的等边多边形。

多边形命令可以生成等边三角形（正三边形）、正方形（正四边形）、正五边形等所有内角相等且所有棱边都相等的规则多边形。

单击功能区的"曲线"选项卡中的"多边形"按钮，打开"多边形"导航栏，系统提供了"内接多边形""外切多边形""边长多边形"三种方式绘制多边形。下面以"内接多边形""边长多边形"为例绘制多边形。

（1）内接多边形 内接多边形命令主要通过外接圆和多边形的边数来创建多边形，即通过指定多边形的边数、外接圆的圆心和外接圆半径来创建多边形。选中"内接多边形"单选按钮，在"边数"文本框输入数值，在绘图区依次选取外接圆的圆心、外接圆上的一点（多边形的顶点），即可完成多边形的绘制，如图3-9所示。

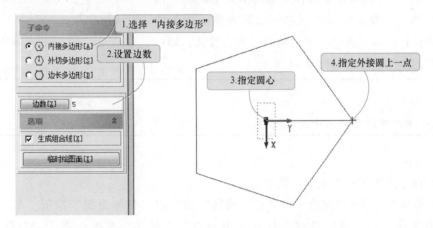

图3-9 选择"内接多边形"方式绘制多边形

（2）边长多边形 边长多边形命令通过给定多边形的边数和边长来绘制多边形。选中"边长多边形单位按钮"在"边数"文本框输入数值，在绘图区依次选取多边形一边的两个端点，即可完成多边形的绘制，如图3-10所示。

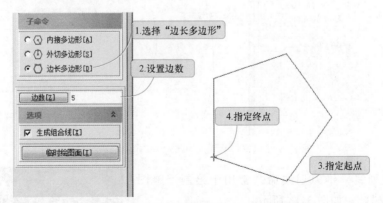

图3-10 选择"边长多边形"方式绘制多边形

3.1.2 借助曲线生成

有一些曲线的构造需要依赖于已有的几何曲线。这类曲线是指根据已知曲线通过某种方式构造新的曲线，包括两视图构造曲线、中位线等。

1. 两视图构造线

两视图构造命令用于将两个相交平面的 2D 曲线合为一条 3D 曲线。其原理是将每条曲线沿垂直于所在平面的方向拉伸成为曲面，然后生成这两组曲面的交线，该交线即为两视图构造线。两视图构造线在原曲线的视图方向上与原曲线相同。

单击功能区的"曲线"选项卡上"派生曲线"组中的"更多"按钮，在下拉菜单中选择"借助曲线生成"→"两视图构造"选项。根据状态提示栏，选取视图一中的曲线，右击确认；再选取视图二中的曲线，右击确认，即可生成一条新的空间曲线，如图 3-11 所示。

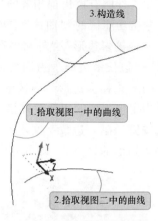

图 3-11　创建两视图构造线

> 说明：
>
> 拾取的视图曲线必须为平面上的线。

2. 中位线

中位线命令用于生成两条曲线的中心线。

单击功能区的"曲线"选项卡上"派生曲线"组中的"拉伸曲线"按钮，在下拉菜单中选择"中位线"选项，打开"中位线"导航栏，系统提供了"两线中位线""锥刀划线"两种方式生成中位线。

（1）两线中位线　选中"两线中位线"单选按钮，根据状态提示栏，依次拾取两条曲线，即可生成这两条曲线的中位线，如图 3-12 所示；右击结束命令或继续拾取构造中位线。

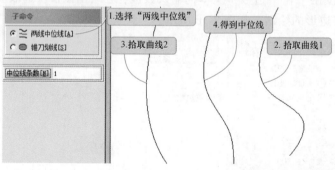

图 3-12　选择"两线中位线"方式生成中位线

（2）锥刀划线　锥刀划线命令常用于绘制浮雕图像，比如雕刻树叶，如图 3-13 所示。

选中"锥刀划线"单选按钮，在"参数"选项区域设置"角度""底直径"，根据状态提示栏，依次拾取曲面上的两条曲线；再拾取曲线所在的曲面，右击开始计算，即得到锥刀划线，如图 3-14 所示。

图 3-13　锥刀划线应用

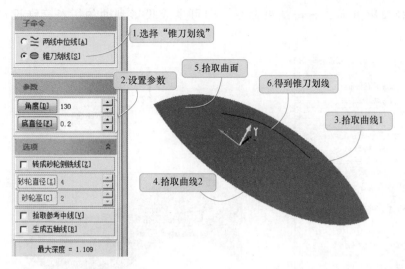

图3-14　选择"锥刀划线"方式生成中位线

> **说明：**
>
> 1) 在"参数"选项区域中，"角度"文本框用于锥刀的角度；"底直径"设置锥刀的底直径；"最大深度"按钮用于控制锥刀加工的最大雕刻深度，这个数值系统会根据所给刀具参数自动计算，用户只需要把它作为参考。
>
> 2) 当勾选"转成砂轮侧铣线"复选框时，系统自动取消"最大深度"设置。

3.1.3　借助曲面生成

曲线是构造曲面的基础，但是有一些曲线的构造却依赖已有的几何曲面。

这些曲线一类为几何曲面上的特征线，如曲面边界线、曲面流线、曲面交线、曲面分模线等。这类曲线隐含在曲面内，在某些情况下需要把它们抽取出来，为其他操作提供便利。

另一类与曲面相关的曲线则是将几何曲面外的曲线通过某种方式映射到曲面上，得到贴合在曲面上的对应曲线。这类曲线的构造方法包括投影到面、吸附到面、包裹到面等。

1. 投影到面

投影到面命令用于将一组曲线沿指定方向投影到面上，从而得到一组贴合于该面的曲线。

其原理是将原始曲线上的各点沿一个矢量方向平行投影到曲面（平面）上，依次连接这些投影点即可得到原始曲线在曲面（平面）上的投影线。

单击功能区的"曲线"选项卡上"派生曲线"组中的"投影到面"按钮，打开"投影到面"导航栏，系统提供了"投影到面""吸附到面"两种方式生成曲线。

选中"投影到面"单选按钮，在绘图区拾取要投影的曲线，右击结束拾取；接下来拾取一个曲面，右击结束拾取；此时会在投影曲线上产生一个默认的投影方向箭头，也可自行选择投影方向；右击结束命令，即可生成投影到面的一条三维投影曲线，如图 3-15 所示。

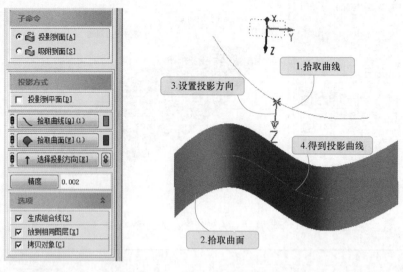

图 3-15　选择"投影到面"方式生成曲线

> **说明：**
>
> 　　1）当投影线落在曲面外部时，无法生成完整的投影曲线。
>
> 　　2）在拾取曲线、曲面和投影方向时，注意按钮前方的颜色指示。红色为必选选项，绿色为可选或已选选项。
>
> 　　3）系统默认一个投影方向给用户使用，其规则为：当拉伸曲线是 2D 曲线时，系统默认的拉伸方向为 2D 曲线所在平面的法向；当拉伸曲线是直线或者 3D 曲线时，系统默认的拉伸方向是当前绘图面的法向。
>
> 　　4）若默认方向不符合用户要求，可以选择多种方式重新定义拉伸方向，具体做法是直接单击"选择投影方向"按钮，弹出方向定义选择框，如图 3-16 所示，用户根据需要选择使用。
>
>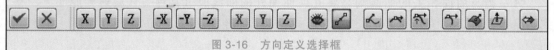
>
> 图 3-16　方向定义选择框

2. 吸附到面

吸附到面命令用于将一组曲线沿某一方向吸附到面上，从而得到一组贴合于该面的曲线。

其原理是原始曲线上的每一点都可以在曲面（平面）上找到一个与它距离最近的点，将这些最近点依次相连即可得到原始曲线在曲面（平面）上的吸附线。该方式适用于曲线上各点距离曲面（平面）较近的情况或某些不能用简单方向矢量投影的场合。曲线吸附到平面上相当于沿平面的法向将曲线投影到平面上。

单击功能区的"曲线"选项卡上"派生曲线"组中的"投影到面"按钮，在下拉菜单中选择"吸附到面"选项，在绘图区拾取要吸附的曲线，右击结束拾取；接下来拾取一个曲面，右击结束拾取，即可生成吸附到面的一条三维吸附曲线，如图 3-17 所示。

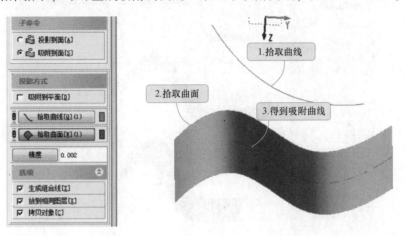

图 3-17　选择"吸附到面"方式生成曲线

> **说明：**
>
> 　　当吸附线落在曲面外或曲面边界上时，无法生成吸附曲线或只能生成一部分吸附曲线。

3. 包裹到面

包裹到面命令用于将一组曲线包裹到一张或一组相连的曲面上。

与投影到面命令的区别在于包裹到面命令是将曲线沿曲面的起伏趋势进行变形，以便将曲线贴合在曲面上，因而不会显著地改变曲线的尺寸（长度）；而投影到面命令是将曲线沿指定方向映射到曲面上，当曲面起伏较大时，其尺寸（长度）可能发生较大变化。

单击功能区的"曲线"选项卡上"派生曲线"组中的"投影到面"按钮，在下拉菜单中选择"包裹到面"选项，弹出"包裹到面"导航栏。在绘图区拾取曲线，右击结束拾取；拾取一张曲面作为包裹基准面；依次定义曲线坐标系原点和曲面坐标系原点，此时曲线将被变换到定义的曲面坐标系，通过对坐标系参数的设置可调整变换后的曲线方位；右击确认，即得到包裹在曲面的曲线，如图 3-18 所示。

> **说明：**
>
> 　　1）定义的曲线坐标系原点可以为空间任意一点，但是曲面坐标系原点必须在曲面上。
>
> 　　2）组合曲面无法执行包裹到面命令；平面图形只能往一张曲面上包裹，不能拾取多张曲面。当需要往多张相邻的曲面上包裹图形时，应当先把这几张曲面融合为单张曲面。

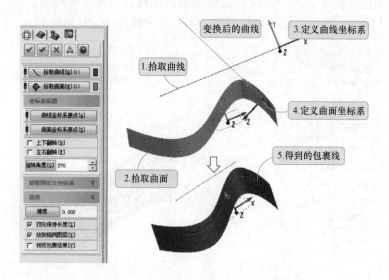

图 3-18　选择"包裹到面"方式生成曲线

4. 曲面交线

曲面交线用于得到两组相交曲面的交线。

单击功能区的"曲线"选项卡上"派生曲线"组中的"曲面交线"按钮，打开"曲面交线"导航栏，系统提供了"曲面曲面交线""曲面平面交线"两种方式生成曲面交线。下面以"曲面曲面交线"为例生成曲面交线。

选中"曲面曲面交线"单选按钮，根据状态提示栏，在绘图区拾取一组曲面，右击结束拾取；拾取另一组曲面，右击结束拾取。右击开始计算，即可生成曲面交线，如图 3-19所示。若勾选了"一组曲面内求交"复选框，则只需在绘图区依次拾取曲面，右击结束拾取，再次右击结束命令，系统会计算出所有曲面之间的交线。

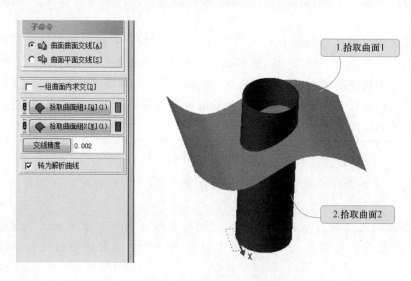

图 3-19　选择"曲面曲面交线"方式生成曲面交线

> **说明：**
>
> 　　由于曲面的原始交线是由一系列非常密集的交点组成的折线段，数据量太大，需要用光滑的样条曲线逼近（拟合）这些折线段。"交线精度"按钮用于控制拟合样条曲线与折线段的最大偏差。交线精度越高，样条曲线与原始交线越接近，但数据量也越大。

5. 曲面边界线

曲面边界线命令用于提取曲面的边界线。

单击功能区的"曲线"选项卡上"派生曲线"组中的"曲面边界线"按钮，打开"曲面边界线"导航栏，系统提供了"曲面边界线""曲面组边界线"两种方式生成曲面边界线。

（1）曲面边界线　选中"曲面边界线"单选按钮，曲面的边界线被激活，在绘图区拾取曲面的边界线，即可得到曲面边界线，如图3-20所示。右击即可结束命令。

图3-20　选择"曲面边界线"方式生成曲面边界线

（2）曲面组边界线　选中"曲面组边界线"单选按钮，在绘图区拾取曲面，可以是单张曲面提取所有的边界线，也可以是多张曲面提取整体的边界线，即可生成曲面的所有边界线，右击结束命令。

> **说明：**
>
> 　　"拟合精度"按钮用于控制拟合样条曲线与折线段的最大偏差。拟合精度越高，样条曲线与原始边界越接近，但数据量也越大。拟合时将一根边界线在不光滑连接的地方断开，分成多段光滑样条曲线。当边界线前后两段形成的夹角大于设定的"最大转角"时，认为边界线在此处不光滑，应予以断开。

6. 曲面流线

曲面流线命令用于根据给定方向从曲面上提取出一条或多条曲面流线（等参考线）。

单击功能区的"曲线"选项卡上"派生曲线"组中的"曲面流线"按钮，打开"曲面流线"导航栏，系统提供了"等U参数线""等V参数线""UV双向"三种方式生成曲面流线。下面以"等U参数线"为例，生成曲面流线。

选中"等U参数线"单选按钮，根据状态提示栏，在绘图区拾取一张曲面（非组合面），此时在被拾取曲面产生了U、V两个流线方向的指示；拾取曲面上流线通过点，即可生成曲面流线，该指定点的参数值将会反映到"参数值"选项区域里，如图3-21所示，右击结束命令。

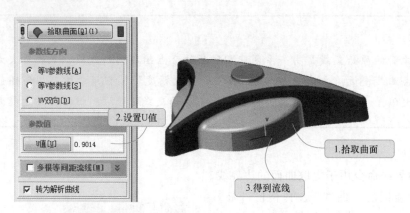

图 3-21　选择"等 U 参数线"方式生成曲面流线

7. 曲面组轮廓线

曲面组轮廓线命令用于提取一组曲面在当前加工坐标系内投影的最大外轮廓线。该轮廓线可用于在曲面加工中限制加工区域。

单击功能区的"曲线"选项卡上"派生曲线"组中的"更多"按钮，在下拉菜单中选择"曲面组轮廓线"选项，打开"曲面组轮廓线"导航栏，系统提供了"外围轮廓线""分层轮廓线"两种方式生成轮廓线。下面以"外围轮廓线"为例生成曲面组轮廓线。

选中"外围轮廓线"单选按钮，根据状态提示栏，拾取一组曲面；设置参数并选择加工坐标系，设置偏移距离和曲面精度，右击开始计算，此时在绘图区中央会出现计算进度条，待计算完成后，即生成外围轮廓线，如图 3-22 所示。

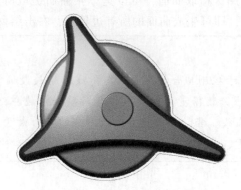

图 3-22　绘制外围轮廓线

8. 网格曲面等距交线

网格曲面等距交线命令用于获得曲面与一组相互平行且等距的平面的交线。

单击功能区的"曲线"选项卡上"派生曲线"组中的"更多"按钮，在下拉菜单中选择"网格曲面等距交线"选项，打开"网格曲面等距交线"导航栏；在绘图区拾取网格曲面，可以是单张曲面，也可以是一组光滑相接的曲面，右击结束拾取；此时系统会预览生成的等距交线，如图 3-23 所示，默认的截面方向是 X 轴方向，若符合要求，右击结束命令；若不符合要求，可定义新的截面方向，默认定义方式是两点法；右击结束命令，即得到生成的网格曲面等距交线，如图 3-24 所示。

9. 提取孔中心线

提取孔中心线命令用于获取孔或类孔曲面的孔中心线。在多轴加工中，孔或类孔曲面的加工经常需要提取孔的中心线或顶点作为加工辅助线，用户可通过该命令，自动获取孔的中心线。

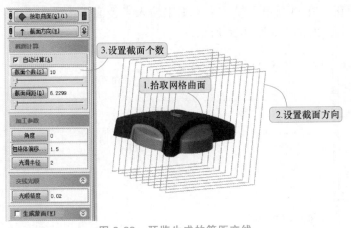

图 3-23　预览生成的等距交线　　　　　　　　图 3-24　得到网格等距交线

单击功能区的"曲线"选项卡上"派生曲线"组中的"更多"按钮，在下拉菜单中选择"提取孔中心线"选项，打开"提取孔中心线"导航栏；在绘图区拾取孔或类孔面，此时系统会预览生成的孔中心线，如图 3-25 所示；右击结束命令或可继续拾取。

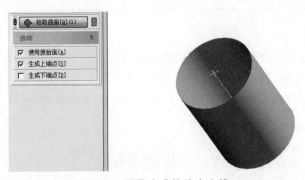

图 3-25　预览生成的孔中心线

3.2　曲线编辑

完成曲线的绘制后，常需要对其进行编辑修改，如快速修剪去除不需要的部分，组合分段曲线为一组曲线等，以完善图形。

3.2.1　曲线倒角

曲线倒角命令用于曲线之间的过渡。

单击功能区的"曲线"选项卡上"曲线编辑"组中的"曲线倒角"按钮，打开"曲线倒角"导航栏，系统提供了"两线倒圆角""轮廓倒圆角""两线倒斜角""两线倒尖角"

"轮廓倒尖角"五种方式创建倒角。下面以"两线倒圆角""两线倒斜角"为例创建倒角。

1. 两线倒圆角

两线倒圆角命令用于将两条曲线交叉处的角部裁去，生成一个与两条曲线都相切的圆弧。

选中"两线倒圆角"单选按钮，在"圆角半径"文本框中输入半径值，然后在绘图区依次选取倒圆角的两条曲线，即生成圆角，如图 3-26 所示。

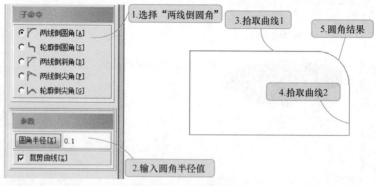

图 3-26　两线倒圆角

说明：

　若两条曲线不在同一平面，则无法生成圆角。

2. 两线倒斜角

两线倒斜角命令用于在两条直线之间进行斜角过渡。

选中"两线倒斜角"单选按钮，在"距离 1""距离 2"文本框中依次输入距离值，然后在绘图区依次选取倒斜角的两条直线，即生成斜角，如图 3-27 所示。

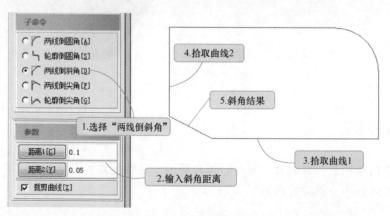

图 3-27　两线倒斜角

说明：

　两线倒斜角命令仅适用于直线。

3.2.2　曲线裁剪

曲线裁剪命令用于将曲线裁剪到特定的点、线或面所限定的曲线边界处。

单击功能区的"曲线"选项卡上"曲线编辑"组中的"曲线裁剪"按钮,打开"曲线裁剪"导航栏,系统提供了"快速裁剪""用线/面裁剪""两线裁剪""单点裁剪""区域裁剪"五种方式裁剪曲线。下面以"快速裁剪""用线/面裁剪"为例裁剪曲线。

1. 快速裁剪

快速裁剪命令可以自动对拾取曲线裁剪,如果拾取曲线与其他曲线有交点,则曲线在交点位置处被裁剪;如果拾取曲线与其他曲线没有交点,则直接将拾取曲线删除。

选中"快速裁剪"单选按钮,在绘图区拾取待裁剪曲线或单击并拖动鼠标扫过待裁剪曲线,曲线即被裁剪,如图 3-28 所示,右击结束命令。

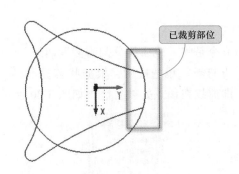

图 3-28　快速裁剪曲线

2. 用线/面裁剪

用线/面裁剪命令用于对曲线曲面相交或视向相交部分的曲线进行裁剪。

选中"用线/面裁剪"单选按钮,根据状态提示栏,在绘图区首先拾取曲面,然后拾取被裁剪曲线,即曲线在面相交处被裁剪,如图 3-29 所示,右击结束命令。

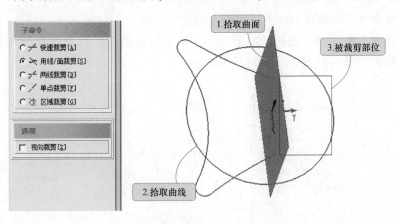

图 3-29　用线/面裁剪曲线

> **说明：**
>
> 1）当取消选中"视向裁剪"复选框时，曲线必须相交于面，且曲线与面被分割的段数须大于2。
>
> 2）当曲线曲面不相交时，如果在屏幕视向看，曲线曲面相交，选中"视向裁剪"复选框，则可在屏幕视向交点处实现曲线曲面之间的裁剪。

3.2.3 曲线打断

曲线打断命令是将一条曲线用其他曲线、曲面或点分割为两条或多条曲线。

单击功能区的"曲线"选项卡上"曲线编辑"组中的"曲线打断"按钮，打开"曲线打断"导航栏，系统提供了"点打断""用点/线/面打断""快速打断""交点处打断""整线等分""按弧长等分"六种方式打断曲线。下面以"点打断""快速打断"为例打断曲线。

1. 点打断

点打断命令是将一段曲线分割为多段曲线。

选中"点打断"单选按钮，根据状态提示栏，在绘图区首先拾取被打断曲线，然后拾取断开点，即曲线在该点处被打断，如图3-30所示，连续两次右击结束命令。

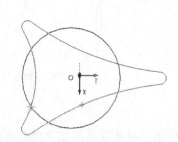

图 3-30　点打断

2. 快速打断

快速打断命令是将曲线与曲线或曲面在相交处打断。

选中"快速打断"单选按钮，在绘图区拾取被打断曲线，该曲线在与其他曲线或曲面相交处被打断，如图3-31所示，右击结束命令。

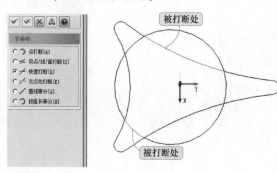

图 3-31　快速打断

3.2.4　曲线延伸

曲线延伸命令是将曲线沿某一方向延伸到最近的交点或边界处。

单击功能区的"曲线"选项卡上"曲线编辑"组中的"曲线延伸"按钮，打开"曲线延伸"导航栏，系统提供了"直线延伸""圆弧延伸""延伸到线/面""长度延伸""圆弧转为圆""延伸面上线"六种延伸曲线的方式。下面以"直线延伸""延伸到线/面"为例延伸曲线。

1. 直线延伸

直线延伸命令是将待延伸曲线按直线方式延伸至目标处。

选中"直线延伸"单选按钮，根据状态提示栏，在绘图区首先拾取待延伸曲线，移动鼠标将可预览延伸效果，然后拾取目标点，即可得到延伸曲线，如图 3-32 所示。

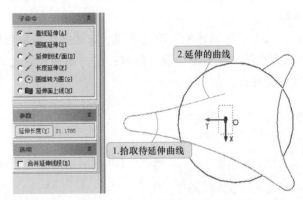

图 3-32　直线延伸

2. 延伸到线/面

延伸到线/面命令可自动将延伸的曲线按直线或曲线方式延伸至目标处。

选中"延伸到线/面"单选按钮，如图 3-33 所示，根据状态提示栏，在绘图区首先拾取延伸目标，然后拾取待延伸曲线，即得到延伸曲线，如图 3-34 所示。

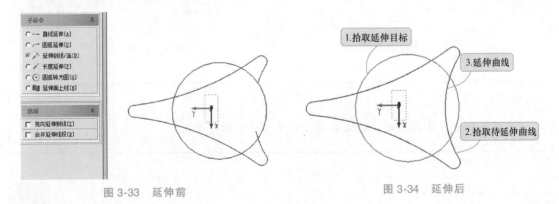

图 3-33　延伸前　　　　　　　　　　　　　　图 3-34　延伸后

3.2.5　曲线等距

曲线等距命令可将原始曲线按照特定要求进行等距偏移，生成等距曲线。

单击功能区的"曲线"选项卡上"曲线编辑"组中的"曲线等距"按钮，打开"曲线等距"导航栏，系统提供了"单线等距""区域等距""法向等距"三种方式生成等距曲线。下面以"单线等距""区域等距"为例做曲线等距。

1. 单线等距

单线等距命令是在原始曲线一侧的一定距离处创建"等距"曲线。单线等距分为两种类型：恒等距偏移和变等距偏移。变等距是通过定义起点和终点不同的偏移值将曲线在其一侧偏移，得到一条与原始曲线的距离成线性变化的曲线。

选中"单线等距"单选按钮，在"等距类型"选项区域中选中"变等距"单选按钮，在绘图区拾取曲线（拾取点靠近处的曲线端点为起点）；在"等距距离1""等距距离2"文本框中设置距离；在绘图区拾取偏移方向，即得到变等距曲线，如图3-35所示，右击结束命令。

2. 区域等距

区域等距命令是将区域轮廓曲线向区域内或区域外偏移一定的距离，得到等距轮廓曲线。

选中"区域等距"单选按钮，在绘图区拾取轮廓曲线，右击结束拾取；在"等距距离""等距个数"文本框中设置参数；在"偏移方向"列表框中选择偏移方向，即可得到等距的区域轮廓线，如图3-36所示。

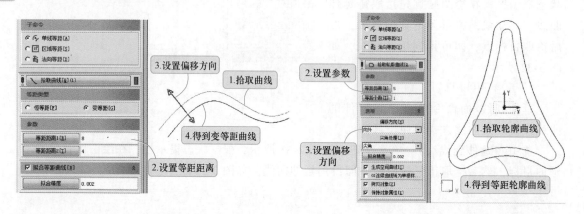

图 3-35　单线等距曲线　　　　　　图 3-36　区域轮廓偏移

> **说明：**
>
> 区域等距命令拾取的轮廓曲线必须为首尾相连的封闭曲线。

3.2.6　曲线组合

曲线组合命令可将一条曲线链上多条首尾相接的曲线组合成一条组合曲线或样条曲线。曲线组合命令常用于构造曲面的轮廓线，如拉伸截面线、旋转截面线、蒙皮截面线、扫掠截面线或轨迹线等。

单击功能区的"曲线"选项卡上"组合"组中的"曲线组合"按钮，打开"曲线组合"导航栏，系统提供了"转为组合线""转为样条线"两种方式组合曲线。下面以"转为组合线"为例做曲线组合。

选中"转为组合线"，在绘图区拾取待组合的曲线，根据需要可勾选相关选项，右击结束命令，即可得到组合曲线。

> **说明：**
>
> 1）导航工具条中的"拷贝对象"选项决定在组合过程中是否保留原始曲线。
> 2）当组合的曲线存在间隙时，间隙距离小于设定的间隙精度，系统自动使用毗连方式连接曲线。
>
> **应用技巧：**
>
> 在绘图区可以先拾取待组合的曲线，再选择"曲线组合"命令，曲线将自动被组合。

3.2.7 曲线炸开

曲线炸开命令可将一条组合曲线恢复为组合前的多条首尾相接的曲线。

单击功能区的"曲线"选项卡上"组合"组中的"曲线炸开"按钮，在绘图区拾取待炸开的组合曲线，曲线将自动被炸开，右击结束命令。

> **说明：**
>
> 1）曲线组合时，若选择"转为组合线"选项则生成的曲线为一条组合曲线，该曲线可以被炸开为组合前的多条曲线。
> 2）曲线组合时，若选择"转为样条线"选项则生成的曲线为一条样条曲线，该曲线不能被炸开为组合前的多条曲线。
>
> **应用技巧：**
>
> 在绘图区可以先拾取待炸开的曲线，再选择"曲线炸开"命令，组合曲线将自动被炸开。

3.2.8 曲线桥接

曲线桥接命令可按照指定的连续条件、连接部位将两条曲线或一条曲线和一个点快速地连接起来。曲线桥接命令是曲线连接中常用的方法。

单击功能区的"曲线"选项卡上"组合"组中的"曲线桥接"按钮，打开"曲线桥接"导航栏，系统提供了"线线桥接""线点桥接""多线桥接"三种方式连接曲线，下面以"线线桥接"为例做曲线桥接。

线线桥接命令是将两条曲线（包括单根曲线、组合线或几何曲面边界线）按指定的连续条件用一根曲线快速连接起来。

选中"线线桥接"单选按钮，在绘图区依次拾取要桥接的两条曲线或曲面边界线；设置端点连续条件并调整控制点，如图3-37所示，右击完成桥接。

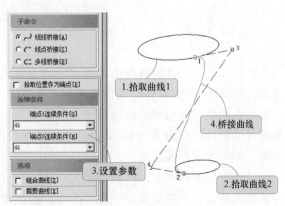

图3-37 线线桥接

📑 **说明：**

    1）要进行桥接的曲线可以是单根曲线、组合线或几何曲面边界线。

    2）"端点1连续条件"列表框中的"G0"选项表示位置连续，将消除两曲线间的连接间隙；"G1"选项表示切矢连续，在消除两曲线间间隙的基础上，将两曲线调整到光滑连接状态；"G2"选项表示曲率连续，两曲线在连接端点处不仅相互连接、相切，而且曲率相同。

    3）可以通过调节桥接曲线上的控制点调整桥接曲线的形状，如拖动控制点1、2可以调节切点起始位置，拖动控制点3、4可以调节桥接曲线的饱满程度。

📑 **应用技巧：**

    拾取要进行桥接的两条曲线，拾取位置应尽量靠近要进行桥接的端点，如图3-38所示；否则可能生成不同的桥接曲线，如图3-39所示。

图3-38　靠近桥接端点　　　　　图3-39　远离桥接端点

3.2.9　曲线光顺

    曲线光顺命令可在给定的精度范围内自动调整曲线形状，使曲线曲率变化较大的位置变得相对平滑。由于对曲线光顺性的判断带有一定的主观因素，可能需要用户根据光顺效果以及光顺曲线与原始曲线的偏差等多种因素进行多次光顺操作。

3.3　曲面绘制

    几何曲面主要包含两种曲面类型：标准曲面和自由曲面。SurfMill 9.0软件中的自由曲面造型采用NURBS曲面作为几何描述的主要方法。

    标准曲面是可以用简单的函数来表达的规则曲面，包括球面、柱面、锥面和环面等。标准曲面可以精确转化为NURBS曲面。构造标准曲面的操作过程比较简单，只需要输入相应的参数，即可生成标准曲面。

    构造自由曲面的操作过程相对复杂一些，一般来说需要通过拾取一些特征曲线并执行相应的曲面构造命令来构造曲面。自由曲面包括拉伸面、直纹面、旋转面、蒙面、扫掠面和旋转扫掠面等。

3.3.1 标准曲面

标准曲面命令可用来构造简单的规则曲面。

单击功能区的"曲面"选项卡上"曲面绘制"组中的"标准曲面"按钮,打开"标准曲面"导航栏,系统提供了"球面""柱面""锥面""环面""椭球面""方体"六种方式构造标准曲面。球面、柱面、锥面、环面和椭球面分别均有三种类型:凸、凹、完整模型。下面以"球面"为例做标准曲面。

选中"球面"单选按钮,在绘图区拾取球心坐标,设置球心半径,右击结束命令,即可得到球面,如图3-40所示。

图 3-40 绘制球面

3.3.2 平面

平面命令可根据点或边界线来绘制平面。与绘图平面不同,该平面是实际存在的具有边界的几何面,可以对其进行裁剪、倒角等曲面编辑操作。

单击功能区的"曲面"选项卡上"曲面绘制"组中的"平面"按钮,打开"平面"导航栏,系统提供了"两点平面""三点平面""边界平面"三种方式构造平面。下面以"边界平面"为例构造平面。

边界平面命令是通过拾取空间上的封闭轮廓线来构造平面的。

选中"边界平面"单选按钮,根据状态提示栏,在绘图区拾取边界线,右击确认,即可得到平面,如图3-41所示,右击结束命令。

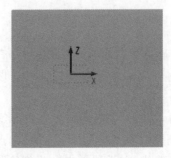

图 3-41 边界平面

3.3.3 拉伸面

拉伸面命令可将曲线沿指定方向按指定距离拉伸而形成拉伸面。拉伸时还可指定倾斜角度，以形成一个带拔模斜度的拉伸面。

单击功能区的"曲面"选项卡上"曲面绘制"组中的"拉伸面"按钮，打开"拉伸面"导航栏，系统提供了"沿方向拉伸""拉伸到平面""带状拉伸""法向拉伸"四种方式构造拉伸面。下面以"沿方向拉伸"为例拉伸面。

选中"沿方向拉伸"单选按钮，在绘图区拾取拉伸曲线，选择拉伸方向，设置拉伸距离，根据需要设置拉伸选项，即可得到拉伸面，如图3-42所示，右击结束命令。

图 3-42　拉伸面

3.3.4 旋转面

旋转面命令可将轮廓曲线按给定的起始角度和终止角度绕一轴线旋转而形成旋转面。

单击功能区的"曲面"选项卡上"曲面绘制"组中的"旋转面"按钮，打开"旋转面"导航栏，根据状态提示栏，在绘图区依次拾取轮廓线、旋转轴线，设置旋转角度，右击确认，即可得到旋转面，如图3-43所示。

3.3.5 直纹面

直纹面命令可将两条截面线串连接起来，生成直纹面。其中，通过曲面的轮廓称为截面线串，它可以由多条连续的曲线、曲面边界线组成，也可以是选取曲线的点或端点。

单击功能区的"曲面"选项卡上"曲面绘制"组中的"直纹面"按钮，打开"直纹面"导航栏，系统提供了"两曲线""曲线单点""两轮廓""轮廓单点"四种方式生成直纹面。下面以"两曲线""曲线单点"为例绘制直纹面。

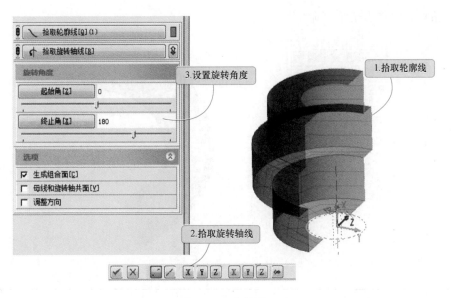

图 3-43 旋转面

1. 两曲线

选中"两曲线"单选按钮,根据状态提示栏,在绘图区依次拾取曲线 1 和曲线 2,即可得到直纹面,如图 3-44 所示,右击结束命令。

2. 曲线单点

选中"曲线单点"单选按钮,根据状态提示栏,在绘图区依次拾取曲线和点,即可得到直纹面,如图 3-45 所示,右击结束命令。

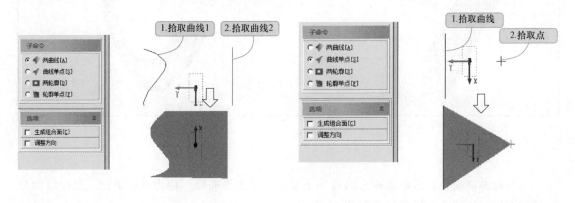

图 3-44 选择"两曲线"方式构造直纹面   图 3-45 选择"曲线单点"方式构造直纹面

3.3.6 单向蒙面

以一组方向相同、形状相似的截面线为骨架,在其上蒙上一张光滑曲面,称为单向蒙面。使用单向蒙面命令构造出来的曲面只能反映出截面线法向一个方向的变化趋势。

单击功能区的"曲面"选项卡上"曲面绘制"组中的"单向蒙面"按钮,打开"单向蒙面"导航栏,根据状态提示栏,在绘图区拾取截面线,即可预览蒙面,如图 3-46 所示,右击结束拾取，再次右击结束命令。

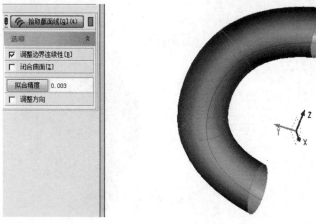

图 3-46 单向蒙面

> **说明：**
>
> 拾取的截面线个数和顺序反映了生成的蒙面形状，如图 3-47 和图 3-48 所示；当截面个数为 2 时，生成的蒙面与直纹面"两曲线"生成的面一致，如图 3-47 所示。

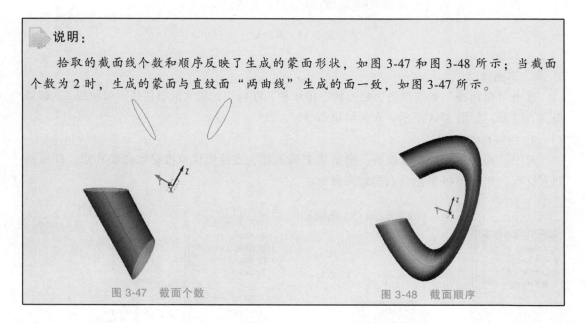

图 3-47 截面个数   图 3-48 截面顺序

3.3.7 双向蒙面

在两组纵横交错的截面线构成的骨架上蒙上一张光滑曲面，称为双向蒙面。双向蒙面分别通过两组截面线且光滑连接截面线。

双向蒙面命令通过指定两个方向的截面线，进一步控制了曲面形状，反映了两个方向的变化趋势。

双向蒙面命令的 U 向截面线数和 V 向截面线数都可以大于或等于 2，但不能小于 2。

单击功能区的"曲面"选项卡上"曲面绘制"组中的"单向蒙面"按钮，在下拉菜单中选择"双向蒙面"选项，打开"双向蒙面"导航栏，根据状态提示栏，在绘图区依次拾取至少 2 条 U 向截面线，右击确认；再依次拾取至少 2 条 V 向截面线，即可得到双向蒙面预览显示，如图 3-49 所示，右击结束命令。

 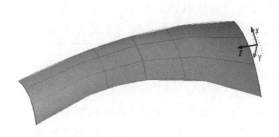

图 3-49　双向蒙面

说明：

　　构建蒙面的截面线应符合以下几点：

1）截面线必须为光滑曲线。

2）纵横两个方向的截面线应该在网孔端点相交，这样生成的曲面才能很好地蒙在截面线上；否则将会产生不确定的偏差。

3）截面线两端可以伸出网孔外，生成曲面时网孔外的线段将被忽视，如图 3-50 所示。

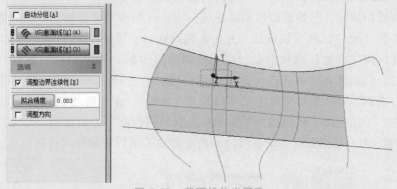

图 3-50　截面线伸出网孔

　　4）两组截面线形成的网孔必须为四边形网孔，不允许出现三边（域）形或五边（域）形网孔，如图 3-51a 所示，并且每行和每列的网孔数必须相等，不能出现不完整网孔，如图 3-51b 所示。当各个四边形网孔形状较为规则和均匀时生成的曲面形态才较好。

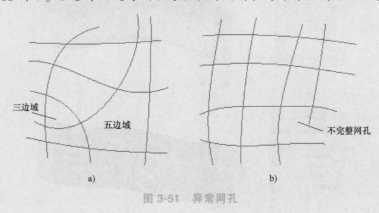

图 3-51　异常网孔

5）当截面线较为规则时，在拾取 U 向和 V 向截面线时可以选中所有截面线，此时系统可以自动区分 U 向和 V 向截面线，并生成曲面。

3.3.8 扫掠

将截面线沿一条或两条轨迹线运动而扫出的曲面，称为扫掠面。截面线构成扫掠面的骨架，用来控制扫掠面一个方向上的形状。轨迹线用来引导和约束截面线的运动，确定截面线在空间的位置。

扫掠面的构造规则是灵活多样的。截面线的数量可以为一条或多条。轨迹线也可以为一条或两条。在扫掠过程中，可以对截面线和轨迹线施加不同的几何约束，让截面线和轨迹线之间保持不同的位置关系，还可以对截面线施加各种变形规则，从而生成形状多样的扫掠面。

1. 单轨扫掠

单轨扫掠命令是将一条或多条截面线沿单条轨迹线的方向运动扫掠，从而形成曲面。

单轨单个截面线扫掠时，是将一条截面线沿单条轨迹线的方向运动扫掠而形成的曲面。单轨多个截面线扫掠时，初始截面线沿轨迹线扫掠，并逐步平滑过渡到下一个截面线，生成的扫掠面将插值（通过）所有截面线，并在各截面线间平滑过渡。

单击功能区的"曲面"选项卡上"曲面绘制"组中的"单轨扫掠"按钮，打开"单轨扫掠"导航栏，在绘图区拾取轨迹线，拾取截面线，右击结束截面线拾取，即可预览得到单轨扫掠面。根据需要，也可以单击"选项设置"按钮，在弹的"扫掠面"对话框中设置截面变形参数。下面给出了截面线为单条和多条时的扫掠面，分别如图 3-52 和图 3-53 所示。

（1）扫掠方式 当截面线为单条线时，系统提供了平行和旋转两种扫掠方式。

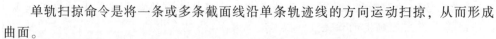
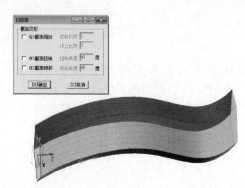

图 3-52 单截面单轨扫掠

图 3-53 多截面单轨扫掠

1）平行扫掠是指截面线在轨迹线各点的方位保持不变，即截面线所在平面的法矢在运动过程中始终平行于其初始法矢方向，如图3-54所示。

2）旋转扫掠是指截面线沿轨迹线运动时，按照轨迹线各点的切矢方向做相应的旋转，从而保持截面线所在平面的法矢方向与轨迹线的切矢方向的相对角度不变，如图3-55所示。

图3-54 单截面平行扫掠

图3-55 单截面旋转扫掠

（2）扫掠面变形方式 当截面线为单条线时，系统提供了截面放缩、截面扭转和截面倾斜三种扫掠面变形方式。

1）截面缩放是指截面线在扫掠过程中可进行缩放，缩放比例由起始比例平滑过渡到终止比例。图3-56所示的是起始比例为1，终止比例为3，对截面进行放大过程的扫掠面。

2）截面扭转是指截面线在扫掠过程中可进行扭转，也就是截面线将在自身平面内绕着轨迹线的切矢进行旋转，旋转角度从0°逐步过渡到扭转角度。图3-57所示为截面扭转90°的扫掠面。

3）截面倾斜是指截面线所在平面在扫掠过程中绕着截面线平面与轨迹线平面的交线进行旋转（前倾或后倾），旋转角度从0°逐步过渡到倾斜角度。如果截面线为直线，则不进行倾斜。图3-58所示为截面倾斜45°的扫掠面。

图3-56 截面缩放

图3-57 截面扭转

图3-58 截面倾斜

> **说明：**
>
> 在生成扫掠面之前，应将轨迹线和截面线摆放在希望曲面生成的位置上，并调整好截面线与轨迹线的空间位置。只有当轨迹线的起点落在截面线上时，曲面才会既通过截面线又通过轨迹线。截面线所在平面最好垂直于轨迹线，这样生成的扫掠面才比较光顺。

2. 双轨扫掠

双轨扫掠命令是将截面线搭在两条轨迹线上，并沿轨迹线的方向运动扫掠生成曲面。

单击功能区的"曲面"选项卡上"曲面绘制"组中的"单轨扫掠"按钮，在下拉菜单中选择"双轨扫掠"选项，打开"双轨扫掠"导航栏，在绘图区首先连续拾取两条轨迹线，然后拾取截面线，右击结束拾取，即可得到预览的双轨扫掠面，如图3-59所示，右击结束命令。

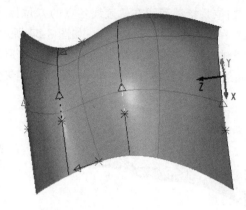

图 3-59　双轨扫掠

> **说明：**
>
> 在生成扫掠曲面时，两条轨迹线的方向必须一致；否则生成的曲面将是扭曲的。

3. 旋转扫掠

将截面线绕指定轴旋转，同时对截面线进行调整（平移和缩放等），以保证其端点搭在轨迹线上，这样形成的轨迹曲面称为旋转扫掠面。旋转扫掠命令可以视为旋转命令与扫掠命令的结合。旋转扫掠的轨迹线可以为一条，也可以为两条。

单击功能区的"曲面"选项卡上"曲面绘制"组中的"旋转扫掠"按钮，打开"旋转扫掠"导航栏，在绘图区依次拾取截面线、轨迹线，右击结束拾取；拾取轴线，右击确认，即可得到旋转扫掠后的图形，如图 3-60 所示。

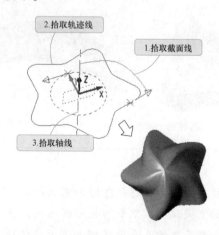

图 3-60　旋转扫掠

> **说明：**
>
> 在生成扫掠面之前，应将轨迹线和截面线都摆放在希望曲面生成的位置上，并调整好截面线与轨迹线的空间位置。只有当轨迹线与截面线有交点时，曲面才会既通过截面线又通过轨迹线。

3.4 曲面编辑

曲面编辑命令是对已存在的曲面进行修改。曲面被创建后，常需要对绘制的曲面进行编辑修改，如快速修剪去除不需要的曲面部分，将分片的曲面组合为一组曲面等，以完善曲面形状。

3.4.1 曲面倒角

曲面倒角命令是用圆弧过渡曲面将两张曲面光滑连接起来。同时，根据过渡曲面对原曲面进行裁剪，形成整体光滑的效果。

两面拼接命令也可以对两张曲面进行光滑连接，但其主要用于将两张不相连的曲面连接起来，不需要对原始曲面进行裁剪，而且生成的过渡面的截面线一般都不是圆弧。

61

单击功能区的"曲面"选项卡上"曲面编辑"组中的"两面倒角"按钮，打开"两面倒角"导航栏，系统提供了"等半径倒圆角""变半径倒圆角"两种方式生成圆角，下面以"等半径倒圆角"为例倒圆角。

选中"等半径倒圆角"单选按钮，在绘图区依次拾取曲面 1 和曲面 2，单击曲面改变箭头方向，使两曲面上的箭头均指向过渡面的圆弧截面的圆心方向；右击确认，即可形成圆角，如图 3-61 所示。

3.4.2 曲面裁剪

曲面裁剪命令是对已生成的曲面进行修剪，保留需要的部分，去除不需要的部分。被裁剪后的曲面称为裁剪面；被裁去区域称为裁剪区域；被裁去区域的边界称为裁剪边界；封闭的裁剪边界称为裁剪环。

系统提供了"线面裁剪""面面裁剪""流线裁剪""一组面内裁剪"四种方式裁剪曲面。下面主要介绍常用的"线面裁剪""面面裁剪"。

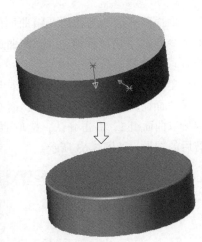

图 3-61 等半径倒圆角

1. 线面裁剪

线面裁剪命令是通过投影边界轮廓来修剪片体。系统将根据指定的投影方向，将一个边界（曲线、片体的边界）轮廓投射到目标片体，从而修剪出相应的轮廓形状。线面裁剪命令包括"快速裁剪""分割曲面""拾取裁剪域"三种方式。系统默认裁剪方式为分割曲面。

分割曲面命令是用裁剪曲线沿投影方向分割曲面，保留所有分割出来的曲面片。

单击功能区的"曲面"选项卡上"曲面编辑"组中的"线面裁剪"按钮，打开"线面裁剪"导航栏；选中"分割曲面"单选按钮，在绘图区拾取裁剪曲线，右击确认；拾取曲面，右击确认；选择投影方向，右击确认，即可得到被裁剪曲线分割的曲面，如图 3-62 所示。

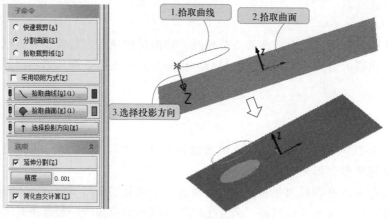

图 3-62　分割曲面

说明：

　　在线面裁剪构成中，曲线的投影方向默认为当前绘图平面的法向，如需修改，可单击"选择投影方向"按钮，调整投影方向。

2. 面面裁剪

　　面面裁剪命令是利用两组曲面的交线作为裁剪线对两组曲面进行裁剪。面面裁
剪命令包括"快速裁剪""分割曲面""拾取裁剪域"三种裁剪方式。系统默认裁
剪方式为分割曲面。

　　单击功能区的"曲面"选项卡上"曲面编辑"组中的"线面裁剪"按钮，在下拉菜单中
选择"面面裁剪"选项，打开"面面裁剪"导航栏，选中"拾取裁剪域"单选按钮；在绘图
区拾取曲面组 1，右击确认；拾取曲面 2，右击确认；拾取裁剪区域，右击确认，即可得到裁
剪后的图形，如图 3-63 所示。

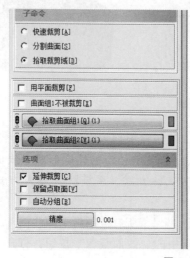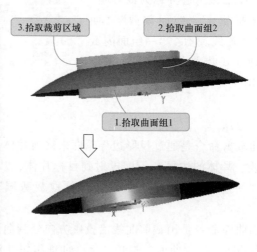

图 3-63　拾取裁剪区域

> **说明：**
>
> 　　1）"保留点取面"复选框用于控制拾取的区域被保留还是被删除，系统默认取消选中该复选框，即选择的区域将被删除；否则将被保留。
>
> 　　2）当两曲面没有交线或交线不能形成有效裁剪线时，无法进行面面裁剪。面面裁剪必须满足以下条件：
>
> 　　一个有效的裁剪线，该裁剪线不能和曲面边界线重合或部分重合且不能和其他剪刀线相切；当裁剪线不能形成封闭裁剪环，又不横跨曲面边界时，必须选中"延伸裁剪"复选框才能进行裁剪。

3.4.3　曲面补洞

在加工模具过程中，有时需要将裁剪面上的某些空洞（裁剪区域）用曲面补上以方便刀具轨迹的生成，但同时又不希望破坏原有裁剪面，这时可以使用曲面修补功能。这里重点介绍曲面补洞命令。

曲面补洞命令是指对曲面上的裁剪区域环进行填补。

单击功能区的"曲面"选项卡上"曲面编辑"组中的"曲面补洞"按钮，打开"曲面补洞"导航栏，系统提供了"单个环（域）""所有内环""所有外环""所有裁剪环""缺口洞"五种方式填补曲面。下面以"所有内环"为例介绍。

选中"所有内环"单选按钮，根据状态提示栏在绘图区拾取裁剪曲面，右击确认；拾取裁剪环，即可预览待补洞区域，如图3-64所示，右击结束命令。

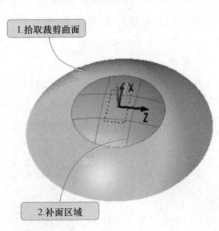

图 3-64　曲面补洞

3.4.4　曲面延伸

曲面延伸命令是指按距离或与另一组面的交点延伸一组面。

单击功能区的"曲面"选项卡上"曲面编辑"组中的"曲面延伸"按钮，打开"曲面延伸"导航栏，在绘图区拾取曲面边界线，设置延伸长度，即可预览延伸区域，如图 3-65 所示，右击确认。

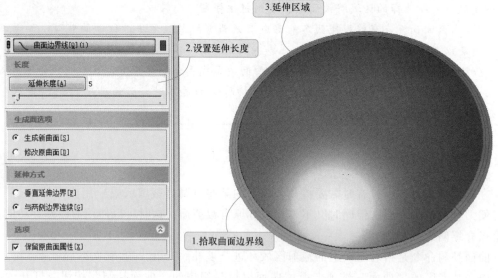

图 3-65　曲面延伸

说明：

1）"延伸方式"选项区域的功能仅适用于生成新曲面，用来控制延伸后曲面与原曲面之间的连续性，具体包括两种连续方式，垂直延伸边界和与两侧边界连续。

2）"与两侧边界连续"是指延伸曲面的两侧边界与要进行延伸的曲面边界两端的相邻边界线保持连续，如图 3-66 所示；"垂直延伸边界"是指延伸曲面的两侧垂直于延伸边界，如图 3-67 所示。

3）对旋转面、球面和柱面等具有旋转特征的旋转曲面进行延伸操作时，当所选延伸边界线为其母线时，在选中"修改原曲面"单选按钮的前提下，将按照其自然定义方式进行延伸（改变旋转角度），如图 3-68 所示。

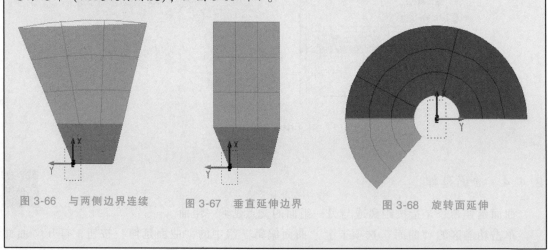

图 3-66　与两侧边界连续　　　图 3-67　垂直延伸边界　　　图 3-68　旋转面延伸

3.4.5 曲面等距

曲面等距命令用于将已知曲面沿曲面法向偏移一个恒定的或多个可变的距离，以得到等距曲面。

单击功能区的"曲面"选项卡上"曲面编辑"组中的"更多"按钮，在下拉菜单中选择"曲面等距"选项，打开"曲面等距"导航栏，系统提供了"恒等距""变等距"两种方式生成等距曲面。下面以"恒等距"为例做曲面等距。

恒等距命令用于通过给定等距（偏移）方向和距离，生成与已知曲面等距的曲面。等距面的性质与等距线相似，等距面的各个点到原始曲面的距离等于给定的距离。

等距面的形状不仅受原始曲面的影响，而且与等距距离及等距方向有关。

选中"恒等距"单选按钮，根据状态提示栏，在绘图区拾取曲面，设置等距距离，选择等距方向即可得到等距曲面，如图3-69所示。

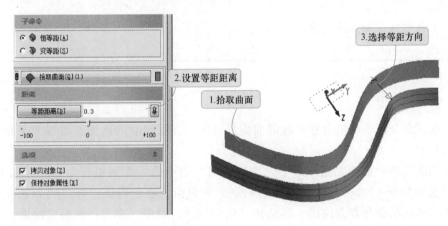

图 3-69　恒等距曲面

> **说明：**
>
> 1）若原始曲面上某些点不光滑或法线不唯一，则不能生成等距面或出现错误。
>
> 2）如果等距距离大于原始曲面的最小曲率半径，则生成的等距曲面可能出现异常，如原始曲面的一部分在等距面上消失，等距曲面自相交或出现尖棱等，如图3-70所示。
>
>
>
> 图 3-70　生成的等距曲面异常

3.4.6　曲面组合

曲面组合命令用于将相邻曲面组合为一张组合曲面，加快交互界面的拾取操作，如在曲面裁剪和定义加工域时可以加快拾取过程。

单击功能区的"曲面"选项卡上"曲面编辑"组中的"曲面组合"按钮，在绘图区拾取相邻的曲面，右击确认，即可得到组合面。

> **说明：**
>
> 　1）为了操作快捷，可在绘图区先拾取待组合的曲面，再选择"曲面组合"命令也可直接完成组合操作。
>
> 　2）组合曲面的图层、颜色、线型、线宽属性与系统当前属性保持一致。
>
> 　3）与"曲面融合"命令不同，组合后的曲面可通过"曲面炸开"命令分解成原来的单个曲面。
>
> 　4）不相邻的曲面无法组合。

3.4.7　曲面炸开

曲面炸开命令用于将组合在一起的曲面打散为一张张独立的曲面，可视为曲面组合的逆过程。

单击功能区的"曲面"选项卡上"曲面编辑"组中的"曲面组合"按钮，在下拉菜单中选择"曲面炸开"选项，在绘图区拾取待炸开曲面，右击确认，即可得到独立的曲面；或者先在绘图区拾取待炸开曲面，再选择"曲面炸开"命令，亦可得到独立曲面。

3.4.8　曲面光顺

曲面光顺命令用于在给定的偏差范围内以及边界约束条件下自动调整曲面形状，使曲面曲率变化较大的部分变得较平滑。

由于曲面的光顺性涉及几何外形的美观，带有一定的主观因素，需要用户根据光顺效果以及光顺曲面与原始曲面的偏差等多种因素进行多次光顺操作。

单击功能区的"曲面"选项卡上"曲面编辑"组中的"曲面光顺"按钮，打开"曲面光顺"导航栏，在绘图区拾取曲面，右击确认。系统将自动对曲面进行处理，若光顺成功，则弹出"曲面光顺成功"对话框；否则，会显示光顺不成功处。

> **说明：**
>
> 　导航栏中的参数含义"自由"表示对曲面边界不施加任何约束条件；"固定角点"表示光顺前后曲面的四个角点位置保持不变；"固定边界"表示光顺前后曲面的四条边界保持不变；"保持边界切矢"表示光顺前后曲面的四条边界以及沿边界的切矢保持不变。

3.5 变换

图形变换主要包括：3D平移、3D旋转和3D镜像等3D变换，其均是相对于当前坐标系进行的变换操作；图形的聚中、对齐和翻转等变换；曲线曲面方向调整和类型转换。

3.5.1 3D平移

3D平移命令用于将图形在3D空间中移动或复制至新的位置。

单击功能区的"变换"选项卡上"基本变换"组中的"3D平移"按钮，打开"3D平移"导航栏，系统提供了"两点平移""沿方向平移""位移平移"三种方式平移图形。下面以"两点平移"为例做平移图形。

两点平移命令是通过定义平移基准点和目标点来确定图形平移后的位置。

根据状态提示栏，在绘图区拾取对象，单击"两点平移" 按钮，在绘图区依次拾取基准点和平移目标点，即可预览平移图形，如图3-71所示。

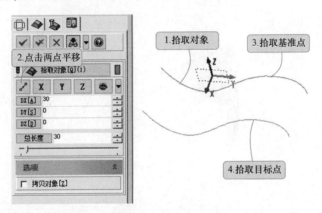

图3-71 两点平移

> **说明：**
> 只有勾选了"拷贝对象"复选框后，系统才会弹出"保持对象属性""平移个数"两个设置选项。

3.5.2 3D旋转

3D旋转命令用于将图形绕空间任意轴进行旋转移动或旋转复制。

单击功能区的"变换"选项卡上"基本变换"组中的"3D旋转"按钮，打开"3D旋转"导航栏，在绘图区拾取旋转对象和旋转轴并设置旋转角度，即可预览旋转结果，右击确认，如图3-72所示。

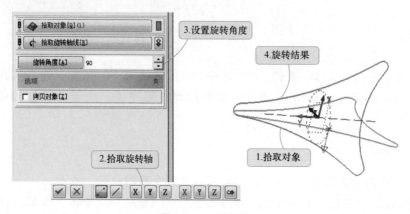

图 3-72　3D 旋转

说明：

1）所定义的旋转轴可以为空间中任意方向和位置的轴线，与当前绘图平面无关。

2）定义多个图形旋转复制数目，可以实现图形的圆形阵列，如图 3-73 所示。

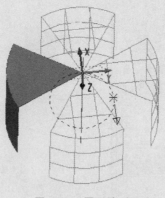

图 3-73　圆形阵列

3）只有勾选了"拷贝对象"复选框后，系统才会弹出"保持对象属性""旋转个数"两个设置选项。

3.5.3　3D 镜像

3D 镜像命令可将图形相对于空间任意平面进行镜像变换。

单击功能区的"变换"选项卡上"基本变换"组中的"3D 镜像"按钮，打开"3D 镜像"导航栏，在绘图区拾取镜像对象和镜像平面，即可预览镜像后的图形，右击确认，如图 3-74 所示。

3.5.4　3D 放缩

3D 放缩命令可将图形在 3D 空间中相对于当前用户坐标系的 X、Y、Z 三个坐标轴方向上进行等比例或不同比例的尺寸放缩。

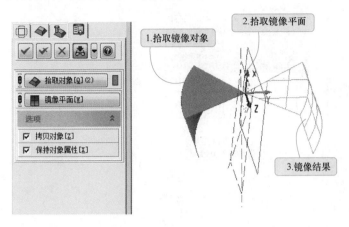

图 3-74 3D 镜像

单击功能区的"变换"选项卡上"基本变换"组中的"3D 放缩"按钮，打开"3D 放缩"导航栏，在绘图区拾取对象，右击确认；拾取放缩中心，设置放缩比例，即可预览放缩后图形，右击确认，如图 3-75 所示。

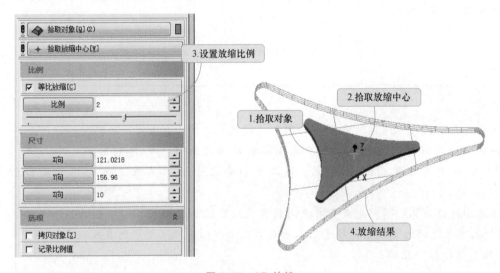

图 3-75 3D 放缩

3.5.5 阵列

阵列命令是相对于当前绘图面而言的，包括"矩形阵列""圆形阵列""曲线阵列"三种方式。下面以"曲线阵列"为例做图形阵列。

在绘图区拾取对象，单击功能区的"变换"选项卡上"基本变换"组中的"矩形阵列"按钮，在下拉菜单中选择"曲线阵列"选项，打开"曲线阵列"导航栏；根据状态提示栏，拾取阵列图形路径；在图形路径上指定阵列基准点并选择阵列方向，根据需要在参数导航栏中定义阵列参数，即可得到阵列图形，如图 3-76 所示。

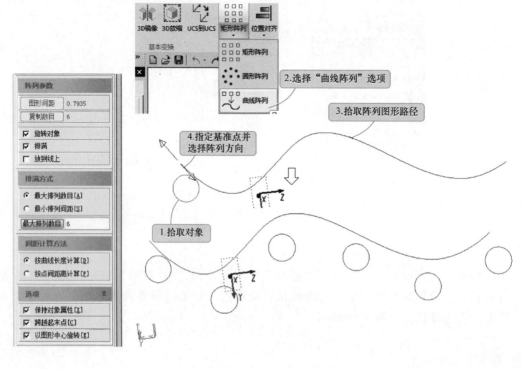

图 3-76　曲线阵列

> **说明：**
>
> 1) 旋转阵列：执行"阵列"命令时将图形进行旋转，并沿着曲线径向排列。
>
> 2) 按曲线长度计算：图形元素基准点间的曲线长度相等，即阵列的第一个与第二个图形基准点间对应的曲线长度等于第二个与第三个图形基准点间对应的曲线长度。
>
> 3) 按点间距离计算：图形元素基准点间的直线距离的长度相等，即阵列的第一个与第二个图形基准点之间的直线距离等于第二个与第三个图形基准点之间的直线距离，此项与"按曲线长度计算"互锁。

3.5.6　图形聚中

图形聚中命令可将所选图形的某一特征点（即其包围盒的某一特征点）对齐到当前坐标系的原点位置以对图形进行快速移动和聚中对齐。

单击功能区的"变换"选项卡上"变换"组中的"图形聚中"按钮，打开"图形聚中"导航栏，在绘图区拾取需要进行聚中操作的曲线或曲面图形对象，即可预览聚中对象，如图 3-77 所示；在参数导航栏中定义所选图形在当前坐标系的 X、Y、Z 三个坐标轴方向上的特征点与当前坐标系的原点的对应聚中方式，右击确认。

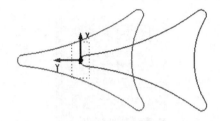

图 3-77 图形聚中

> **说明：**
>
> 该功能常用于将从外部输入的 .igs 格式文件的曲面模型进行快速聚中变换操作，方便后续的操作和刀具路径的输出。

3.5.7 图形翻转

图形翻转命令用于将选中的图形绕当前坐标系的某一坐标轴旋转一个角度。

单击功能区的"变换"选项卡上"变换"组中的"图形翻转"按钮，打开"图形翻转"导航栏，在绘图区拾取需要进行翻转操作的曲线或曲面对象，设置翻转轴和翻转角度，即可预览翻转后对象，如图 3-78 所示，右击确认。

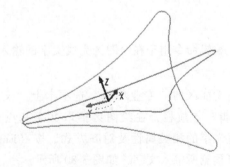

图 3-78 图形翻转

3.5.8 方向和起点

方向和起点命令用于调整曲线或曲面的法矢或一条闭合组合曲线的起始点。

单击功能区的"变换"选项卡上"变换"组中的"方向和起点"按钮，打开"方向和起点"导航栏，在绘图区拾取对象，单击图形，即可进行方向反向，如图 3-79 所示；或者单击"调整曲线起点"按钮，拾取曲线上某一点，曲线上靠近该点的端点将被作为起点。

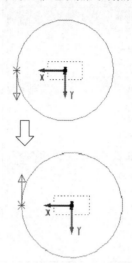

图 3-79　方向反向

> **说明：**
>
> 1）同向反向定义：与指定方向夹角小于 90°的方向即可认为是同向；与指定方向的夹角大于 90°的方向即可认为是反向。
>
> 2）系统自定义的曲面方向是指曲面在 U 向线、V 向线中心点的法矢方向。

3.6　专业功能

3.6.1　文字编辑

1. 文字编辑

文字编辑命令用于在绘图区完成文字的输入，并可以对字体的类型、高度、宽度等进行设置。

单击功能区的"专业功能"选项卡上"文字编辑"按钮，打开"文字编辑"导航栏，在绘图区拾取文字基点，在导航栏中输入文字，设置文字的相关属性及对齐方式，按〈Enter〉键或在绘图区单击，即可预览所输入文字，如图 3-80 所示。

2. 文字转图形

文字转图形命令是将文字对象转换为图形集合对象，常用于将文字转化为可操作的曲线，以对文字进行拉伸、投影等操作。

单击功能区的"专业功能"选项卡上"文字转图形"按钮，打

图 3-80　文字编辑

开"文字转图形"导航栏，系统提供了"组合整个字串""组合单个字符""组合单个笔画"三种方式将文字转化为图形。

其中，"组合整个字串"命令可将选定的整个文字串组合为一个图形集合对象；"组合单个字符"命令可将每个字符转换为一个独立的图形集合对象；"组合单个笔画"命令可将每个单独的、与其他笔画不连接的笔画转换为一个独立的图形集合对象。

> **应用技巧：**
>
> 若文字为字母组或数字组，则可以选择"组合单个字符"命令；若为汉字，则建议选择"组合单个笔画"命令，以实现将文字转化为组合曲线。

3.6.2　五轴曲线

五轴曲线是 SurfMill 9.0 软件的一项重要功能，是五轴加工的一种辅助手段。用于五轴联动加工中控制刀轴方向，使刀轴在空间范围偏摆，以加工一些具有复杂五轴特征的零件。

1. 初始化五轴曲线

单击功能区的"五轴曲线"选项卡上"初始化五轴曲线"组中的"初始化五轴曲线"按钮，打开"初始化五轴曲线"导航栏，系统提供了"生成五轴曲线""初始化五轴曲线"两种方式，下面以"生成五轴曲线"为例介绍。

生成五轴曲线命令是将 2D 曲线和 3D 曲线通过一种初始化方式快速地生成所需要的近似五轴曲线。

选中"生成五轴曲线"单选按钮，在绘图区拾取曲线，设置初始化参数、初始化方式和基线类型，即可预览生成的五轴曲线，如图 3-81 所示，右击确认结束命令。

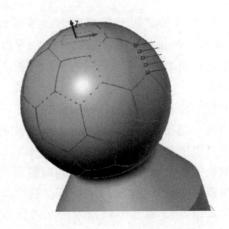

图 3-81　生成五轴曲线

下面对图 3-81 所示的导航栏中的重要参数进行详细说明。

（1）初始化方式　系统提供了"曲面法向""指向点""指向曲线""由点起始""由曲线起始""仰角与方位角"六种初始化方式。"曲面法向"选项是指刀轴的控制方式通过选择的曲面法向来确定；"指向点"选项是指生成的五轴曲线刀轴方向都指向选定的点；"指向曲线"选项是指生成的五轴曲线刀轴方向都指向选定的曲线；"由点起始"选项是指生成的五轴曲线刀轴方向都由选定的点起始；"由曲线起始"选项是指生成的五轴曲线刀轴方向都由选定的曲线起始；其中，"仰角与方位角"方式最常用，其他五种方式与五轴加工中的刀轴控制方式一一对应。在进行五轴曲线刀轴定义的过程中，对出现问题的刀轴控制点进行默认处理，对出现问题的刀轴控制点以红色显示。

（2）仰角初始方式　系统提供了三种仰角初始化方式。"设为同一值"选项是把仰角设为一固定值；"指向曲线"选项是在方位角确定后，旋转刀轴，由刀轴正向延伸线与刀轴控制线的交点来控制仰角大小；"由曲线起始"选项是在方位角确定后，旋转刀轴，由刀轴反向延伸线与刀轴控制线的交点来控制仰角大小。

（3）仰角　在世界坐标系下，刀轴与 XOY 平面的夹角，范围为−90°～90°。

（4）方位角初始方式　系统提供了两种方位角初始方式。"垂直曲线"选项是指刀轴方向始终与对应曲线切线方向垂直，当仰角为固定值时，有垂直左侧和右侧之分；"设为同一值"选项是指方位角固定。

（5）方位角　在世界坐标系下，刀轴在 XOY 平面的投影与 X 轴顺时针方向的夹角，范围为 0°～360°。当仰角为±90°时，方位角无效。

（6）基线类型　只有在"生成五轴曲线"命令中才有，系统提供了两类生成五轴曲线的类型："B 样条"选项可对选取的曲线按照 B 样条形式生成五轴曲线；"NURBS 曲线"选项可对选取的曲线按照 NURBS 曲线形式生成五轴曲线。

2. 编辑曲线

编辑曲线命令用于对初始化的五轴曲线的控制点进行编辑，通过调整仰角和方位角，达到需要的效果。

单击功能区的"五轴曲线"选项卡上"编辑五轴曲线"组中的"编辑曲线"按钮，打开"编辑曲线"导航栏，如图 3-82 所示，在绘图区拾取五轴曲线，进行操作和控制点参数设置，右击结束命令。

下面对导航栏中的重要参数进行详细说明。

（1）显示刀具　是指显示加工所用的刀具并设置其显示方式。仅在当前刀具表中有刀具时，该选项才被激活。

（2）多点编辑　是指增加多个控制点同时编辑。常用于完成多个刀轴控制点的同时调整，以节省时间。选中与取消选中该复选框的差异如图 3-83 和图 3-84 所示。在进行多个点（至少为 3 个）刀轴编辑时，中间控制点的仰角和方位角根据两端控制点的角度渐变过渡。

（3）插入点刀轴　用于在两个控制点间插入控制点时，设

图 3-82　编辑曲线

图 3-83　"单点"控制点参数编辑

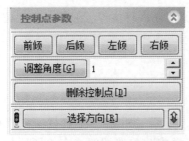

图 3-84　"多点"控制点参数编辑

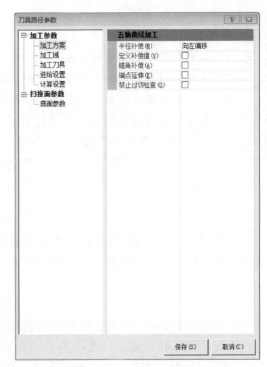

图 3-85　"刀具路径参数"对话框

置插入点的刀轴控制方式，包括"相邻控制点"（按照直线插补的方式）和"初始化方式"（按照初始化刀轴控制方式来控制）两种。

（4）拖动点刀轴　用于对选定的刀轴控制点进行动态拖动。在动态拖动过程中刀轴方向可以按照"保持不变""相邻控制点角度插值""初始化方式"三种形式进行选择。

（5）"预览刀具扫掠面"的操作说明

1）在绘图区拾取五轴曲线。

2）勾选"预览刀具扫掠面"复选框。

3）单击"编辑路径参数"按钮，在弹出的"刀具路径参数"对话框中设置参数，如图3-85 所示，完成后单击"保存"按钮。

4）单击"重算刀具扫掠面"按钮，将自动生成刀具扫掠面的预览图，如图3-86 所示。

5）勾选"显示刀具"复选框，可以在选择的控制点显示刀具（支持自定义刀具），如图3-87 所示。

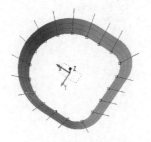

图 3-86　刀具扫掠面预览

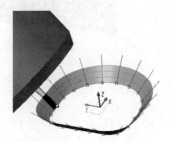

图 3-87　显示刀具

> **说明：**
>
> 1) 编辑路径参数中的刀具应选择平底刀、锥度平底刀或截面线光滑的自定义刀具。
> 2) 选择底刃和划槽加工方式时，加工路径必须为2D加工路径。
> 3) 加工环境下当前刀具必须有编辑路径参数所使用的刀具。
> 4) 勾选"预览刀具扫掠面"复选框时，将按照"刀具路径参数"对话框中设置的参数显示刀具；否则将按照"显示刀具"对话框的设置显示刀具。

3.7 分析

76

在绘图过程中或编辑路径时，有时需要对已建立的曲线进行位置、形状及相互位置关系的分析和利用，以保证所建立的曲线能够满足绘制要求。

3.7.1 距离

距离命令用于测量空间上任何两点间的距离。

单击功能区的"分析"选项卡上"距离"按钮，打开"距离"导航栏，系统提供了"点点模式""拾取模式"两种测量方式。选中"点点模式"单选按钮，在绘图区依次拾取两点，此时两点被线段连接且在连线的右上角显示两点间的距离，在绘图区右边显示"对象属性"对话框，如图3-88所示。

图 3-88　两点距离"对象属性"对话框

3.7.2 线面角度

线面角度命令用于测量空间直线与平面间的夹角，即直线与直线在该平面法向的投影线间的夹角。

单击功能区的“分析”选项卡上“直线平面角度”按钮，在绘图区依次拾取一条直线和一张平面，在“对象属性”对话框中给出了直线与平面的夹角，如图 3-89 所示。

对象属性	数值
测量直线平面夹角	
夹角	30.88

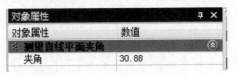

图 3-89　直线平面角度

3.7.3　两平面角度

两平面角度命令用于测量两平面法向所指一侧的两面的夹角。

单击功能区的“分析”选项卡上“两平面角度”按钮，在绘图区依次拾取两张平面，此时系统给出了两张曲面的法向向量，在“对象属性”对话框中给出了平面与平面的夹角，如图 3-90 所示。

对象属性	数值
测量两平面夹角	
夹角	30.88

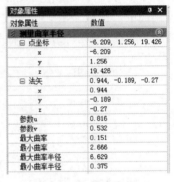

图 3-90　两平面夹角

3.7.4　曲率半径

曲率半径命令用于分析曲线和曲面各点的法矢方向和曲率半径大小。

单击功能区的“分析”选项卡上“曲率半径”按钮，在绘图区依次拾取图形对象（可为曲线或曲面）和输入点，此时系统在输入点右上方显示了最小曲率半径，在“对象属性”对话框显示关于曲率半径的相关参数，如图 3-91 所示。

对象属性	数值
测量曲率半径	
⊟ 点坐标	-6.209, 1.256, 19.426
x	-6.209
y	1.256
z	19.426
⊟ 法矢	0.944, -0.189, -0.27
x	0.944
y	-0.189
z	-0.27
参数u	0.816
参数v	0.532
最大曲率	0.151
最小曲率	2.666
最大曲率半径	6.629
最小曲率半径	0.375

图 3-91　曲率半径

3.7.5　曲线曲率图

曲线曲率图命令用于绘制曲线在每一点的曲率变化，以便形象地分析出曲线整体的弯曲变化程度。该命令可以用于测量任何形式的曲线，包括圆、椭圆、闭合图形和组合曲线等。

单击功能区的“分析”选项卡上“曲线曲率图”按钮，在绘图区拾取曲线，根据需要对曲线的个数及倍数进行设置，此时在绘图区的曲线上形成表示曲线变化程度的曲率图，如图 3-92 所示。

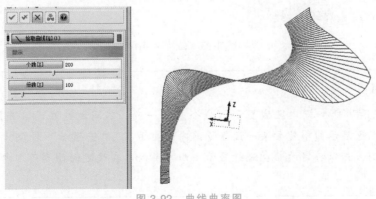

图 3-92　曲线曲率图

参数说明：

"个数"表示将选择的曲线对象分为多少段来进行分析，设置范围为1~500；个数越多，形成的曲率图越光顺；"倍数"是指显示的曲率半径长度与实际的曲率半径长度之间的倍数关系，用户可以根据实际需要进行调整。

3.7.6 曲面曲率图

曲面曲率图命令可以查看不同曲率半径范围内的曲面，并且可以通过移动鼠标查看光标所在点的曲面曲率，从而方便地对零件的曲面曲率进行分析。该命令常用于分析零件加工表面的曲率半径，以指导工艺规划时的选刀操作。

单击功能区的"分析"选项卡上"曲面曲率图"按钮，打开"曲面曲率图"导航栏，系统提供了"区域显示""光滑显示""单值显示""最小半径"四种显示方式，下面以"区域显示"为例介绍。

区域显示命令可将曲率半径处于某一设定范围内的区域曲面以用户设定的颜色进行显示。系统最多可显示六种不同的颜色，每种颜色代表了两个曲率半径范围之间的曲面。区域显示命令对路径编辑有较大帮助。

选中"区域显示"单选按钮，在绘图区拾取曲面，右击确认，被拾取的图形以相应的曲率半径颜色显示，并显示曲率半径最小值，如图3-93所示。

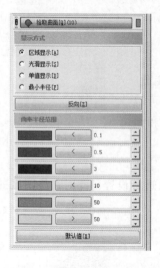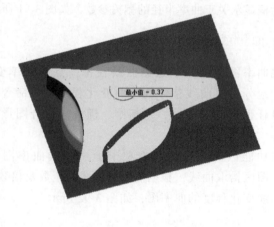

图3-93 曲面曲率图

参数说明：

"光滑显示"命令与"区域显示"命令基本一致，不同之处在于"光滑显示"命令采用渐变的颜色显示曲率处于某一设置范围内的曲面；"单值显示"命令只能设置一个曲率半径的范围，并以特定的颜色进行显示，曲率半径不在设定的曲率范围内的曲面将灰暗显示。

3.8 实例——构造三角开关凸模

本节主要练习三角开关凸模的画法，绘制结果如图 3-94 所示（参考案例文件"三角开关凸模 .escam"）。

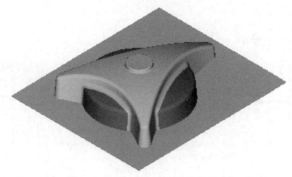

图 3-94 三角开关凸模绘制结果

3.8.1 新建绘图图层

在导航栏中单击"3D 造型"按钮进入 3D 造型环境；选择"编辑"→"图层管理"命令，弹出图层管理器，依次新建四个图层，分别命名为 Top、Front、Side 及 Surface 层，如图 3-95 所示。

3.8.2 绘制主要曲线

1. 在 Top 层（俯视绘图平面 XOY）绘制三角开关凸模轮廓曲线

设定 Top 层为当前绘图层，单击"视图"工具条中的 ▣ 按钮切换到俯视图状态，完成图 3-96 所示线架曲线的图形绘制，具体操作步骤如下。

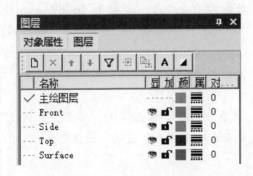

图 3-95 新建四个图层

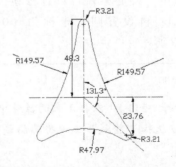

图 3-96 模型主要曲线

STEP1：绘制中心线 L1 和 L2。单击"曲线"选项卡上"曲线绘制"组中的"直线"按钮，选中"两点线"单选按钮，勾选导航工具条中的"双向"复选框，单击屏幕下方的"开启/关闭正交捕捉" ✛ 按钮，通过捕捉坐标原点方式绘制图 3-97 所示的 X 轴方向中心线 L1 和 Y 轴方向中心线 L2。

STEP2：绘制角度直线 L3。选中"两点线"单选按钮，单击"指定角度参考线"按钮并定义 Y 轴方向中心线 L2 的两个端点为参考线的起点和终点，绘制以坐标原点为起点与 Y 轴正方向夹角为 131.3° 的直线 L3，绘制结果如图 3-98 所示。

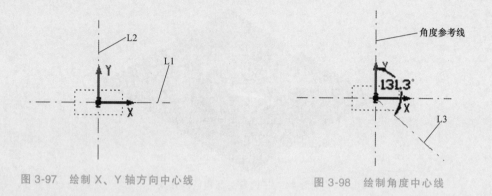

图 3-97　绘制 X、Y 轴方向中心线　　　　图 3-98　绘制角度中心线

说明：

1）完成曲线绘制后可选择"对象属性"对话框中的"线型"选项将所绘直线定义为点画线。

2）参数设置完成后，单击按钮至锁定状态🔒，锁定所输入的数据。

STEP3：绘制矩形 R1。在 Z＝0 平面内，单击"曲线绘制"组中的"矩形"按钮，选中"直角矩形"单选按钮，在绘图区绘制矩形 R1，定义两角点坐标分别为（-43.0，-40.5）和（40.1，56.2），绘制结果如图 3-99 所示。

STEP4：绘制圆 C1 和 C2。在 Z＝0 平面内，单击"曲线绘制"组中的"圆"按钮，选中"圆心半径"单选按钮，设置圆心坐标为（0，0），半径为 26.67mm，绘制圆 C1；再设置圆心坐标为（0，45.09）半径为 3.21mm，绘制圆 C2，结果如图 3-99 所示。

说明：

由于矩形 R1 在接下来的操作中较少用到，可在绘图区拾取矩形 R1，右击，在快捷菜单中选择"隐藏"选项将其隐藏。需要时可右击选择"显示"选项，使矩形 R1 显示即可。

STEP5：绘制圆 C3。单击"曲线编辑"组中的"曲线等距"按钮，选中"单线等距"单选按钮，以 X 轴方向中心线 L1 为目标曲线进行等距操作，设置等距距离为 23.76mm，绘制等距直线 L4；以直线 L4 与角度直线 L3 的交点为圆心，半径为 3.21mm，绘制圆 C3，绘制结果如图 3-100 所示。

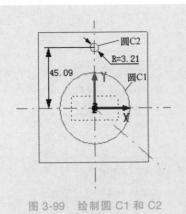

图 3-99　绘制圆 C1 和 C2

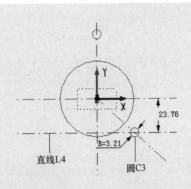

图 3-100　绘制等距线和圆 C3

STEP6：绘制圆弧 A1。单击"曲线绘制"组中的"圆弧"按钮，选中"三点圆弧"单选按钮，单击"切点优先捕捉"按钮并设置半径为 149.57mm，在绘图区依次拾取圆 C2 和 C3，绘图区域出现四条可供选择的圆弧（图 3-101），选择位置合适的圆弧即可，绘制结果如图 3-102 所示。

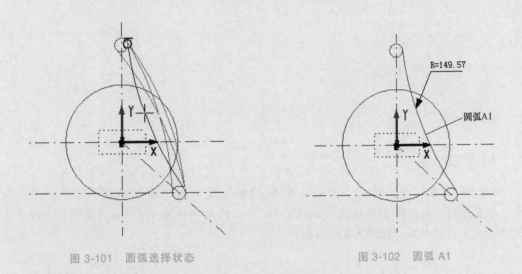

图 3-101　圆弧选择状态

图 3-102　圆弧 A1

STEP7：镜像操作绘制圆弧 A2 和圆 C4。按住<Shift>键的同时在绘图区拾取圆弧 A1 圆 C3，单击"变换"选项卡上"基本变换"组中的"镜像"按钮，选中"竖直镜像"单选按钮，勾选上"拷贝对象"复选框，绘制结果如图 3-103 所示。

STEP8：绘制圆弧 A3。单击"曲线绘制"组中的"圆弧"按钮，采用 STEP6 的方式绘制圆弧 A3，设置半径为 47.97mm，绘制结果如图 3-104 所示。

STEP9：曲线裁剪。在绘图区拾取直线 L1、L2、L3 和 L4，单击💡按钮将其隐藏。单击"曲线编辑"组中的"曲线裁剪"按钮，选中"快速裁剪"单选按钮，对圆 C2、C3 及 C4 进行裁剪（直接单击要删除的部分即可），裁剪结果如图 3-105 所示。

82

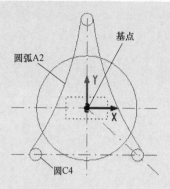

图 3-103　镜像圆弧和圆

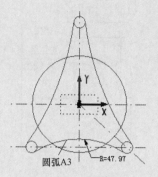

图 3-104　绘制圆弧 A3

STEP10：曲线组合 M1。单击"曲线编辑"组中的"曲线组合"按钮，在绘图区依次拾取图 3-106 所示绿色曲线（包括圆弧 A1、A2、A3 和圆裁剪后的部分），生成 1 条组合曲线 M1，如图 3-107 所示。

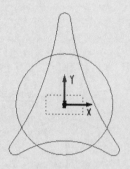

图 3-105　曲线裁剪

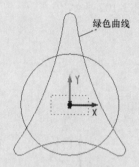

图 3-106　曲线组合

STEP11：绘制中心圆 C5。单击"曲线绘制"组中的"圆"按钮，选中"圆心半径"单选按钮，输入圆心坐标为（0，0，19.7），设置半径为 6.35mm，得到一个在平面内 H = 19.7 的一个圆，如图 3-108 所示。

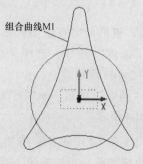

图 3-107　组合曲线 M1

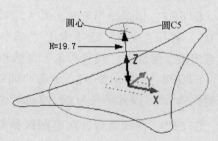

图 3-108　绘制圆 C5

2. 在（Side 层）平面 YOZ 绘制截面线圆弧段 A4

STEP1：切换视图并绘制辅助线。设定 Side 层为当前绘图层，并切换到右视图状态；选择"直线"命令，绘制过坐标原点的 Z 轴方向中心线 L5；选择"曲线等距"命令绘制与 Y 轴方向中心线 L2 距离为 3mm 的等距直线 L6，绘制结果如图 3-109 所示。

STEP2：绘制圆弧段 A4。单击"曲线绘制"组中的"圆"按钮，选中"圆心半径"单选按钮，绘制圆心坐标为（0，0，-81.88），半径为 100mm 的圆 C6，并对所绘圆进行裁剪，得到与 Y 轴距离为 18.12mm 的圆弧 A4。裁剪结果如图 3-110 所示。

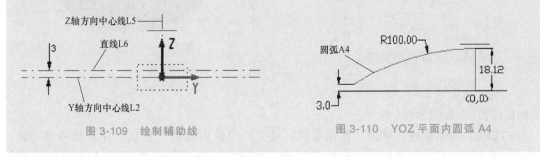

图 3-109　绘制辅助线　　　　　图 3-110　YOZ 平面内圆弧 A4

3. 在（Front 层）平面 XOZ 绘制截面线圆弧 A5

STEP1：切换视图并绘制圆弧。设定 Front 层为当前绘图层，并切换到前视图状态；绘制图 3-111 所示圆心坐标为（0，0，-86.87），半径为 100mm 的圆 C7，并对所绘圆进行裁剪，得到与 X 轴距离为 4.25mm 的圆弧 A5。

STEP2：单击"显示"按钮，将隐藏的曲线显示出来，在轴侧视图下观察所绘制的线架曲线，如图 3-112 所示。

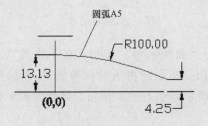
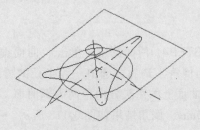

图 3-111　绘制圆弧 A5　　　　　图 3-112　轴侧视图下的线架曲线

3.8.3 构造圆形曲面组

STEP1：拉伸曲面 S1。设定 Surface 层为当前绘图层，单击"曲面绘制"组中的"拉伸面"按钮，选中"沿方向拉伸"单选按钮，在绘图区拾取俯视绘图平面 XOY 内的圆 C1 作为拉伸曲线，设置拉伸方向为 Z 轴正方向，参数设置如图 3-113 所示，拉伸结果如图 3-114 所示。

STEP2：旋转面 S2。单击"曲面绘制"组中的"旋转面"按钮，拾取前视绘图平面 XOZ 内的圆弧 A5 为轮廓线，定义坐标系 Z 轴为旋转轴线，设置旋转角度为 360°，生

图 3-113　拉伸参数设置

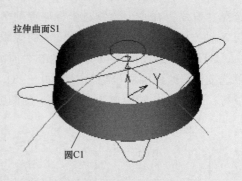

图 3-114　拉伸曲面 S1

成的旋转面 S2 如图 3-115 所示。

STEP3：面面裁剪。单击"曲面编辑"组中的"曲面裁剪"按钮，在下拉菜单中选择"面面裁剪"选项，选中"快速裁剪"单选按钮，分别拾取拉伸曲面 S1 和旋转面 S2 作为曲面组 1 和 2 进行裁剪，裁剪结果如图 3-116 所示。

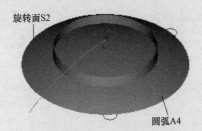

图 3-115　旋转面 S2

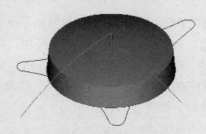

图 3-116　面面裁剪

STEP4：两面倒角。单击"曲面编辑"组中的"曲面倒角"按钮，在下拉菜单选择"两面倒角"选项，选中"等半径倒圆角"单选按钮，拾取裁剪后的拉伸面 S1 和旋转面 S2（曲面上的箭头方向指向内部曲面，如图 3-117 所示）进行两面倒角，设置倒角半径为 1.875mm，倒角结果如图 3-118 所示。

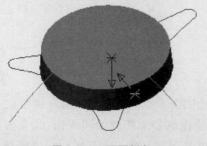

图 3-117　两面倒角

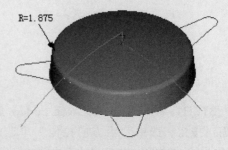

图 3-118　两面倒角结果

STEP5：曲面组合。单击"曲面编辑"组中的"曲面组合"按钮，拾取曲面 S1、S2 中生成的圆角面将其组合，生成一张组合曲面。

3.8.4 构造三角状曲面组

STEP1：拉伸曲面 S3。单击"曲面绘制"组中的"拉伸面"按钮，选中"沿方向拉伸"单选按钮，拾取组合曲线 M1 作为拉伸曲线，定义 Z 轴正方向为拉伸方向，参数设置如图 3-119 所示，生成拉伸曲面 S3。结果如图 3-120 所示。

图 3-119 拉伸曲面参数设置

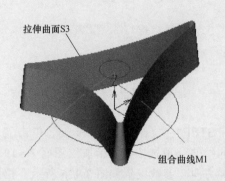

图 3-120 拉伸曲面 S3

STEP2：旋转曲面 S4。单击"曲面绘制"组中的"旋转面"按钮，拾取右视绘图平面 YOZ 内的圆弧 A4 作为轮廓线，定义坐标系 Z 轴为旋转轴线，设置旋转角度为 360°，生成的旋转面 S4 如图 3-121 所示。

STEP3：面面裁剪。单击"曲面编辑"组中的"曲面裁剪"按钮，在下拉菜单中选择"面面裁剪"选项，选中"分割曲面"单选按钮，分别拾取拉伸曲面 S3 和旋转曲面 S4 作为曲面组 1 和 2 进行分割，拾取分割后的曲面进行删除，裁剪结果如图 3-122 所示。

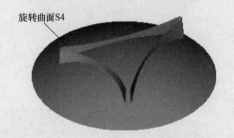

图 3-121 旋转曲面 S4

图 3-122 曲面裁剪

STEP4：两面倒角。单击"曲面编辑"组中的"曲面倒角"按钮，在下拉菜单中选择"两面倒角"选项，选中"等半径倒圆角"单选按钮，拾取裁剪后的拉伸曲面 S3 和旋转曲面 S4（曲面上的箭头方向指向内部曲面）进行两面倒角，设置倒角半径为 1.875mm，倒角结果如图 3-123 所示；对圆形曲面和三角状曲面进行倒角操作（注意要使曲面上箭头方向指向外部曲面），设置倒角半径为 2.5mm，倒角结果如图 3-124 所示。

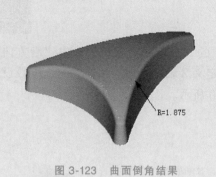

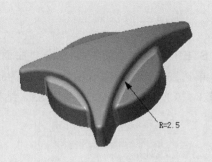

图 3-123　曲面倒角结果　　　　　图 3-124　倒角结果

3.8.5　构造顶部凸台

STEP1：拉伸曲面 S5 和 S6。单击"曲面绘制"组中的"拉伸面"按钮，选中"沿方向拉伸"单选按钮，拾取绘图面 Z=19.7 处的圆 C5 作为拉伸曲线，定义 Z 轴负方向为拉伸方向。参数设置如图 3-125 所示，拉伸结果如图 3-126 所示。

图 3-125　拉伸曲面参数

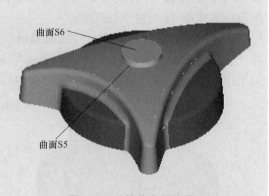

图 3-126　拉伸曲面结果

STEP2：两面倒角。对拾取拉伸曲面 S5 和 S6（曲面上的箭头方向指向内部曲面）进行两面倒角，设置倒角半径为 0.375mm；对凸台侧面与三角状曲面组进行倒角操作（曲面上的箭头方向指向外部曲面），设置倒角半径为 0.375mm，倒角结果如图 3-127 所示。

图 3-127　两面倒角结果

3.8.6 构造边界平面

STEP：边界平面。单击"曲面绘制"组中的"平面"按钮，选中"边界平面"单选按钮，选择俯视绘图面 Z = 0 平面内的矩形 R1，生成矩形平面，结果如图 3-128 所示。

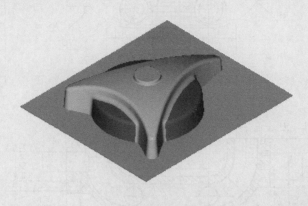

图 3-128 边界平面

3.9 实战练习

完成图 3-129 所示模型的绘制。

要点：曲线绘制、曲线编辑、变换、曲面绘制、曲面编辑等功能。

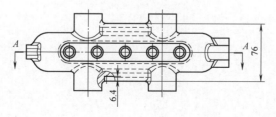

图 3-129 练习件

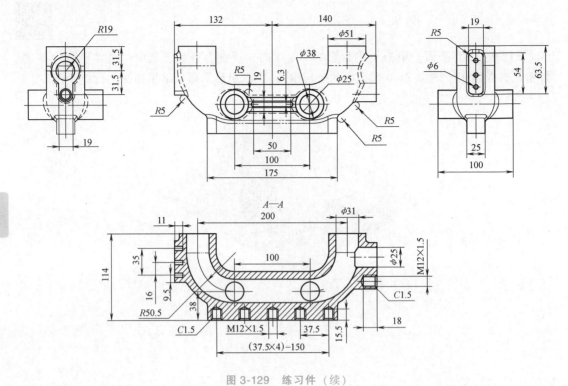

图 3-129　练习件（续）

知识拓展 ——数字化设计

数字化设计是指在计算机网络、虚拟现实、快速原型、数据库等技术的支持下，根据用户的需求，迅速收集资源信息，并对产品信息、工艺信息和资源信息进行分析、规划和重组，实现产品设计、功能仿真，以及原型制造全过程的设计方法。

数字化设计的优势：

1）减少设计过程中实物模型的制造。传统设计在产品研制过程中需经过反复多次的"样机生产-样机测试-修改设计"过程，耗费物力、财力，研发周期漫长；数字化设计在制造物理样机之前，针对数字化模型进行仿真分析与测试，可预先排除某些设计不合理之处。

2）易于实现设计的并行化。相比传统设计过程的串行化，数字化设计可以让一项设计工作由多个设计团队在不同区域分头并行设计、共同装配，提高产品设计的质量与速度。

环境配置是进行 CAM 编程的前提条件，SurfMill 9.0 软件引入了虚拟加工技术，通过配置虚拟加工环境，将机床、刀具、毛坯和夹具等物理实体映射到软件环境，利用仿真技术对加工过程进行模拟，以降低实际加工中出现问题的风险。

本章主要介绍 CAM 编程流程以及路径编程中的公共参数。通过本章学习，用户可以了解机床的设置，以及刀具、刀柄和几何体的创建等知识。

学习目标

> 掌握虚拟加工环境配置；
> 掌握虚拟加工编程流程；
> 了解编程公共参数的意义及设置方法；
> 掌握文件模板的创建方法。

4.1 配置虚拟加工环境

4.1.1 虚拟加工技术简介

DT（Digital Twin，数字孪生）技术，是指在数字虚体空间中，以数字化方式为物理对象创建虚拟模型，模拟物理实体在现实环境中的行为特征，从而达到"虚-实"之间的精确映射，最终能够在产品设计、生产制造、测试验证、废品回用、组织管理等环节中，实现高度数字化及模块化的新技术。SurfMill 9.0 软件融入 DT 技术，将实际加工环境映射至软件中，构建出与现场一模一样的虚拟加工环境，仿真模拟加工过程，实现精准虚拟加工，如图 4-1 所示。

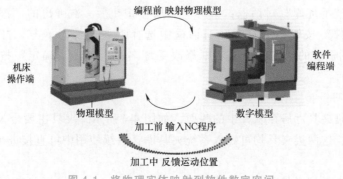

图 4-1 将物理实体映射到软件数字空间

北京精雕的虚拟加工技术是将可能在机床端发生的碰撞风险全部显示在了编程端。虚拟加工技术将实际加工中的物理实体（机床、刀具、刀柄、夹具等）全部映射到软件的数字空间中，利用虚拟仿真技术构建虚拟加工现场，模拟实际加工过程，一旦发生过切、碰撞等危险信息均会报警提示，将实际加工时会出现的风险提前预警。

4.1.2 物料标准化

虚拟加工的基础是加工物料的标准化，包括毛坯、夹具、刀具、刀柄，即将现有的物料标准化，然后形成数字模型，使虚拟加工的物料与实际物料形成一一对应的映射关系，为实现精准虚拟加工做准备。本节主要介绍如何实现毛坯、夹具、刀具、刀柄等生产物料的数字化。

1. 系统毛坯库

用户结合工厂实际情况，将毛坯料仓与软件系统毛坯库建立映射关系，实现毛坯的统一管理和调用，如图 4-2 所示。

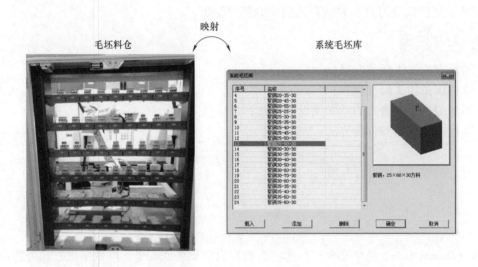

图 4-2　系统毛坯库

下面对添加毛坯到毛坯库进行操作说明。

进入 SurfMill 9.0 软件的 3D 造型环境中；单击"专业功能"选项卡上的"系统毛坯库"按钮，弹出"系统毛坯库"对话框；单击"添加"按钮后，在弹出的"添加毛坯"对话框中单击"载入文件"按钮在"打开"对话框中选择毛坯文件，单击"打开"按钮，再在"添加毛坯"对话框中的"名称"文本框修改毛坯名称，单击"确定"按钮完成毛坯的添加，如图 4-3 所示。

2. 系统夹具库

系统夹具库是夹具库房在软件中的映射，如图 4-4 所示，夹具主要分为两大类：标准夹具和非标准夹具；这两类夹具均可导入系统夹具库，后续使用中可直接进行调用，节省了绘制夹具时间。

下面对添加夹具到夹具库进行操作说明。

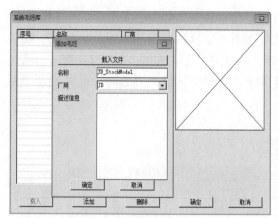

图 4-3 毛坯的添加流程

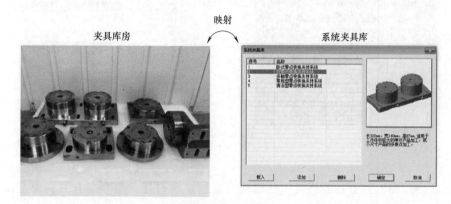

图 4-4 系统夹具库

进入 SurfMill 9.0 软件的 3D 造型环境中；在功能区的"专业功能"选项卡中单击"系统夹具库"按钮，弹出"系统夹具库"对话框；单击"添加"按钮，在弹出的"添加夹具"对话框中单击"载入文件"按钮，在"打开"对话框中选择夹具文件，单击"打开"按钮，再在"添加夹具"对话框中的"名称"文本框中修改夹具名称，单击"确定"按钮后完成夹具的添加，如图 4-5 所示。

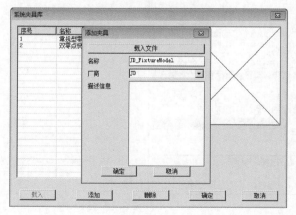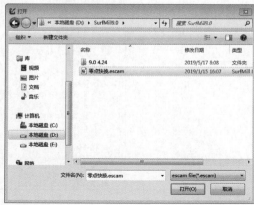

图 4-5 夹具的添加流程

3. 系统刀具库

用户创建路径时，需要选择合适的刀具。SurfMill 9.0 软件根据用户不同的需求，提供了多种类型的刀具，并通过刀具库进行统一管理，以便用户直接选用，如图 4-6 所示。系统刀具库对应于实际生产环境中的刀具仓库，当系统刀具库中无目标刀具时，可以通过"系统刀具库"来创建、编辑刀具。

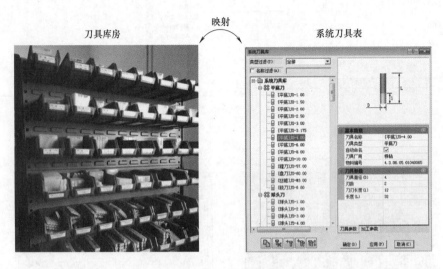

图 4-6　系统刀具库

（1）功能说明　对刀具的修改包括编辑、复制现有刀具、删除现有刀具以及添加新的刀具等操作，如图 4-7 所示，下面逐一进行说明。

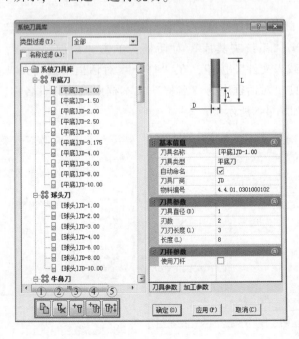

图 4-7　系统刀具库

①"复制"按钮：复制当前选择的刀具或刀具组。

②"删除"按钮：删除当前选中的刀具或刀具组。

③"添加"按钮：在当前刀具组下面添加一种新的刀具，默认与当前选择的刀具类型一样。

④"添加组"按钮：在当前刀具组下面添加一个新的刀具组。

⑤"排序"按钮：对系统刀具库按照一定条件进行排序。

（2）创建刀具　下面以创建一把 ϕ1mm 的球头刀为例演示刀具创建过程，如图 4-8 所示。

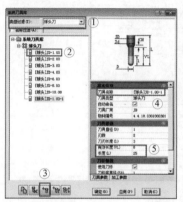  

图 4-8　刀具创建流程

STEP1：进入"加工"环境，单击"项目设置"选项卡上"项目设置"组中的"系统刀具库"按钮，弹出"系统刀具库"对话框。

STEP2：在"类型过滤"下拉列表框中选择"球头刀"选项，在"系统刀具库"列表中选择"［球头］JD-1.00"选项，单击左下角"添加" 按钮，新建一把 ϕ1mm 的球头刀。

STEP3：在"基本信息"栏内将"刀具名称"修改为"［球头］JD-1.00-1"，其余参数使用默认值。

STEP4：在"刀具参数"栏根据实际刀具设置"刀刃长度"为6mm，"长度"为25mm，其余参数使用默认值。

STEP5：在"刀杆参数"栏中勾选"使用刀杆"复选框，设置"刀杆底直径"为1mm，"刀杆顶直径"为4mm，"刀杆锥高"为4mm。

STEP6：在"加工参数"选项卡中将"主轴转速""进给速度"等参数设置为和实际加工参数相同。

> **说明：**
>
> 刀具的创建和编辑包括两个方面：刀具参数和加工参数。刀具参数确定刀具的形状。加工参数一般为刀具厂商推荐的参数，用户可根据实际生产环境调整相应数值。需要注意的是，加工参数中的主轴转速、进给速度、每齿每转进给量以及切削线速度是相互约束的，改变其中的一个数值会引起其他参数的改变。

4. 系统刀柄库

SurfMill 9.0 软件根据生产车间的常用刀柄，建立了系统刀柄库，系统刀柄库对应生产车间的刀柄库房如图 4-9 所示，方便用户选用或创建刀柄，以进行碰撞检查等操作。

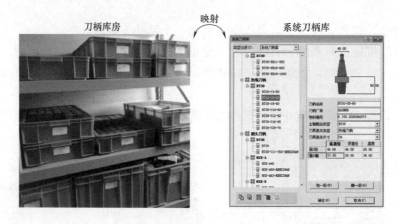

图 4-9　系统刀柄库

（1）功能说明　对刀柄的修改包括编辑或复制现有刀柄、添加新的刀柄以及删除现有的刀柄等操作，如图 4-10 所示，下面逐一进行说明。

①"复制"按钮：快速复制选中的刀柄或刀柄组。

②"删除"按钮：删除选中的刀柄或刀柄组。

③"常用"按钮：把选中的刀柄设为常用刀柄，方便用户进行选择。执行该功能后，刀柄出现在常用刀柄库中。

④"添加"按钮：在当前刀柄组下面添加一个新刀柄，默认与当前选择的刀柄类型一致。

⑤"添加组"按钮：根据选中的刀柄组添加新的刀柄组。

⑥"刀柄排序"按钮：对系统刀柄库按照刀柄系列、主轴配合类型、刀具装夹尺寸、刀柄尺寸大小的优先级进行排序。

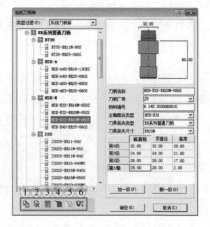

图 4-10　系统刀柄库

（2）创建刀柄　下面以创建一把 GR200-A10H 机床使用的热缩刀柄为例演示刀柄创建过程，如图 4-11 所示。

STEP1：单击"项目设置"选项卡上"项目设置"组中的"系统刀柄库"按钮，弹出"系统刀柄库"对话框。

STEP2：根据机床主轴选择"HSK-E"系列刀柄，单击左下角的"添加" 按钮新建一个 HSK-E 系的刀柄。

STEP3：修改"刀柄名称"为"GR200 热缩"，"刀具厂商"为"JD"，"刀具装夹类型"为"热缩刀柄"，"刀具装夹尺寸"为"C4"。

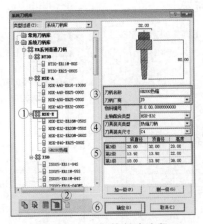

图 4-11　刀柄的创建流程

STEP4：修改第 1~3 级的"底直径""顶直径""高度"参数与热缩刀柄的实际参数一致，单击"确定"按钮完成热缩刀柄创建。

95

4.1.3　编程过程

在编程前要建立相关数据库，将物理模型分类导入软件中，形成编程环境与实际加工环境的映射。在 3D 环境中创建或导入要加工的工件模型、毛坯模型和夹具模型，将工件、毛坯模型与夹具模型装配起来，分别放在不同的图层中，完成模型导入。

SurfMill 9.0 软件编程流程如图 4-12 所示。

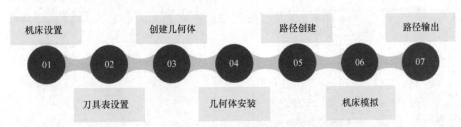

图 4-12　SurfMill 9.0 软件编程操作流程图

1. 机床设置

进入 SurfMill 9.0 软件的加工环境，依次设置机床、刀具表、几何体、几何体安装和加工路径。只有完成当前设置后，后面的按钮才能被激活，才可进行下一步操作，如图 4-13 所示。机床设置命令用于选择当前加工所使用的设备，在整个编程流程中是最基础的设置。只有在设置了合法的机床参数后，才能开始编程工作。

图 4-13　"项目向导"组

下面对"机床设置"对话框中常用选项卡逐一进行说明。

1）"机床类型"选项卡：主要对机床类型、机床文件和机床输入文件格式进行设置，如图 4-14 所示。

2）"基本设置"选项卡：主要对机床控制配置和进给倍率进行设置，用于估算路径组/

路径的加工时间，如图4-15所示。

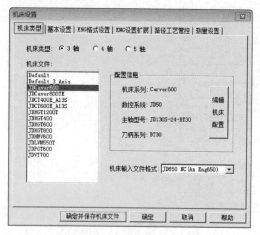

图 4-14 "机床类型"选项卡

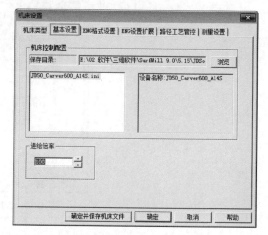

图 4-15 "基本设置"选项卡

3）"ENG 设置扩展"选项卡：对 ENG 格式的扩展设置，包括对输出 Z 轴回参考点指令、子程序模式、特性坐标系等进行设置，如图4-16所示。

4）"路径工艺管控"选项卡：该功能是对输出路径进行统一设置，减少每条路径单独设置的烦琐操作，主要对加工中刀具工艺控制、宏程序选项进行设置，如图4-17所示。

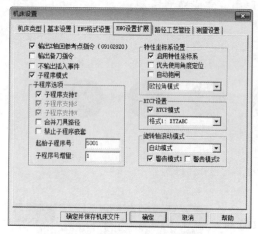

图 4-16 "ENG 设置扩展"选项卡

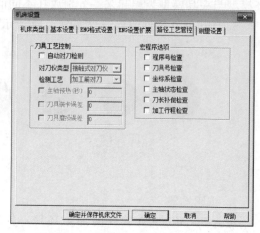

图 4-17 "路径工艺管控"选项卡

2. 当前刀具表

当前刀具表命令是一种独立于系统刀具库的管理模式，用于对当前文件中使用的刀具和用户常用刀具进行高效管理。

单击功能区的"项目设置"选项卡上"项目向导"组中的"当前刀具表"按钮，弹出"当前刀具表"对话框，如图4-18所示。

（1）按钮功能说明

①"添加"按钮：从系统刀具列表中添加新刀具至当前刀具表。

② "删除" 按钮：删除当前刀具表中选中的刀具，但处于加锁状态的刀具不能被删除。

③ "加入刀具库" 按钮：把当前选择的刀具添加到系统刀具库中。

④ "加载刀具表文件" 按钮：加载用户自己保存或系统提供的不同行业常用刀具列表文件（文件格式为 .toolgroup）。

⑤ "加载文件的刀具表" 按钮：将已经存在的文件（文件格式为 .escam）中的刀具表加载到当前文件中使用。

⑥ "选择最近使用过的刀具" 按钮：从最近使用过的临时刀具列表中选择刀具添加到当前刀具表中。

⑦ "保存当前刀具表" 按钮：将用户在刀具列表中创建好的一些常用的刀具保存为 *.toolgroup 格式的刀具表文件，方便下次可以直接加载该刀具列表文件，实现快速创建多把刀具。

⑧ "保存到机床文件" 按钮：表示当前刀具与该机床绑定，下次选择该机床后当前刀具表会自动加载保存过的刀具。

⑨ "向上移动" 按钮：将当前选中的刀具向上移动。

⑩ "向下移动" 按钮：将当前选中的刀具向下移动。

⑪ "输出工程图" 按钮：在当前刀具表中选中某个刀具后，可对该刀具进行 .dxf 格式工程图的输出。

⑫ "输出 Excel 文件" 按钮：将当前刀具表中各刀具的基本信息输出到 Excel 表格内。

（2）设置刀具参数　添加刀具后会弹出 "刀具创建向导" 对话框，依据向导提示创建刀具、刀柄，并对刀具参数、加工参数、刀柄参数、工艺管控参数进行修改，如图 4-19 所示。

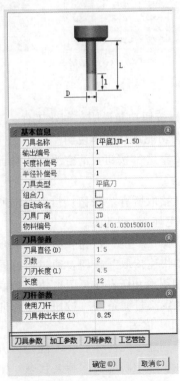

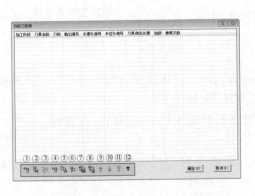

图 4-18　"当前刀具表" 对话框　　　　　图 4-19　刀具参数

3. 创建几何体

只有设置好机床信息并且在当前刀具表不为空的前提下，功能区的"项目设置"选项卡上"项目向导"组中的"创建几何体"按钮才能被激活。单击功能区的"创建几何体"按钮，导航工作区会弹出"创建几何体"导航栏。几何体由工件、毛坯和夹具这三部分组成，用户须对每个部分单独进行设置。

（1）创建几何体说明

1）设置工件。在"创建几何体"命令启动后，默认为工件设置界面，此时"工件面"按钮被激活，如图4-20所示。用户可以在右侧的绘图区内拾取工件面。在拾取过程中，"坐标范围"选项区域内的坐标值会根据拾取工件面的包围盒实时更新。

2）设置毛坯。毛坯是指加工前工件的原材料，可以设置毛坯类型、参考坐标系和毛坯面等，如图4-21所示。根据实际毛坯的形状和大小，对毛坯进行合理设置，可以减少空切路径，提高加工效率。

3）设置夹具。夹具的设置主要用于干涉检查，检查当前刀具路径在加工过程中刀具、刀柄是否与夹具发生干涉碰撞，如图4-22所示。"夹具面""坐标范围"的设置方法与工件面相同。

图 4-20　设置工件

图 4-21　设置毛坯

图 4-22　设置夹具

（2）按钮功能说明　创建工件、毛坯、夹具时，对应的界面中均有图4-23所示的按钮，下面对其功能进行具体说明。

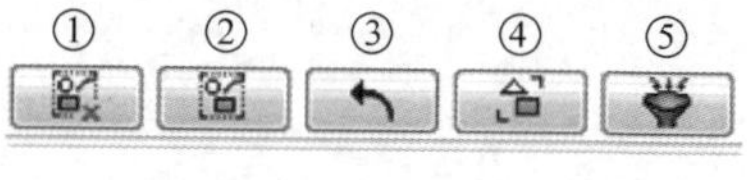

①"重选"按钮：清空当前工件面/毛坯面/夹具面选择集。

②"拾取所有"按钮：拾取当前所有可见的面作为工件面/毛坯面/夹具面。

③"撤销一步"按钮：撤销上一步操作。

④"快速拾取"按钮：通过所有同色图形、所有同图层图形、所有同类型图形、所有同色同类型图形和所有拷贝图形快速拾取工件面/毛坯面/夹具面。

⑤"定义过滤条件"按钮：可以通过设置过滤条件拾取工件面/毛坯面/夹具面。

图 4-23　几何体的设置按钮

4. 几何体安装

只有创建了几何体后，才能进入几何体安装。该命令用于调整机床与几何体的装配关系，可在软件中映射实际装夹状态，保证机床仿真的正确性。

SurfMill 9.0软件通过移动机床来调整几何体与机床的相对位置关系。机床的移动是通过定义装配坐标系来实现的。SurfMill 9.0 软件在机床上绑定了一个名为定位坐标系（L_CS）的局部坐标系，由于定义的装配坐标系总是与此定位坐标系重合，因此可通过修改装配坐标系来改变机床的位置。

有以下几种方式定义装配坐标系，分别是动态坐标系、坐标系偏置、世界坐标系和点对点平移，自动摆放如图 4-24 所示。

1）动态坐标系是指用户指定坐标系原点以及各坐标轴方向来定义装配坐标系。动态设定的方式具有很强的灵活性，用户可根据需要设置装配坐标系。

2）坐标系偏置是指用户可选择任意已定义的坐标系作为基准坐标系，然后对此基准坐标系进行偏移来定义装配坐标系。

图 4-24　装配坐标系定义方式

3）世界坐标系：SurfMill 9.0 软件将世界坐标系直接指定为装配坐标系。

4）点对点平移是以工件上的参考点和机床上的目标点构建平移矢量，根据该矢量调整机床模型和几何体之间的位置关系。由于程序中构建了平行于几何体定位坐标系 XOY 面的辅助面，因此可以设置辅助面距离台面高度和网格间距。

5）"自动摆放"按钮会自动计算几何体包围盒，并将该包围盒的底部中心与机床定位坐标系重合。

5. 路径创建

（1）加工方式　路径向导命令是常用的添加刀具路径的方式，它能够引导用户逐步生成刀具路径。SurfMill 9.0 软件支持的加工方式有以下五组，分别是 2.5 轴加工组（图 4-25）、三轴加工组（图 4-26）、多轴加工组（图 4-27）、特征加工组（图 4-28）和在机测量加工组（图 4-29）。详细加工方法请查看相关章节内容。

图 4-25　2.5 轴加工组

图 4-26　三轴加工组

图 4-27　多轴加工组

图 4-28　特征加工组

图 4-29　在机测量加工组

99

（2）路径计算　路径计算完成后自动进行过切检查和刀柄碰撞检查，检查到过切的路径段以红色显示、碰撞的路径段以黄色显示，如果既有过切又有碰撞，则路径段以红色显示。不同安全状态的路径在路径树上使用不同的标志表示，如图 4-30 所示。

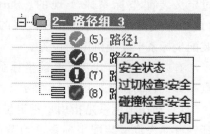

图 4-30　路径计算结果显示

6. 机床模拟

在实际加工前，用户可以在计算机上模拟加工和检查路径，避免在实际加工过程中发生切伤工件、损坏夹具、折断刀具或碰撞机床等错误而造成不必要的损失。在确定路径正确、工艺规划合理后，才能用于实际加工。

SurfMill 9.0 软件提供了以下几个验证加工路径的功能，包括路径过切检查、刀柄碰撞（干涉）检查、加工过程实体模拟、线框模拟和机床模拟。

（1）过切检查　将加工后的模型与检查模型进行对比，检查路径是否存在过切现象。

（2）干涉检查　检查刀具、刀柄等在加工过程中是否与检查模型发生碰撞，保证加工过程的安全，并可以给出不发生碰撞的最短的刀具伸出长度，指导用户优化备刀，如图 4-31 所示。

设置刀柄/刀杆尺寸间隙进行干涉检查，如图 4-32 和图 4-33 所示，使检查结果更可靠。

为了让用户更直观和清晰地看到路径检查的结果，SurfMill 9.0 软件在路径树中添加路径检查标志。

1）　为路径的默认状态，表示未进行路径检查，是否路径不可知。

2）　表示已经进行路径检查，路径安全，可以进行后处理。

3）　表示已经进行路径检查，路径不安全。

路径安全检查标志状态以用户最后一次检查的结果为准。经检查后的路径发生改变时，例如路径挂起、重算或编辑时，该标志将变为灰色不确定状态。

图 4-31　刀柄碰撞检查

图 4-32　刀柄间隙

图 4-33　刀杆间隙

（3）实体模拟　通过模拟刀具切削材料的方式模拟加工过程，以检查路径是否合理，是否存在安全隐患，如图 4-34 所示。

1）选择路径。用户可以直接在"选择路径"对话框左侧列表中选择路径，也可以通过右侧按钮选择路径，如图 4-35 所示。

图 4-34　加工过程实体模拟

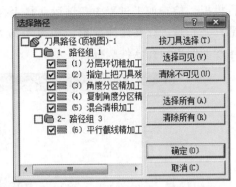

图 4-35　"选择路径"对话框

2）实体模拟设置。当打开实体模拟命令后，单击"设置"按钮，弹出图 4-36 所示"加工模拟设置"对话框，用户可以设置加工模拟的参数。

①"毛坯设置"选项区域　主要是对毛坯的尺寸及位置进行设置。可以设定毛坯在 X、Y、Z 三个坐标轴方向上的范围，也可以通过"路径包围盒""加工面包围盒"两个按钮快速设置。

②"模型设置"选项区域　用户可以设置模拟方法、模拟质量等参数。

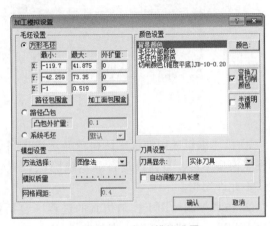

图 4-36　加工模拟设置

③"颜色设置"选项区域　用户可以对背景颜色、毛坯的内部、毛坯外部颜色以及各刀具的切削颜色进行设置。

④"刀具设置"选项区域　用户可以设置刀具的显示方式并调整刀具的长度。

3）模拟控制工具条。用户可以通过图 4-37 所示的工具条控制路径模拟过程。

图 4-37　模拟控制工具条

"开始/继续"按钮▶。单击该按钮可以开始模拟加工。在暂停状态下，单击该按钮可以继续模拟加工。

"暂停"按钮Ⅱ。在模拟状态下，"开始"按钮变为"暂停"按钮，单击该按钮可以暂停模拟加工。

"停止"按钮■，单击该按钮可以停止模拟加工。

"上/下一条路径"按钮◄/►。单击该按钮选择上/下一条路径进行模拟。

（4）线框模拟　加工过程线框模拟功能如图 4-38 所示，以线框方式显示模拟路径。在模拟加工过程中用户可以动态观察路径，可用于查看路径的加工次序、多轴路径刀轴设置等是否合理。

（5）机床模拟　机床模拟是基于数控程序指令对加工过程

图 4-38　加工过程线框模拟

进行模拟，检查加工过程中各轴运动是否存在超行程现象，机床主轴、刀柄、工装和工件等各部件之间是否存在碰撞现象，如图4-39所示。通过机床模拟可将加工时可能发生的碰撞和超程问题提前在软件端报警显示。

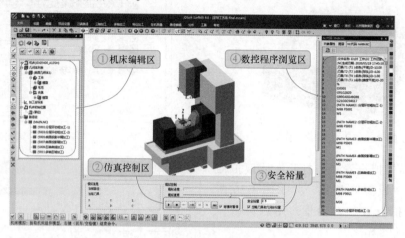

图4-39　机床模拟

① 机床编辑区中的机床结构树显示机床各组件间的装配关系。机床模拟命令中禁止编辑机床模型结构，只允许进行显示或隐藏设置。几何体也只允许进行颜色、显示或隐藏设置，不允许编辑。

② 仿真控制区用于控制仿真的进程，包括模拟速度、开始、暂停、手动逐点后退、手动逐点前进、快速仿真到结束等按钮。

若选中"碰撞时暂停"复选框，则机床模拟在过程中发生碰撞时会停止模拟。

③ 安全裕量是指两部件间最近距离所容许的最小值，若实际距离小于该设置值，则系统认为两部件有发生碰撞的危险，随即仿真暂停，两部件以红色显示。

若选中"忽略刀具和几何体裕量"复选框，则不考虑刀具和几何体之间的安全裕量，即安全裕量为0。

④ 在数控程序浏览区可查看程序文件，但不能编辑程序文件，并且该区域只有"查找""行号显示"两个按钮，即机床模拟中不支持数控程序文件的编辑，支持查找命令以及行号显示。在行号所在的灰色区域单击可以设置断点，仿真执行到该行时将暂停。

7. 路径输出

SurfMill 9.0软件在执行路径输出命令时需要检查路径的安全状态，有过切、刀柄碰撞（干涉）或机床碰撞的路径不允许输出，如图4-40所示；安全状态未知的路径须用户确认之后才能输出，如图4-41所示。

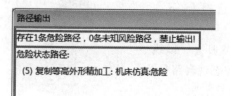

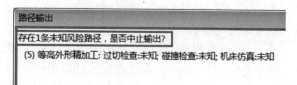

图4-40　危险路径禁止输出　　　　　　　　图4-41　安全状态未知路径需确认

输出路径的文件主要有 ∗.ENG、∗.NC 两种格式，同时支持用户自定义格式。

输出路径时选中"输出 Mht 工艺单"选项，即可打印输出当前工件的相关路径加工参数，并生成工艺单。工艺单包括刀具相关参数信息、物料基本信息和加工参数，如图 4-42 所示。

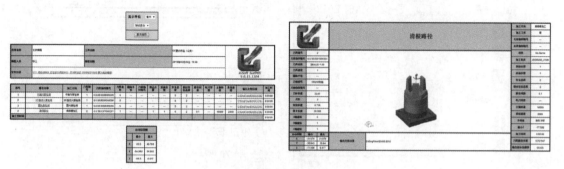

图 4-42　输出工艺单格式示例

4.1.4　创建第一个加工程序

本节以开关模具为例，介绍 SurfMill 9.0 软件编程的一般流程。

1. 导入模型

STEP1：双击桌面 SurfMill 9.0 图标，启动软件。

STEP2：单击功能区的"文件"选项卡上的"新建"按钮，弹出"新建"对话框，如图 4-43 所示。

STEP3：在"曲面加工"选项卡中选择"精密加工"选项，单击"确定"按钮进入软件环境。

STEP4：单击导航工作区中的"3D 造型" 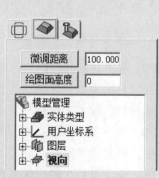 按钮进入 3D 造型环境，如图 4-44 所示。

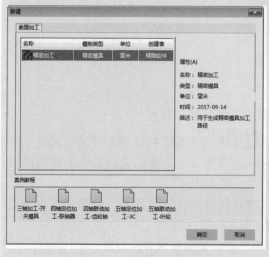

图 4-43　选择模板类型

图 4-44　进入 3D 造型环境

STEP5：选择"文件"→"输入"→"三维曲线曲面"命令，打开"输入"对话框，在列表中选择"开关模具模型"文件，单击"打开"按钮导入几何模型，如图4-45所示。

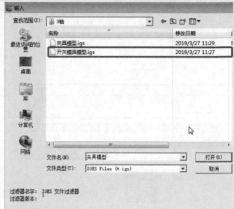

图4-45　输入模型

STEP6：按照同样的操作，将"夹具模型"文件导入系统，结果如图4-46所示。

STEP7：将夹具和工件分别放到相应图层进行管理，如图4-47所示，以便后续可高效拾取。

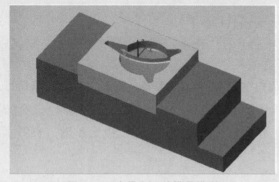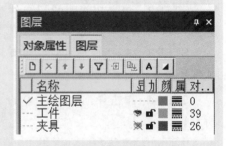

图4-46　夹具和开关模具模型　　　　图4-47　图层管理器

2. 设置机床

STEP1：单击导航工作区的"加工"　　按钮，进入加工环境。

STEP2：双击左侧导航栏的"机床设置"　　按钮，弹出图4-48所示"机床设置"对话框，先选定机床类型为3轴，再选择JDCaver600机床文件，系统会自动匹配相应的配置信息，选择机床输入文件格式为"JD650 NC（As Eng650）"。

STEP3：在"机床设置"对话框中选择"ENG设置扩展"选项卡，勾选"子程序支持T"选项，单击"确定"按钮退出机床设置，如图4-49所示。

该步骤主要是对输出程序模式进行设置，用户可以根据需求自行设置。

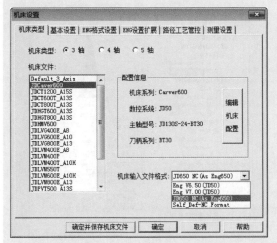

图 4-48　"机床设置"对话框

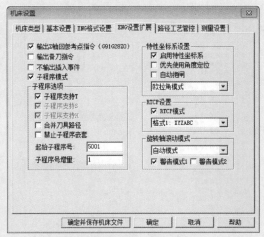

图 4-49　ENG 设置扩展

3. 创建刀具表

STEP1：双击导航工作区的"刀具表" 按钮，弹出"当前刀具表"对话框，如图 4-50 所示。

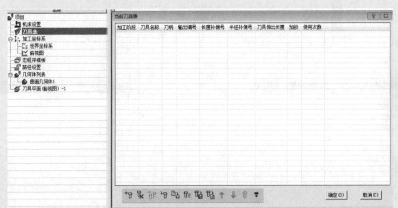

图 4-50　"当前刀具表"对话框

STEP2：单击"添加" 的按钮，弹出"刀具创建向导"（系统刀具库）对话框，如图 4-51 所示。

STEP3：选择"[牛鼻] JD-6.00-0.50"选项，单击"下一步"按钮。

STEP4：选择"BT30-ER25-060S"刀柄，单击"下一步"按钮进行刀具参数编辑，如图 4-52 所示。

STEP5：选择"加工参数"选项卡，修改刀具加工速度信息，如图 4-53 所示。

STEP6：选择"工艺管控"选项卡，设置"加工阶段"为"粗加工"，如图 4-54 所示。

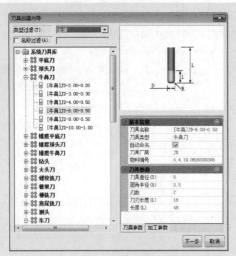

图 4-51　刀具创建向导

图 4-52　刀柄选择

图 4-53　设置加工参数

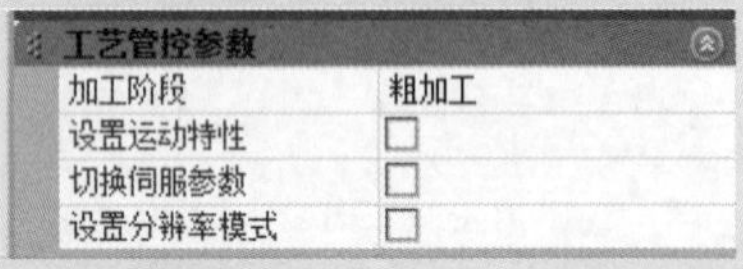

图 4-54　设置工艺管控参数

STEP7：单击"确定"按钮完成第一把刀具的添加。

STEP8：按照以上步骤分别添加其他刀具。

4. 创建几何体

STEP1：双击导航工作区的"几何体列表" 按钮进行几何体的设置。

几何体的设置分为三个部分："工件设置"　、"毛坯设置"　、"夹具设置"　，分别代表工件几何体、毛坯几何体和夹具几何体，如图 4-55 所示。

STEP2：工件设置。单击"定义过滤条件"按钮　，弹出"设置拾取过滤条件"对话框；单击"增加"按钮后在绘图区拾取任意曲面，系统自动弹出"添加拾取过滤条件"对话框；在"图层"列表框中选择"工件"选项，单击"确定"按钮返回"设置拾取过滤条件"对话框；单击"确定"按钮完成工件面的选取，如图 4-56 所示。

STEP3：毛坯设置。软件提供了毛坯面、包围盒等七种常用的毛坯创建方法。此案例中选用包围盒的方式创建毛坯。在绘图区选择三角开关模型面，系统自动判断毛坯体，如图 4-57 所示。

图 4-55　创建几何体界面

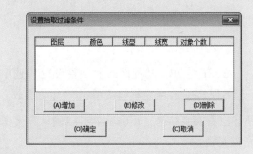

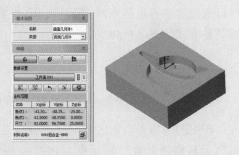

图 4-56　过滤条件使用

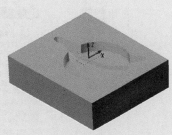

图 4-57　毛坯几何体创建

107

STEP4：夹具设置。按照 STEP2 的操作，选取夹具层图形作为夹具几何体，如图 4-58 所示。

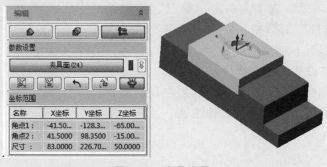

图 4-58　夹具设置

5. 几何体安装

STEP1：单击功能区的"项目设置"选项卡下的"几何体安装"按钮，如图 4-59 所示。

STEP2：在导航栏直接单击"自动摆放"按钮，查看安装结果，正确后单击"确认"　按钮完成安装。

STEP3：若自动摆放后安装状态不正确，可以通过软件提供的点对点平移、动态坐标系等其他方式完成几何体安装。

图 4-59　"几何体安装"按钮

6. 路径向导

作为演示，本节仅创建"分层区域粗加工"，其余加工方法请参考相关章节。

STEP1：单击功能区的"三轴加工"按钮，选择"分层区域粗加工"加工方法，弹出"刀具路径参数"对话框，选择"环切走刀"选项，其他参数设置参考图 4-60 所示内容。

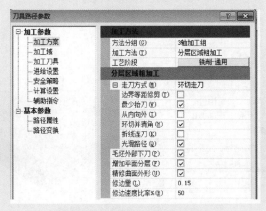

图 4-60　"刀具路径参数"对话框

STEP2：切换到参数树的"加工域"，单击"编辑加工域"按钮，在绘图区拾取"加工面"，如图 4-61 所示，完成后单击 ✓ 按钮回到"刀具路径参数"对话框。

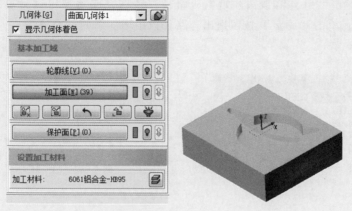

图 4-61　选择加工域

STEP3：修改加工余量参数，如图 4-62 所示。

STEP4：切换到参数树的"加工刀具"，单击"刀具名称"按钮进入"当前刀具表"对话框，选择"［牛鼻］JD-6.00-0.50"选项，单击"确定"按钮回到"刀具路径参数"对话框，修改走刀速度参数，如图 4-63 所示。

加工余量	
边界补偿 (U)	关闭
边界余量 (A)	0
加工面侧壁余量 (B)	0.15
加工面底部余量 (M)	0.15
保护面侧壁余量 (D)	0.13
保护面底部余量 (C)	0.17

图 4-62　加工余量

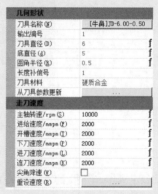

图 4-63　修改走刀速度参数

STEP5：切换到参数树的"进给设置"，修改"路径间距""轴向分层"及"下刀方式"相关参数，如图 4-64 所示。

路径间距			开槽方式	
间距类型 (T)	设置路径间距		开槽方式 (T)	关闭
路径间距	3		下刀方式	
重叠率% (R)	50		下刀方式 (M)	螺旋下刀
轴向分层			下刀角度 (A)	0.5
分层方式 (T)	限定深度		螺旋半径 (L)	2.88
吃刀深度 (U)	0.3		表面预留 (T)	0.02
固定分层 (Z)	☐		侧边预留 (S)	0
减少抬刀 (K)	☑		每层最大深度 (M)	5
层间加工			过滤刀具盲区 (U)	☐
加工方式 (T)	关闭		下刀位置 (P)	自动搜索

图 4-64　设置进给相关参数

STEP6：切换到参数树的“安全策略”，选择“检查模型”为“曲面几何体 1”，如图 4-65 所示。

STEP7：单击“计算”按钮开始生成路径，计算完成后弹出“计算结果”对话框，如图 4-66 所示，单击“确定”按钮退出，路径树中增加新的路径节点。

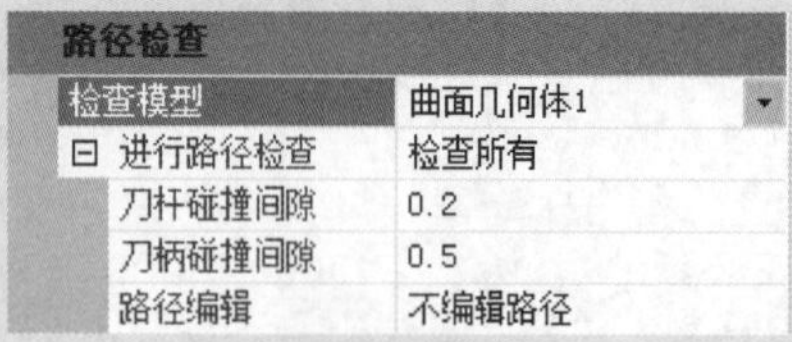

路径检查
检查模型 曲面几何体1
进行路径检查 检查所有
刀杆碰撞间隙 0.2
刀柄碰撞间隙 0.5
路径编辑 不编辑路径

图 4-65 路径检查

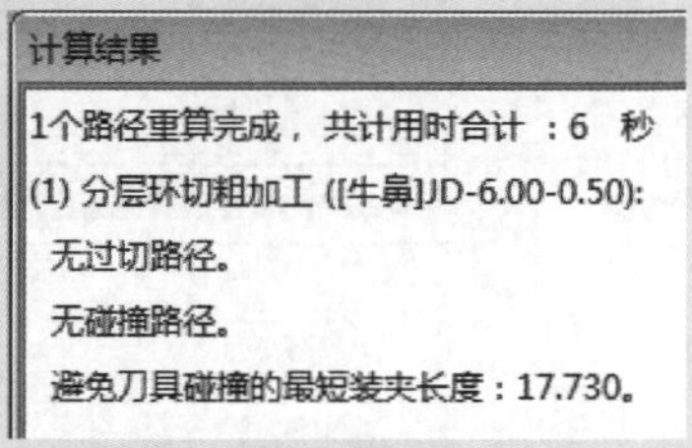

计算结果
1个路径重算完成，共计用时合计：6 秒
(1) 分层环切粗加工 ([牛鼻]JD-6.00-0.50):
无过切路径。
无碰撞路径。
避免刀具碰撞的最短装夹长度：17.730。

图 4-66 “计算结果”对话框

7. 机床模拟

STEP1：单击功能区的“刀具路径”按钮，选择“机床模拟”选项，进入机床模拟界面，如图 4-67 所示。

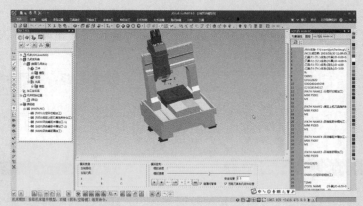

图 4-67 机床模拟界面

STEP2：调节模拟速度后，单击模拟控制台的“开始”按钮进行机床模拟，如图 4-68 所示。

STEP3：机床模拟无误后单击“确定”按钮退出模拟后路径树如图 4-69 所示。

图 4-68 进行机床模拟

刀具平面(俯视图) -1
1- 路径组 1
(1) 分层环切粗加工
(2) 指定上把刀具残料补加工
(3) 环绕等距半精加工-1
(4) 环绕等距半精加工-2
(5) 环绕等距精加工

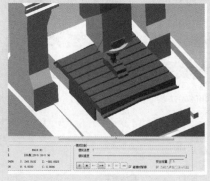

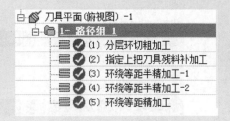

图 4-69 模拟后的路径树

8. 路径输出

STEP1：单击菜单栏或功能区的"输出刀具路径"按钮。

STEP2：在图4-70所示的"输出刀具路径（后置处理）"对话框中选择要输出的路径，根据实际加工设置路径输出的排序方法和输出文件名称。

STEP3：单击"确定"按钮，即可输出最终的路径文件。

STEP4：勾选"输出Mht工艺单"选项还能同步输出对应的工艺单。

图 4-70　路径输出

4.2　公共参数设置

在SurfMill 9.0软件中，刀具路径计算的公共参数主要包括加工范围、加工刀具、进给设置和计算设置等，如图4-71所示。这些参数对路径的计算、加工效果以及加工效率都有很大的影响。合理使用这些参数，可以获得最优的刀具路径，从而加工出高质量的工件。

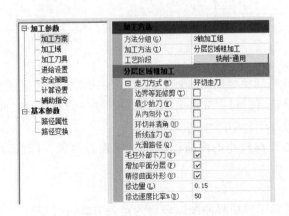

图 4-71　公共参数

4.2.1 走刀方式

走刀方式包括行切走刀、环切走刀和螺旋走刀。

1. 行切走刀

行切走刀是指刀具按照设定的路径角度以平行直线的走刀方式进行切削，如图 4-72 所示。

图 4-72　行切走刀

（1）兜边一次　在行切走刀完成后，沿着边界进行一次修边，用于去除行与行之间在轮廓边界位置的残料，如图 4-73 所示。

（2）兜边量　直线路径端点和兜边路径之间的距离称为兜边量，如图 4-74 所示，设置兜边量可以提高侧壁的加工质量。

（3）路径角度　直线路径和水平直线之间的夹角称为行切路径角度，如图 4-75 所示，调整路径角度可以增大直线路径的长度，提高加工效率。

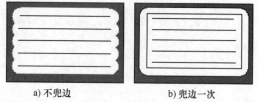

a) 不兜边　　　　　　b) 兜边一次

图 4-73　兜边一次

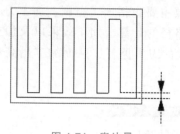

图 4-74　兜边量

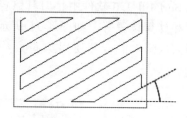

图 4-75　路径角度

（4）往复走刀　在行切路径间增加连刀路径，使切削方向往复变化，以减少抬刀次数，提高切削效率。不选该选项，将生成单向走刀路径，在两刀具路径之间先退刀，然后运动到下一路径的起点再进行加工，如图 4-76 所示。

（5）最少抬刀　在距离较小的两路径间将生成连刀路径，以代替定位路径，减少抬刀次数。

2. 环切走刀

环切走刀是指刀具沿工件边界曲线以环绕的走刀方式进行切削，如图 4-77 所示。

（1）边界等距修剪　在距离边界的一定距离内进行路径修剪，可以减少最外多余一圈路径。

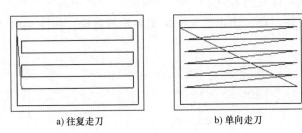

a) 往复走刀　　　　　　b) 单向走刀

图 4-76　往复走刀

图 4-77　环切走刀

（2）从内向外　切削方向分为从内向外走刀和从外向内走刀两种，如图 4-78 所示。选择该选项，在加工走刀过程中刀具在区域中间下刀，逐步向外切削；不选该选项，则为从外向内走刀，刀具从外部开始加工，逐步向内切削。

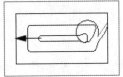 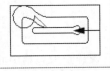

a) 从内向外走刀　　　b) 从外向内走刀

图 4-78　切削方向

（3）环切并清角　当刀具路径重叠率低于50%时，选中该选项，可以清除两环之间的残料；否则可能留下残料，如图 4-79 所示。

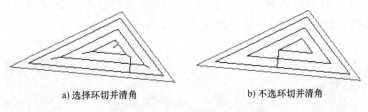

a) 选择环切并清角　　　　　　b) 不选环切并清角

图 4-79　环切并清角

（4）折线连刀　在环与环之间生成 Z 字形的折线连刀路径，相比直线连刀，折线连刀可以减少连刀路径的切削量，如图 4-80 所示。

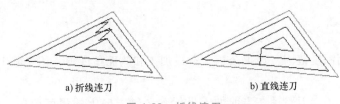

a) 折线连刀　　　　　　　　b) 直线连刀

图 4-80　折线连刀

（5）光滑路径 该功能只有在选择"环切并清角"选项时才有效。选中该复选框，清角路径变得光滑，并且环与环之间生成光滑的螺旋连刀路径，如图4-81所示。

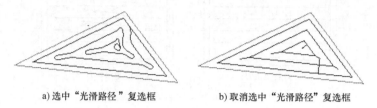

a)选中"光滑路径"复选框   b)取消选中"光滑路径"复选框

图4-81 光滑路径

3. 螺旋走刀

螺旋走刀是指刀具以螺旋进刀的方式进行切削，如图4-82所示。

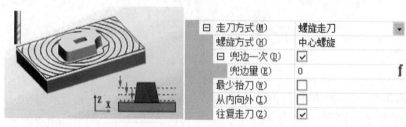

图4-82 螺旋走刀

螺旋走刀包括中心螺旋、边界等距、区域流线、中心摆线和圆锥螺线五种走刀方式。下面介绍常用的三种走刀方式。

（1）中心螺旋 螺旋线的中心在区域的中心，如图4-83所示。

（2）边界等距 外轮廓线作为毛坯环，内轮廓线作为零件环，由零件环逐步向外等距生成路径，如图4-84所示。

（3）区域流线 由内外两个轮廓线逐步变形生成，靠近内轮廓线的路径与内轮廓线接近，靠近外轮廓线的路径与外轮廓线形状接近，如图4-85所示。

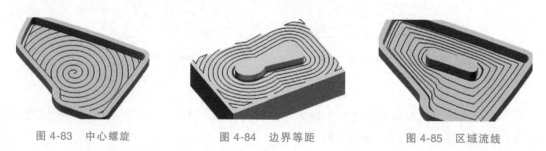

图4-83 中心螺旋   图4-84 边界等距   图4-85 区域流线

4.2.2 加工范围

加工范围包括深度范围、加工余量、电极加工和侧面角度等，用于限定加工的范围。

1. 深度范围

深度范围决定了走刀路径在当前加工坐标系Z轴方向上的深度范围，SurfMill 9.0软件将只在用户设定的深度范围内生成切削路径。选择"自动设置"选项，系统根据用户选择的加工面自动生成深度范围。用户也可以自定义表面高度、加工深度及表面高度等，如图4-86 所示。

图 4-86　深度范围

2. 加工余量

在零件加工中，为了保证精加工的尺寸精度和表面质量，需要在上步工序中留有合适的加工余量。

（1）侧边余量　刀具加工完成后边界与轮廓边界之间的距离，如图 4-87 所示。

（2）底部余量　加工后底部的多余材料厚度，通过调整底部余量可以调节加工的深度范围，如图 4-88 所示。

（3）加工面侧壁/底部余量　加工后留在加工面侧壁/底部的多余材料厚度，如图 4-89 所示。

（4）保护面侧壁/底部余量　保护面侧壁/底部的偏移量，如图 4-90 所示。

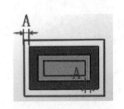

图 4-87　侧边余量

图 4-88　底部余量

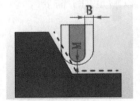

图 4-89　加工面余量

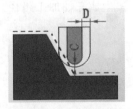

图 4-90　保护面余量

4.2.3　加工刀具

加工刀具包括刀具的几何形状、刀轴方向和走刀速度。

1. 几何形状

几何形状中的刀具参数仅显示当前选择的刀具信息，用户不能进行编辑，如图 4-91 所示。用户可以通过单击刀具名称后的按钮进入当前刀具表或双击"项目设置"选项卡中"当前刀具表"按钮进入当前刀具表，对刀具参数进行编辑。

2. 刀轴控制方式

刀轴方向主要用于控制机床两个旋转轴在切削过程中

图 4-91　几何形状

115

的运动方式。合理设置刀轴可以生成简洁、安全的多轴路径，提高零件的加工精度和切削效率。控制刀轴的作用有以下几个方面。

1）改变刀轴方向，使刀具能够进入一些带有负角等难以加工的区域进行加工。

2）减少刀具的夹持长度，在有限、有效刀长下，增加切削深度范围。

3）改变刀具路径形状，使加工过程更顺畅，提高加工效率。

4）改变刀具切削状态，提高加工工件表面质量。

在做多轴路径编程前一定要明确刀轴的方向，SurfMill 9.0 软件定义的刀轴方向是由刀尖指向刀柄，如图 4-92 所示。用户可以根据编程要求选择相应的刀轴控制方式。

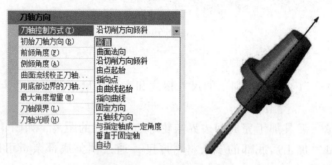

图 4-92　刀轴控制方式

（1）竖直　这是三轴加工时默认的刀轴控制方式，刀轴方向始终保持与当前刀具平面的 Z 轴方向相同，如图 4-93 所示。在一些场合可以通过选择竖直刀轴控制方式使多轴加工方法生成三轴加工路径，以满足加工需要。

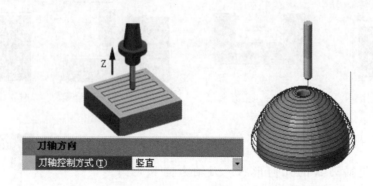

图 4-93　竖直刀轴控制方式

（2）曲面法向　刀轴方向始终沿着切削位置的曲面法向，即在切削过程中刀轴始终指向导动面法向，如图 4-94 所示。曲面法向是多轴加工中最常使用的刀轴控制方式。

（3）沿切削方向倾斜　选择该方式，用户可以定义刀轴沿着切削方向相对于初始刀轴倾斜一定的角度，如图 4-95 所示。

（4）由点起始　使用该刀轴控制方式，刀轴方向始终由指定点指向路径点，在加工过程中刀轴的角度是连续变化的，如图 4-96 所示。该刀轴控制方式适用于凸模型的加工，特别是带有陡峭凸壁、负角面的凸模零件的加工。

图 4-94 曲面法向刀轴控制方式

图 4-95 沿切削方向倾斜刀轴控制方式

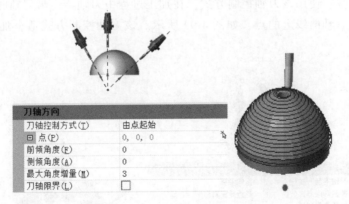

图 4-96 由点起始刀轴控制方式

（5）指向点 使用该刀轴控制方式，刀轴方向始终由路径点指向指定点，与"由点起始"方式正好相反，在加工过程中刀轴的角度也是连续变化的，如图 4-97 所示。该刀轴控制方式适用于凹模型的加工，特别是带有型腔、负角面的凹模零件的加工。

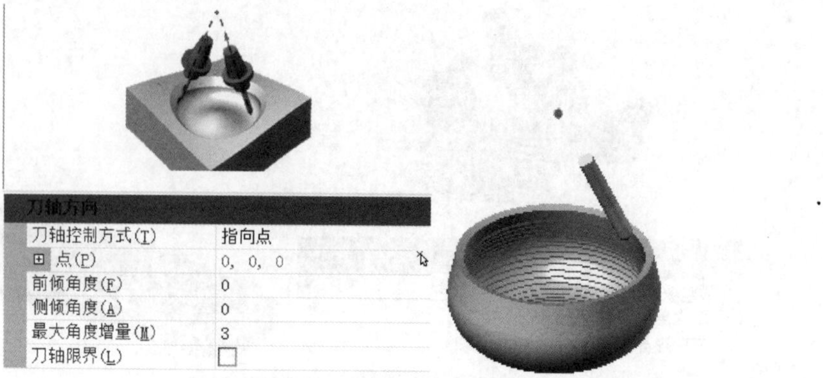

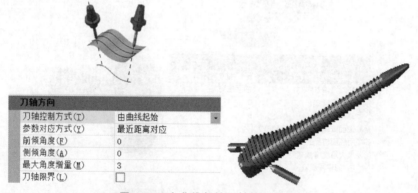

图 4-97　指向点刀轴控制方式

（6）由曲线起始　使用该刀轴控制方式，在加工过程中刀轴始终与刀轴曲线相交，刀轴方向由刀轴曲线上的点指向路径点，如图 4-98 所示。

图 4-98　由曲线起始刀轴控制方式

（7）指向曲线　使用该刀轴控制方式，在加工过程中刀轴始终与刀轴曲线相交，刀轴方向由路径点指向刀轴曲线上的点，如图 4-99 所示。该刀轴控制方式适合加工管道类零件或叶轮根部。

图 4-99　指向曲线刀轴控制方式

（8）固定方向　选择该方式，刀轴始终指向用户指定的固定方向，相当于建立一个坐标系，做三轴加工，如图4-100所示。

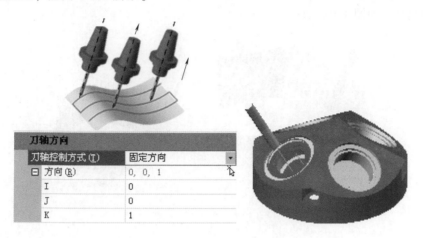

图 4-100　固定方向刀轴控制方式

（9）五轴线方向　选择该方式，刀轴方向将与五轴曲线上对应点的方向相同，如图4-101所示。

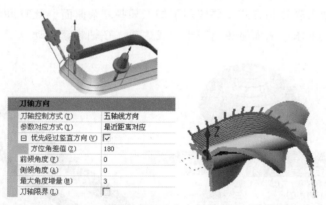

图 4-101　五轴线方向刀轴控制方式

（10）与指定轴成一定角度　根据倾斜角度定义方式不同，该方式可分为固定值和分段设置两种刀轴控制方式，如图4-102所示。

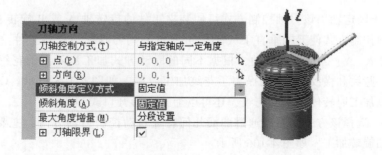

图 4-102　与指定轴成一定角度刀轴控制方式

（11）过指定直线　该方式只在五轴钻孔加工中可以使用。选择该方式，刀轴将通过钻孔点的刀轴直线，如图 4-103 所示。

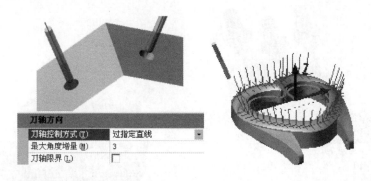

图 4-103　过指定直线刀轴控制方式

（12）方位角仰角曲线　该刀轴控制方式是对刀轴的方位角和仰角分别进行控制。选择该方式，用户可以通过指定方位角曲线和仰角曲线来控制每个路径点刀轴的方位角和仰角，如图 4-104 所示。其中，方位角曲线和仰角曲线均为五轴曲线，其基线为导动面的 UV 线，用户可以根据需要编辑五轴曲线控制点的方向。

方位角仰角曲线刀轴控制方式主要应用于加工某些复杂曲面，此时每个路径点的刀轴都会有方位角和仰角的要求，从而避免出现干涉或 A 轴、C 轴频繁摆动。

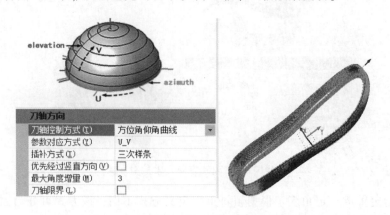

图 4-104　方位角仰角曲线刀轴控制方式

（13）垂直于固定轴　该刀轴控制方式可使装夹工件的旋转轴 A 或 B 旋转 90° 后固定不动，采用该刀轴控制方式使刀轴垂直于 A 轴或 B 轴，利用刀具侧刃接触工件（主轴旋转），C 轴旋转的同时 X、Y、Z 轴实现联动，根据不同的联动方式加工出不同的花纹（斜纹、波浪纹、交错纹、竖纹和横纹），大大提高了花纹加工效率，如图 4-105 所示。C 轴可以往复旋转，不仅可以加工回转体表面的花纹，还可以加工 C 形开口式等花纹。

（14）自动　选择该方式，系统通过曲面几何特征自动控制刀轴方向，主要应用于多轴侧铣加工，四轴旋转加工，如图 4-106 所示。

3. 刀轴控制中的其他参数

（1）最大角度增量　该参数允许用户定义相邻两路径节点刀轴的最大角度增量，如图

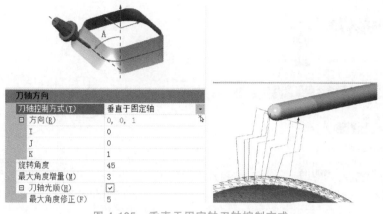

图 4-105　垂直于固定轴刀轴控制方式

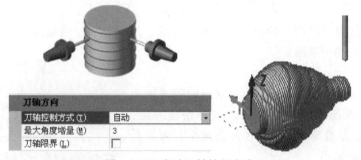

图 4-106　自动刀轴控制方式

4-107 所示。五轴输出的路径包括刀尖位置和刀轴方向，相邻路径点刀轴方向变化不允许超过设置的最大角度增量。减小最大角度增量值会增加路径节点数量，增大最大角度增量值会减少路径节点数量，如图 4-108 所示。

图 4-107　最大角度增量

图 4-108　改变最大角度增量路径节点数变化

（2）刀轴限界　刀轴限界是在路径生成的过程中，控制刀轴的摆动范围。勾选"刀轴限界"选项后可以进行旋转轴、刀轴与旋转轴夹角、无效路径点处理方式等参数的设置，如图 4-109 所示。

（3）刀轴光顺　在五轴曲线加工功能中可对刀轴进行光顺处理，使工件形状会有一定的改变，如图 4-110 所示，一般应用于对误差要求不高的产品加工中。

刀轴方向	
刀轴控制方式(T)	曲面法向
最大角度增量(M)	3
⊟ 刀轴限界(L)	☑
旋转轴(X)	Z
⊞ 与旋转轴夹角	0, 90
⊞ XY平面内角度	0, 360
无效路径点处理(D)	移动刀轴

图 4-109 刀轴限界

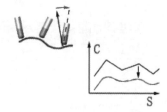

图 4-110 刀轴光顺

4.2.4 进给设置

进给设置包括路径间距、轴向分层、侧向分层、层间加工、进退刀方式和下刀方式等，用于设置加工中的切削进给。

1. 路径间距

相邻路径在水平方向、Z 轴方向或空间的距离称为路径间距。通过选择不同间距类型来设置路径间距，如图 4-111 所示。重叠率越高，路径间距越小；残留高度越低，路径间距越小。

2. 轴向分层

分层方式用于控制加工时刀具的吃刀深度，共有五种方式，即关闭、限定层数、限定深度、自定义和渐变，如图 4-112 所示。

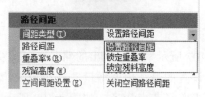

图 4-111 路径间距

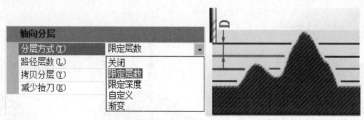

图 4-112 轴向分层

（1）分层方式

1）关闭：轴向不分层。

2）限定层数：设置路径分层层数。

3）限定深度：设置吃刀深度，若勾选"固定分层"，则吃刀深度等于分层深度；若不勾选"固定分层"，则将均匀分层，分层深度可以略小于吃刀深度。

4）自定义：自定义吃刀深度和分层方向，并分别设置每段的切削深度和吃刀深度。

5）渐变：按照定义的首层深度和末层深度渐变的生成每层路径的切削深度，从而进行分层。

（2）减少抬刀　选择该选项，在分层加工时将相邻层之间的路径连接成一条路径，可以减少抬刀的次数，如图 4-113 所示，主要用于单线切割、轮廓切割和区域修边。

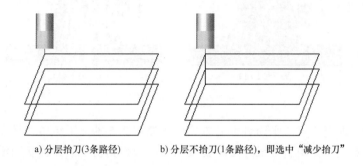

a) 分层抬刀(3条路径)　　　b) 分层不抬刀(1条路径)，即选中"减少抬刀"

图 4-113　减少抬刀

（3）拷贝分层　在进行 2.5 轴加工时，选择该选项，软件首先计算最后一层路径，然后通过其 Z 轴方向的平移获得其他层的路径。该方式可以避免因锥刀锥度不准，分层加工时在侧边留下阶梯。

3. 侧向分层

设置侧向分层可以生成水平方向上的分层路径，如图 4-114 所示，用户采用铣螺纹加工、轮廓切割和五轴曲线加工等加工方法时可以设置该参数。

4. 层间加工

在相对平坦区域，分层区域粗加工的相邻两个轴向切削层之间会留有较大的阶梯状残料。使用"层间加工"功能可以在相邻两切削层之间增加切削路径，去除粗加工留在相对平坦区域的阶梯状残料，如图 4-115 所示。此功能主要用于轴向吃刀深度较大的分层区域粗加工。

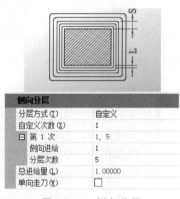

图 4-114　侧向分层

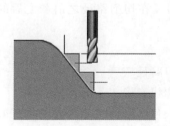

图 4-115　层间加工

（1）侧向进给　设置同一 Z 轴方向高度相同的相邻路径间的距离，用于控制侧向进给。

（2）吃刀深度　设置相邻两个轴向切削层之间的距离。

（3）往复走刀　控制切削方向往复变化，减少抬刀次数，提高切削效率。

（4）从下往上加工　不选该选项，将从上往下加工，如图 4-116 所示。

5. 进退刀方式

为了保证加工质量，避免刀具在靠近工件时因突然受力而损坏，在加工中进退刀路径显得非常重要。根据加工方法的不同，可将进退刀方式分为平面加工的进退刀和曲面精加工的进退刀。

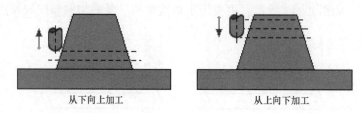

图 4-116　从下往上加工

（1）平面进退刀方式　平面进退刀方式用于控制 2.5 轴加工组中刀具在切削路径前后的运动方式，主要包括关闭、直线连接、直线相切、圆弧相切、圆弧内切和沿轮廓六种进退刀方式，如图 4-117 所示。

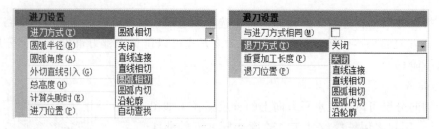

图 4-117　进退刀设置

1）关闭：不生成进刀路径，用于一些对侧面要求不高但效率要求较高的加工。

2）直线连接：生成直线进刀路径，用于一些复杂图案、文字的切割。

3）直线相切：生成与切削路径相切的直线路径，主要用于一些规则的外轮廓加工。

4）圆弧相切：生成与切削路径相切的圆弧进刀路径，可以用于比较规则的轮廓加工。

5）圆弧内切：生成与切削路径内切的圆弧路径，主要用于外轮廓加工。

6）沿轮廓：生成沿轮廓进刀路径，主要用于对侧面质量要求不高的加工。

（2）曲面进刀方式　曲面进退刀方式用于控制刀具在切削路径之前和之后的运动，如图 4-118 所示。

1）关闭进刀：不生成进退刀路径。

2）切向进刀：生成与切削路径圆弧相切的进退刀路径。

3）沿边界连刀：路径边界的连刀路径沿加工轮廓线连接。

4）直线延伸长度：控制进退刀路径的直线延伸长度，改善边界位置的加工效果，如图 4-119 所示。

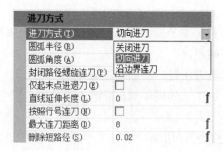

图 4-118　曲面进刀方式

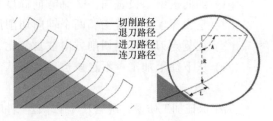

图 4-119　直线延伸长度

6. 下刀方式

刀具垂直落刀过程容易造成刀尖崩裂，而改变下刀方式可以降低对刀尖的冲击，提高刀具寿命。SurfMill 9.0 软件中的下刀方式有五种，包括关闭、竖直下刀、沿轮廓下刀、螺旋下刀和折线下刀，如图 4-120 所示。下刀参数包括下刀角度、螺旋半径（直线长度）、表面预留、侧边预留和过滤刀具盲区等。

（1）下刀方式

1）关闭：不生成下刀路径，如图 4-121 所示。在雕刻深度小于 0.05mm 或雕刻比较小的非金属材料时，可以使用该下刀方式。

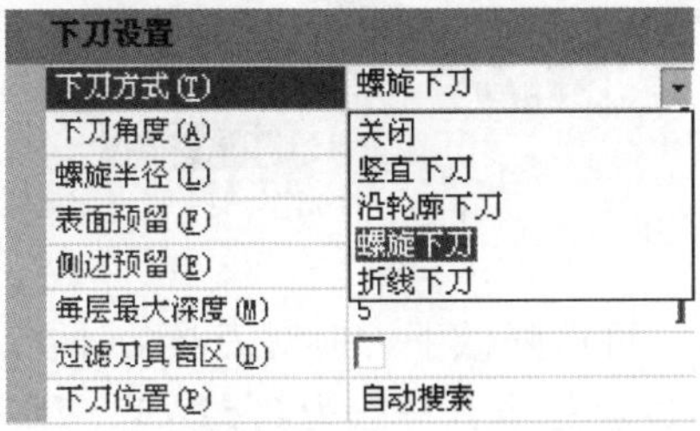

图 4-120 下刀方式

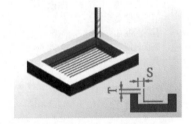

图 4-121 关闭下刀方式

2）竖直下刀：通过设置表面预留高度，在刀具铣削前降低进给速度来优化下刀过程，如图 4-122 所示。竖直下刀距离短，效率高。但对 Z 轴的冲击较大，在金属材料加工时容易损伤刀具和主轴系统，一般用在硬度较小材料或侧边精修等加工中。

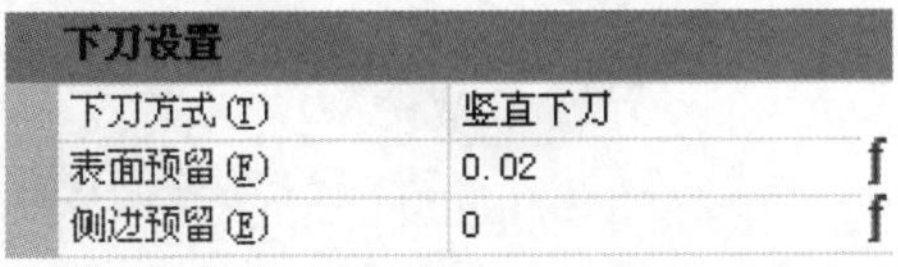

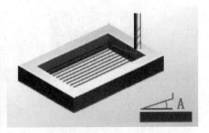

图 4-122 竖直下刀

3）沿轮廓下刀：在开槽加工、轮廓切割加工、加工小区域时，可以采用沿轮廓下刀方式，如图 4-123 所示。另外，在有机玻璃切割时也可以用轮廓下刀方式来避免材料飞崩。材料硬度越大，下刀角度应越小，一般为 0.5°~5°。

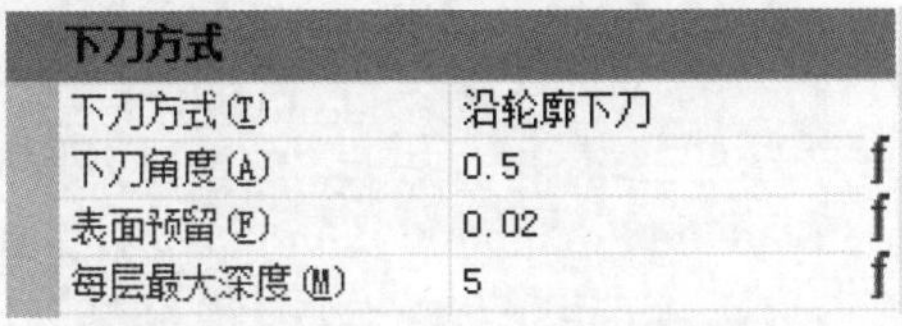

图 4-123 沿轮廓下刀

4）螺旋下刀：刀具以一定角度螺旋进入材料，可以降低下刀时对刀具的冲击，延长刀具寿命，如图 4-124 所示。材料硬度越大，下刀角度应越小，一般为 0.5°~5°。下刀的螺旋半径一般为刀具半径的 0.48 倍。螺旋下刀是最好的下刀方式，下刀路径光滑，机床运动平稳，但下刀需要回旋余地，在狭窄区域无法生成螺旋下刀路径，此时将生成沿轮廓下刀路径。

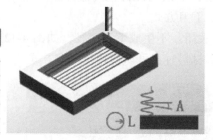

图 4-124　螺旋下刀

5）折线下刀：刀具以一定角度沿斜线进入材料，可以降低下刀时对刀具的冲击，延长刀具寿命，如图 4-125 所示。材料硬度越大，下刀角度应越小，一般为 0.5°~5°。下刀的直线长度一般与刀具直径相同，范围为 0.4~3.0mm。折线下刀是螺旋下刀的补充，主要用于狭窄图形的加工。在没有小线段插补或螺旋线的机床上，折线下刀的效率比螺旋下刀效率高。

图 4-125　折线下刀

（2）过滤刀具盲区　主要用于保护镶片刀等底部带有盲区的刀具，避免在一些小的加工区域内生成路径，从而有效地保护刀具，并避免刀具下刀时发生"顶刀"现象，如图 4-126 所示。

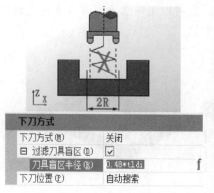
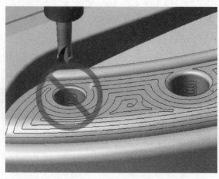

图 4-126　过滤刀具盲区示意图

4.2.5 安全策略

1. 工件避让

用户可以通过设置工件避让来控制刀具出发点和回零点的位置以及刀轴方向，如图 4-127 所示。

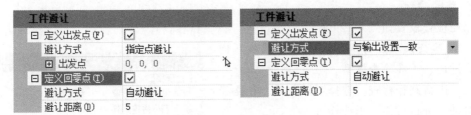

图 4-127 工件避让

用户可以选择不同的避让方式来定义刀具运动出发点/回零点的位置和刀轴方向，主要有"指定点避让""自动避让""与输出设置一致"三种避让方式。

（1）指定点避让 用户可以通过输入坐标（X，Y，Z）或拾取点来设置出发点/回零点坐标，通过输入（I，J，K）或通过"拾取" ⌖ 按钮设置出发点/回零点刀轴方向。

（2）自动避让 系统根据用户设置的避让距离自动进行出发点/回零点避让。

（3）与输出设置一致 选择该选项，工件避让与"输出设置"中一致；不选该选项，用户可以自定义出发点和回零点。

2. 操作设置

通过设置"操作设置"选项区域中的参数和选项，用户可以控制加工过程中的非切削运动、冷却方式等，如图 4-128 所示。

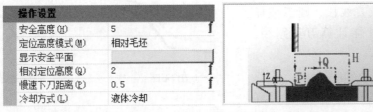

图 4-128 操作设置

（1）安全高度 该参数为刀具相对工件的最高点。在该高度上，刀具可以随意平移，不会碰到工件和夹具。

（2）定位高度模式 提供以下三种方式：

1）相对毛坯：以定位路径相对毛坯的高度定义定位高度。

2）优化模式：以定位路径相对工件的高度定义定位高度。

3）表面高度：计算路径时只考虑加工面，不考虑夹具保护面，避免夹具设置较大进退刀较远，提示超程的情况。

（3）相对定位高度 用于确定定位路径相对加工位置毛坯或工件的高度，保证刀具在局部定位运动时，不会碰到工件和夹具。

（4）慢速下刀距离 在刀具靠近毛坯表面或竖直切入工件时，应当以较慢的速度靠近，以防止扎刀。该选项确定慢速下刀的距离。

（5）冷却方式 用户可以设置加工时的冷却方式，分为关闭、液体冷却和气体冷却三种方式。

（6）半径磨损补偿 该参数是对刀具半径进行补偿，正向磨损相当于刀具偏小，反向磨损相当于刀具偏大。

3. 路径检查

路径检查设置如图 4-129 所示。

（1）检查模型 分为以路径加工域或几何体作为过切、干涉检查模型。

（2）进行路径检查 选择不同方式，在路径计算时是否进行过切、干涉检查。

（3）路径编辑 选择"替换刀具"选项表示若检查结果存在干涉，则系统自动将当前刀具替换为不干涉刀具，同时提示用户存在干涉。选择"不编辑路径"选项表示若检查结果发现存在干涉，则系统仅提示用户，不编辑路径。

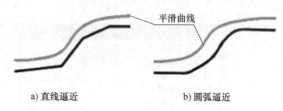

路径检查	
检查模型	路径加工域
☐ 进行路径检查	检查所有
刀杆碰撞间隙	0.2
刀柄碰撞间隙	0.5
路径编辑	不编辑路径

图 4-129 路径检查

4.2.6 计算设置

计算设置用于设置计算过程中的加工精度、加工次序、尖角形式和轮廓设置等常用参数。

1. 加工精度

加工精度用于控制刀具路径与加工模型的拟合程度。

（1）逼近方式 刀具在加工过程中只能走直线段、圆弧或样条曲线。如果绘制的图形包含其他类型的平滑曲线，则系统需要将它们离散成直线段、圆弧或样条段曲线之后才能计算刀具路径，如图 4-130 所示。

（2）弦高误差/角度误差 折线段或圆弧与原始曲线之间的误差称为弦高误差，如图 4-131 所示。在相邻路径段节点处切向的夹角称为角度误差，如图 4-132 所示。该参数值越小，路径精度越高，路径计算速度越慢；该参数值越大，路径精度越低，计算速度越快。

平滑曲线

a) 直线逼近   b) 圆弧逼近

图 4-130   逼近方式

图 4-131 弦高误差

图 4-132 角度误差

> **说明：**
>
> 一般来说，圆弧逼近和直线逼近生成的刀具路径，在加工速度上基本没有区别。区域加工时，建议选用圆弧逼近，这样可以达到图形尺寸的最大精度；计算曲面精加工路径时，用直线逼近，可以避免计算本身对圆弧逼近的误差而导致的加工表面过切的现象。

2. 加工次序

在加工次序中用户可以设置铣削方向、轮廓排序和分层次序。

（1）铣削方向　包括逆铣和顺铣两种方式，如图 4-133 所示。

1）逆（Up）铣：铣刀对工件的作用力在进给方向上的分力与工件进给方向相反。

2）顺（Down）铣：铣刀对工件的作用力在进给方向上的分力与工件进给方向相同。

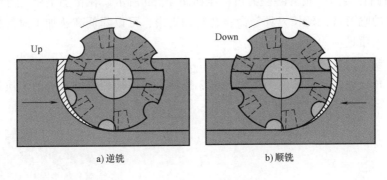

图 4-133　铣削方向

（2）轮廓排序　用于安排加工区域进入被加工阶段的顺序。三轴加工的轮廓排序方式有九种，分别是最短距离、从内向外、从外向内、面积从小到大、选择次序、X 优先（往复）、Y 优先（往复）、X 优先（单向）和 Y 优先（单向）。

（3）分层次序　包括区域优先和高度优先两种方式，如图 4-134 所示。

1）区域优先：先对同一切削区域的切削层进行加工，之后转向下一切削区域进行加工。

2）高度优先：先对同一切削层上的切削区域进行加工，之后转向下一切削层进行加工。

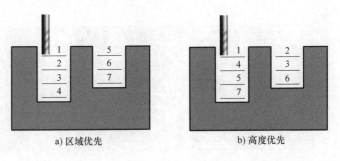

图 4-134　分层次序

3. 尖角形式

在图形设计中经常存在一些尖角，该尖角由曲线或曲面之间相交形成。在实际加工中，刀具在加工这些尖角时的过渡方式包括直线延长（图 4-135）、直线截断（图 4-136）、圆弧过渡（图 4-137）和延伸圆弧（图 4-138）。尖角设置包括过渡方式、最大/小尖角、光滑路径尖角、加工模型倒角及光滑连刀路径等参数。

| 图 4-135 直线延长 | 图 4-136 直线截断 | 图 4-137 圆弧过渡 | 图 4-138 延伸圆弧 |

（1）光滑路径尖角　光滑路径尖角功能如图 4-139 所示。在粗加工中，可以降低刀具在轮廓尖角位置的吃刀量，延长刀具寿命；在精加工中，可以降低高速加工时的机床振动，提高工件表面加工质量。

（2）加工模型倒角　其功能如图 4-140 所示。在精加工时，设置倒角半径可以对模型尖角位置进行倒角处理，降低高速加工时的机床振动，并提高尖角位置的加工质量。

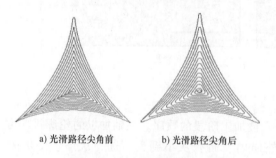

a) 光滑路径尖角前　　　b) 光滑路径尖角后

图 4-139　光滑路径尖角

图 4-140　加工模型倒角

（3）光滑连刀路径　其功能如图 4-141 所示。区域修边的修边次数大于 1 时，选中该功能能够实现螺旋走刀；在粗加工中的行切走刀方式以及平行截线精加工方式下，选中该选项，将使用圆弧替代直线连接切削路径，减弱加工中的急转、急停现象；在等高外形精加工方式下，选中该选项，将在开口区域部分实现圆弧连接进退刀路径。

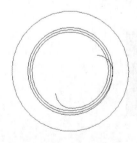

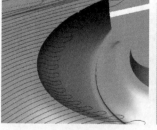

图 4-141　光滑连刀路径

4. 轮廓设置

轮廓设置主要包括轮廓自交检查、轮廓自动结合、轮廓自动连接和删除边界路径点，如

图 4-142 所示。

（1）轮廓自交检查　选中该选项，系统会自动排除轮廓相交的部分。

（2）轮廓自动结合　该选项用于将用户选择的多个轮廓结合成一个轮廓组进行加工，并且自动判断实际的加工区域。

图 4-142　轮廓设置

（3）轮廓自动连接　有时候，绘制或输入的图形是多段曲线组成的非连接或不闭合的轮廓曲线，这种轮廓图形原则上是无法生成刀具路径的。选中该选项，系统将对这类轮廓进行自动连接。

（4）删除边界路径点　选中该选项，系统将自动删除加工面边界线外的多余路径段。

4.2.7　辅助指令

辅助指令功能包括插入事件和测量补偿，其中插入事件通过插入指令来辅助加工，测量补偿将探测数据补偿至加工路径。

1. 插入指令

插入事件命令可以实现对加工路径在程序头插入机床控制事件、程序尾插入机床控制事件以及插入工件位置补偿指令功能，如图 4-143 所示。

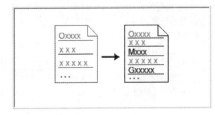

图 4-143　插入事件

单击程序头或程序尾指令编辑器，弹出图 4-144 所示对话框。

图 4-144　指令编辑器

（1）可选事件　通过双击该选项区域的事件，可将所选事件添加至机床事件指令。

（2）预览区　通过"删除"按钮、"上移"按钮和"下移"按钮调整事件顺序。

（3）驻留　在该区域可对选择事件进行编辑。

2. 测量补偿

当加工中需要用到在机测量补偿命令时，可在测量补偿中勾选对应补偿项和数组号，如图4-145所示。可用补偿类型有角度测量补偿、中心测量补偿、尺寸测量补偿、曲面测量补偿、平面测量补偿和轮毂专用补偿。数组号中填写所用补偿的数据编号。

图 4-145　测量补偿

4.2.8　路径属性

路径属性功能用来观察路径尺寸、路径段数以及加工时间等，如图4-146所示，更全的信息可以选择菜单栏的"编辑"→"对象属性"命令进行查看。

4.2.9　路径变换

SurfMill 9.0软件为方便用户快速对路径进行变换，在路径编辑菜单中分别提供了2D变换、3D变换功能，同时在刀具路径参数的基本参数模块中提供了路径变换功能。

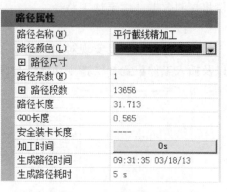

图 4-146　路径属性

1. 空间变换

刀具路径参数中的空间变换功能提供了平移、旋转、镜像和阵列四种变换类型。

（1）平移　该功能主要是对当前路径进行2D、3D平移变换，如图4-147所示。

1）平移距离：路径在X、Y、Z轴方向上的平移距离。

2）毛坯优先连接：选项默认为选中状态，在进行空间变换时，毛坯优先进行连接，如果未勾选该选项，则断开变换路径。

（2）旋转　该功能主要是对当前路径围绕指定轴进行2D、3D旋转变换，如图4-148所示。

图 4-147　平移　　　　　　　　　　　图 4-148　旋转

1）旋转基点：通过设置基点坐标（wX，wY，wZ）或单击拾取某点来确定基点位置。

2）旋转轴线：通过设置旋转轴方向坐标（wI，wJ，wK）或单击拾取确定旋转轴方向。

3）旋转角度：对路径进行连续旋转变换时，每一次的角度间隔。旋转角度相对于旋转轴方向满足右手法则。

（3）镜像　根据设定的镜像平面基点和镜像平面法矢方向确定镜像平面，从而对当前路径进行镜像操作，如图4-149所示。

1）镜像平面基点　通过设置基点坐标（wX，wY，wZ）或单击拾取某点来确定基点位置。

2）镜像平面法向　通过设置旋转轴方向坐标（wI，wJ，wK）或单击拾取确定旋转轴方向。

（4）阵列　根据阵列模式和平移距离对当前加工路径进行阵列操作，如图4-150所示。

空间变换	
变换类型(M)	镜像
□ 镜像平面基点(P)	0，0，0
wX	0
wY	0
wZ	0
□ 镜像平面	YOZ平面
⊞ 镜像平面法向(N)	1，0，0
保留原始路径(K)	□
毛坯优先连接(S)	☑

图4-149　镜像

空间变换	
变换类型(M)	阵列
□ 阵列模式	矩形阵列
X向个数(U)	1
Y向个数(V)	1
阵列加工(C)	X单向
平移距离DX(X)	0
平移距离DY(Y)	0
变换路径使用子程序表达	□
毛坯优先连接(S)	☑

图4-150　阵列

阵列加工可选择阵列路径的加工次序，包括X单向、Y单向、X向往复、Y向往复四种方式。

2. 投影变换

刀具路径参数中的基本参数模块中提供了投影变换功能，该功能主要针对2.5轴加工路径和三轴精加工路径实现投影变换操作，主要分为竖直投影、包裹投影、插铣变换和垂直度补偿投影四种方式。

（1）竖直投影　竖直投影功能是按照当前加工坐标系的Z轴方向将路径投影到曲面上，如图4-151所示，主要用于在曲面上刻字、划线或加工一些图案。

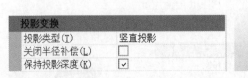

投影变换	
投影类型(T)	竖直投影
关闭半径补偿(L)	□
保持投影深度(K)	☑

图4-151　竖直投影

1）关闭半径补偿：可以加快计算速度，但会降低加工精度。

2）保持投影深度：保留原有路径的切削深度；否则，路径生成在曲面表面。

（2）包裹投影　包裹投影功能是按照路径长度不变原则将路径投影到曲面上，如

图 4-152 所示。当投影的曲面较平坦时，竖直投影和包裹投影功能没有太大区别。但是，当投影曲面较陡峭时，竖直投影加工将导致在曲面陡峭处的路径严重变形。而包裹投影加工却不会，它像是把路径放在一张橡皮膜上，然后将橡皮膜卷在曲面上一样。如果曲面不能展开，包裹投影也会存在变形。通过调整包裹中心和包裹方向可以减小路径变形。

图 4-152　包裹投影

1）包裹中心：设置包裹的基点，通过它建立起基准曲面和刀具路径的位置关系，它必须落在曲面上。调整包裹中心可以减小路径的变形，一般选择路径的中心作为包裹中心。

2）包裹方向与 X 轴夹角：设置与 X 轴方向的夹角，以确定包裹方向。

（3）插铣变换

1）插铣点距：插铣加工时相邻两次落刀点之间的距离，默认为 0.2mm。

2）抬高距离：加工完成退刀点到工件表面的距离，如图 4-153 所示。

图 4-153　插铣变换

（4）垂直度补偿投影　在使用大直径刀具进行面的铣削加工时，可能会出现如下缺陷：行切走刀时会出现明显接刀痕，环切走刀时会出现"猫眼"现象。为解决大直径刀具在进行面的铣削加工时的精度问题，SurfMill 9.0 软件提供了垂直度补偿投影功能，如图 4-154 所示。该功能根据主轴与 X 轴、Y 轴的垂直度关系，确定误差平面，并将路径投影至该平面，从而实现对面铣路径的补偿。

图 4-154　垂直度补偿投影

4.3 文件模板功能

使用 SurfMill 9.0 软件编制加工路径时，一般的流程是：新建空白文档→导入几何模型→设置机床→创建刀具表→创建几何体→创建路径。对于同行业工艺相似的同类产品，在编制路径时，加工工艺、机床、刀具等相关设置可能是相同或相似的。

为了避免每次重新配置相似信息，SurfMill 9.0 软件提供了"文件模板"功能，可以预先定义某类型产品的相关设置，包括加工工艺、图层设置、刀具表设置等。用户可以利用文件模板功能快速生成路径，做到一次配置、多次使用，有效提高编程效率。

4.3.1 文件模板的使用流程

用户使用文件模板生成刀具路径的整个流程分为以下五个部分：

1）自定义文件模板。用户可以根据实际需求定义文件模板，创建一个文档只包含需要保存的配置信息，然后在加工环境菜单栏中选择"加工项目"→"保存为文件模板"命令，如图 4-155 所示，即完成了文件模板的定义。

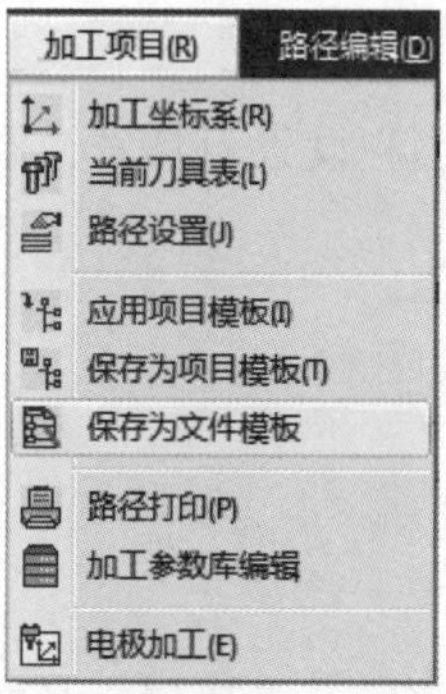

设置好的文件模板会保存在软件安装目录 \ templates \ FileTemplates \ SurfMill 中。文件模板具有可移植性，可将不同版本软件或不同计算机中设置的文件模板放至在安装目录中对应位置（ \ templates \ FileTemplates \ SurfMill），在新建文档时，即可使用该模板。

2）应用文件模板，即新建空白文档时选择该文件模板。

3）绘制或导入几何模型。

4）整理刀具表、设置几何体毛坯等，完善编程环境。

5）修改相关路径参数并计算。

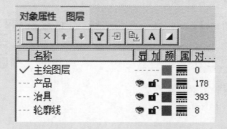

图 4-155　保存为项目模板

135

4.3.2 操作实例

接下来通过一个实例对"文件模板"功能的应用进行详细介绍。

STEP1：自定义文件模板，案例中定义的模板保存的配置信息包括以下内容。

① 将几何模型按照图层分类保存，如图 4-156 所示。

图 4-156　图层保存

② 设置机床，如图 4-157 所示。

图 4-157　设置机床

③ 设置刀具表，添加需要的刀具和刀柄，如图 4-158 所示。

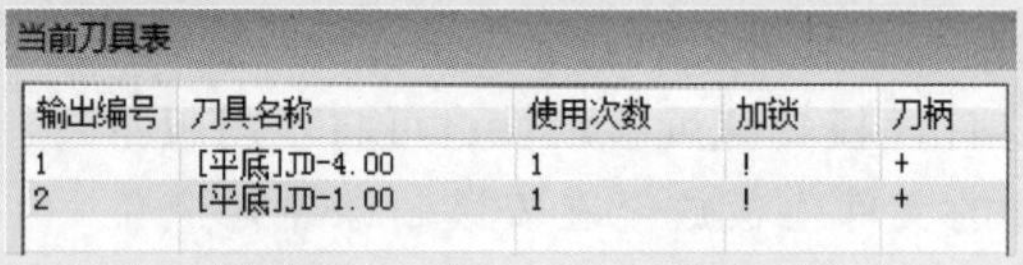

当前刀具表				
输出编号	刀具名称	使用次数	加锁	刀柄
1	[平底]JD-4.00	1	!	+
2	[平底]JD-1.00	1	!	+

图 4-158　设置刀具表

④ 设置几何体时定义过滤条件，将工件面与产品图层关联，夹具面与夹具图层关联。几何体与图层关联之后，只需要在相应图层中绘制或导入相应的模型，无须重新设置工件面和夹具面，即可自动完成几何体的设置，如图 4-159 所示。

⑤ 创建路径并设置合理的路径参数，尽量满足同行业同类产品生成路径时大部分参数无须重新设置的要求，如图 4-160 所示。

图 4-159　创建几何体

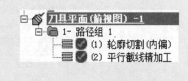

图 4-160　创建路径

⑥ 加工环境菜单栏中选择"加工项目"→"保存为文件模板"命令，将当前文件配置信息保存为文件模板，该例中保存的模板名称为"曲面模板 1"，如图 4-161 所示。

STEP2：文件模板定义好之后，在新建空白文档时选择该模板，即"曲面模板1"，如图4-162所示。

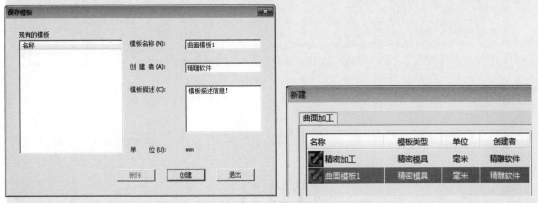

图4-161　保存模板　　　　　　　图4-162　选择模板

STEP3：切换至3D造型环境，产品、夹具图层都已存在，在相应图层中绘制或导入对应模型。

STEP4：切换至加工环境，机床、刀具表、路径、几何体（工件面、夹具面）等配置信息都已存在，然后设置几何体毛坯等，完善编程环境。

STEP5：修改加工域等路径参数并计算，即可完成路径的创建。

4.4　实战练习

工件"标准件"已配置好机床、刀具，并包含加工工艺信息，请将该文件制作成文件模板，并使用该模板生成"工件01"的加工路径。

知识拓展——CAM软件

CAM是指应用计算机技术进行产品制造的统称，有广义CAM和狭义CAM之分。

广义CAM指利用计算机技术辅助完成从原材料到产品的全部制造过程（包括直接制造过程和间接制造过程），如CAPP、计算机辅助工装设计、数控编程、数控加工、三坐标测量（CMM）、机器人装配、生产计划与管理、计算机辅助质量控制等。

狭义CAM指计算机辅助数控加工程序编制，也就是通常我们所说的CAM软件，CAM软件通过计算机编程生成机床设备能够读取的数控代码，从而使机床设备运行，更加精确，更加高效，其核心是刀具轨迹计算。

模块3

加 工 策 略

本章导读

SurfMill 9.0 软件具有基于点、线、面的 2.5 轴和三轴加工方法。其单线切割、轮廓切割、区域加工及铣螺纹等 2.5 轴加工方法可广泛应用于规则零件加工、玻璃面板磨削和文字雕刻等领域；粗加工、残补、精加工、清根等三轴加工方法，可满足精密模具、工业产品等行业的加工需要。

本章主要介绍 2.5 轴、三轴加工方法。通过本章学习可以了解轮廓切割、区域加工、钻孔加工等 2.5 轴常用加工方法，以及分层区域粗加工、曲面残料补加工和曲面精加工等三轴常用的加工方法。

学习目标

➢ 了解三轴加工常用的加工方法；
➢ 熟悉三轴加工方法的主要参数；
➢ 可以生成正确的三轴加工路径。

5.1 2.5 轴加工

2.5 轴加工组的加工方法有钻孔、扩孔、铣螺纹加工、单线切割、单线摆槽、轮廓切割、区域加工、残料补加工、区域修边和三维清角共 10 种。

5.1.1 单线切割

单线切割命令用于加工各种形式的曲线，加工的图形可以不封闭、可以自交。该命令既可以用于沿曲线进行加工，也可以用于不封闭边界修边。单线切割的应用场景举例如下。

1. 单线字锥刀加工

单线切割加工方法不要求加工图形为区域，如电极编号加工或某些单线图案的加工，是单线切割方法使用最多的场景，如图 5-1 所示。

2. 模具流道加工

球头刀单线加工可以加工出和球头刀圆弧相同形状的圆弧凹槽，比如模具的流道或产品的某些特征用这种加工方法高效便捷，如图 5-2 所示。

3. 成形刀路径编制

使用单线切割方法可编制成形刀路径，如图 5-3 所示。用户分析并绘制刀尖的运动轨迹，系统根据绘制的运动轨迹编制单线切割路径，可以灵活地控制成形刀的运动轨迹。

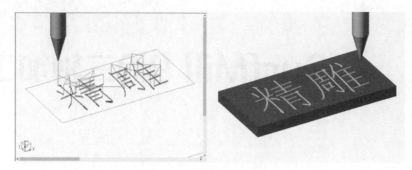

图 5-1　单线字锥刀加工

图 5-2　模具流道加工

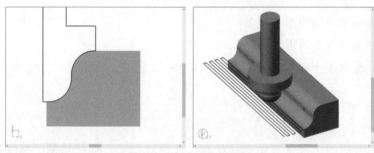

图 5-3　成形刀路径编制

4. 单线切割应用实例

　　下面以图 5-4 所示 2.5 轴模型为例，讲解单线切割实际应用的过程（参考案例文件"2.5 轴模型-final. escam"）。

图 5-4　2.5 轴模型

STEP1：单击功能区的"三轴加工"选项卡上"2.5轴加工"组中的"单线切割"按钮，弹出"刀具路径参数"对话框，设置"半径补偿"为"关闭"，如图5-5所示。

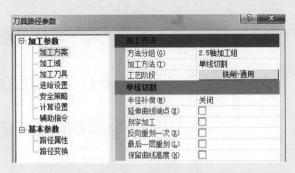

图5-5 刀具路径参数

STEP2：切换到参数树的"加工域"，单击"编辑加工域"按钮，在图形界面中拾取绿色曲线作为轮廓线；在"深度范围"选项区域设置"表面高度"为0mm，取消选中"定义加工深度"复选框，设置"底面高度"为-0.2mm；在"加工余量"选项区域设置"侧边余量"和"底部余量"均为0，如图5-6所示。

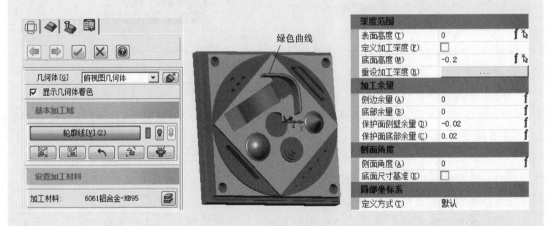

图5-6 编辑加工域

STEP3：切换到参数树的"加工刀具"，在"几何形状"选项区域内单击"刀具名称"按钮进入当前刀具表，选择"［平底］JD-3.00"；在"走刀速度"选项区域内修改走刀速度参数如图5-7所示。

STEP4：在"进给设置"中，在"轴向分层"选项区域内设置"吃刀深度"为0.1mm；在"进刀设置"选项区域内将"进刀方式"设为"关闭"；在"下刀方式"选项区域内将"下刀方式"设为"关闭"，如图5-8所示。

STEP5：单击"计算"按钮生成路径，如图5-9所示。计算完成后路径树中增加新的路径节点"单线切割（关闭）"。

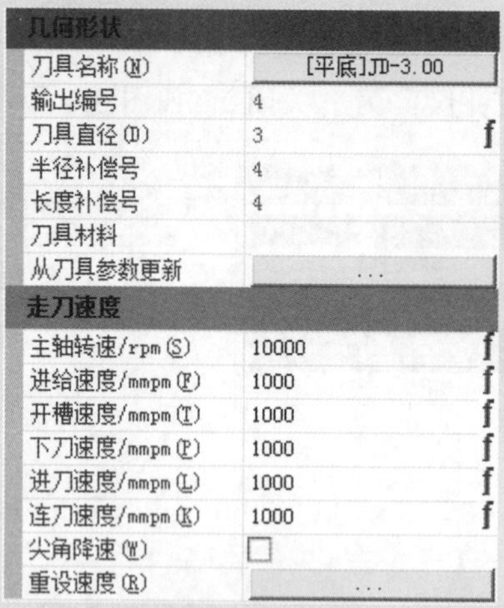

几何形状			轴向分层		
刀具名称(N)	[平底]JD-3.00		分层方式(T)	限定深度	
输出编号	4		吃刀深度(D)	0.1	f
刀具直径(D)	3	f	拷贝分层(Y)	☐	
半径补偿号	4		减少抬刀(K)	☑	
长度补偿号	4		**进刀设置**		
刀具材料			进刀方式(T)	关闭	
从刀具参数更新	...		进刀位置(P)	自动查找	
走刀速度			**退刀设置**		
主轴转速/rpm(S)	10000	f	与进刀方式相同(M)	☑	
进给速度/mmpm(F)	1000	f	重复加工长度(P)	0	
开槽速度/mmpm(T)	1000	f	**下刀方式**		
下刀速度/mmpm(P)	1000	f	下刀方式(M)	关闭	
进刀速度/mmpm(L)	1000	f	过滤刀具盲区(D)	☐	
连刀速度/mmpm(K)	1000	f	下刀位置(P)	自动搜索	
尖角降速(W)	☐				
重设速度	...				

图 5-7　加工刀具 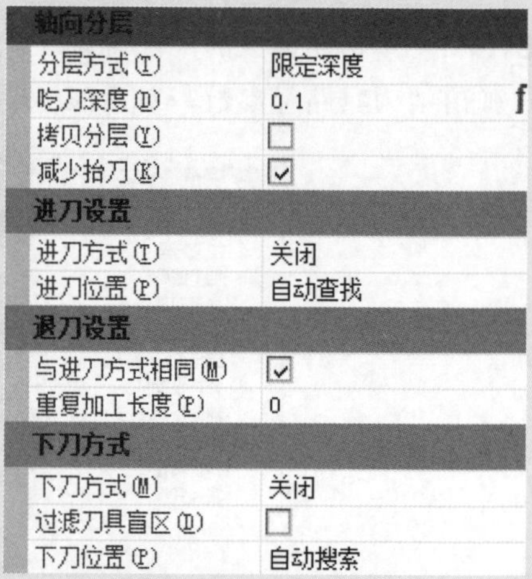　　　　　　　　　　　　图 5-8　进给设置

计算结果

1个路径重算完成，共计用时合计：0 秒

(1) 单线切割(关闭) ([平底]JD-3.00)：

　无过切路径。

　无碰撞路径。

避免刀具碰撞的最短刀具伸出长度：0.5。

图 5-9　生成路径

📝 **参数说明：**

1）半径补偿：该参数定义刀具相对曲线的偏移方向，补偿方式分为向左偏移、向右偏移、关闭三种，如图 5-10 所示。当路径进行向左/向右偏移补偿时，可以通过"侧向分层"实现多次修边。

2）定义补偿值：用户可以自定义偏移补偿值；系统默认按照刀具半径进行偏移补偿。

3）延伸曲线端点：将不封闭的曲线两端延伸一段距离，以改变下刀及抬刀的位置。

4）反向重刻一次：路径反向重新加工一次。

5）最后一层重刻：在最后一层反向重刻一次；该选项与"反向重刻一次"选项互斥，只能选择其中的一项。

6）保留曲线高度：勾选表示按照现有曲线的高度计算刀具路径；否则按照曲线在零平面的投影计算刀具路径，如图 5-11 所示。

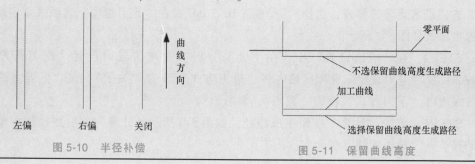

图 5-10　半径补偿　　　　　　　　　　　　图 5-11　保留曲线高度

7）往复走刀：只有在设置半径补偿为向左偏移或向右偏移时起作用，并且只有在侧向分层时有效。勾选此项，将生成往复走刀路径；否则将生成单向走刀路径，如图5-12所示。

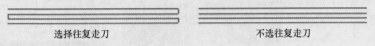

选择往复走刀　　　　　　　　　　　不选往复走刀

图5-12　往复走刀

5.1.2 轮廓切割

用于轮廓切割加工的图形必须是严格的轮廓曲线组，所有的曲线满足封闭、不自交、不重叠三个条件。轮廓切割常应用于加工外形（图5-13）和镂空切割（图5-14）。

图5-13　轮廓切割-加工外形

图5-14　轮廓切割-镂空切割

下面以2.5轴模型为例，讲解轮廓切割实际应用的过程（参考案例文件"2.5轴模型-final. escam"）：

STEP1：单击功能区的"三轴加工"选项卡上"2.5轴加工"组中的"轮廓切割"按钮，弹出"刀具路径参数"对话框，设置"半径补偿"为"向外偏移"，如图5-15所示。

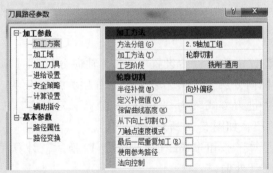

图5-15　刀具路径参数

STEP2：切换到参数树的"加工域"，单击"编辑加工域"按钮，在图形界面中拾取绿色曲线作为轮廓线；在"深度范围"选项区域内设置"表面高度"为-3mm，取消选中"定义加工深度"复选框，设置"底面高度"为-4.2mm；在"加工余量"选项区域内设置"侧边余量"和"底部余量"为0，如图5-16所示。

STEP3：切换到参数树的"加工刀具"，单击"刀具名称"按钮进入当前刀具表，选择"［平底］JD-2.00"；修改走刀速度的参数如图5-17所示。

图 5-16 编辑加工域

图 5-17 加工刀具

图 5-18 进给设置

STEP4：切换到参数树的"进给设置"，在"轴向分层"选项区域内设置"吃刀深度"为 0.2mm；将"侧向分层"选项区域内的"分层方式"设为"关闭"；在"进刀设置"选项区域内设置"进刀方式"为"关闭"；在"下刀方式"选项区域内设置"下刀方式"为"沿轮廓下刀"，如图 5-18 所示。

STEP5：单击"计算"按钮生成路径，如图 5-19 所示。计算完成后路径树中增加新的路径节点"轮廓切割（外偏）"。

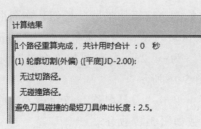

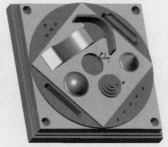

图 5-19 生成路径

参数说明：

1）半径补偿：该参数定义了刀具相对轮廓曲线的偏移方向，补偿方式分为向外偏移、向内偏移和关闭三种，如图 5-20 所示。

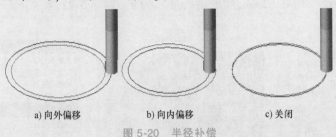

a) 向外偏移　　　　b) 向内偏移　　　　c) 关闭

图 5-20　半径补偿

2）从下向上切割：选择该选项，含有多个轴向分层路径将从轴向分层的最后一层开始，由下向上逐层切割；否则将按照正常分层顺序由上向下逐层切割。

3）最后一层重复加工：选中该选项，将最后一层按照设定的重复次数重复进行加工，以保证加工质量。

4）使用参考路径：选中该选项，系统会按其设定的进给速度自动匹配路径。该选项与"刀触点速度模式"互斥，只能选择其中的一项。

5.1.3　区域加工

用户可以通过绘图、扫描、描图等方式得到一个区域的边界曲线。有了这个边界曲线，就可以使用区域加工功能了。适合区域加工的图案可以是任何轮廓曲线图形或文字，但是这些图形必须满足封闭、不自交、不重叠的原则；否则生成的路径可能会出现偏差。

下面以 2.5 轴模型为例，讲解区域加工实际应用的过程（参考案例文件"2.5 轴模型-final. escam"）：

STEP1：单击功能区的"三轴加工"选项卡上"2.5 轴加工"组中的"区域加工"按钮，弹出"刀具路径参数"对话框，设置"走刀方式"为"行切走刀"，如图 5-21 所示。

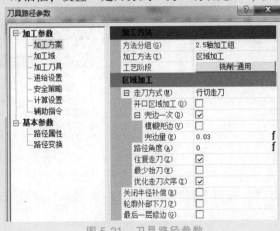

图 5-21　刀具路径参数

　　STEP2：切换到参数树的"加工域"，单击"编辑加工域"按钮，在图形界面中拾取绿色曲线作为轮廓线；在"深度范围"选项区域内设置"表面高度"为-6.2mm，取消选中"定义加工深度"复选框，设置"底面高度"为-8.2mm；在"加工余量"选项区域内设置"侧边余量"为0.02mm，"底部余量"为0，如图5-22所示。

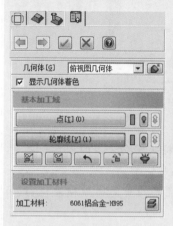  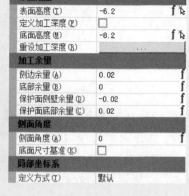

图 5-22　编辑加工域

　　STEP3：切换到参数树的"加工刀具"，单击"刀具名称"按钮进入当前刀具表，选择"[平底]JD-3.00"；在"走刀速度"选项区域内修改走刀速度的参数如图5-23所示。

　　STEP4：切换到参数树的"进给设置"，在"路径间距"选项区域内设置"路径间距"为1mm；在"轴向分层"选项区域内设置"吃刀深度"为0.2mm；在"开槽方式"选项区域内设置"开槽方式"为"关闭"；在"下刀方式"选项区域内设置"下刀方式"为"沿轮廓下刀"，如图5-24所示。

图 5-23　加工刀具

图 5-24　进给设置

　　STEP5：单击"计算"按钮生成路径，如图5-25所示。计算完成后路径树中增加新的路径节点"区域行切加工"。

计算结果

1个路径重算完成，共计用时合计：0 秒

(1) 区域行切加工 ([平底]JD-3.00):

　　无过切路径。

　　无碰撞路径。

避免刀具碰撞的最短刀具伸出长度：8.5。

图 5-25　生成路径

参数说明：

1) 关闭半径补偿：当选择区域进行区域加工时，有时需要刀具走到所选择的边界上，这时只要选中该选项，就可以实现，如图5-26所示。

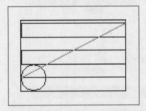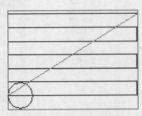

a) 取消选中"关闭半径补偿"复选框　　b) 选中"关闭半径补偿"复选框

图 5-26　半径补偿

2) 轮廓外部下刀：选中该选项，生成的路径会从轮廓外部下刀，优化了下刀方式，轮廓外部下刀功能主要用于凸模的粗加工中，如图5-27所示。需要注意的是，选择轮廓外部下刀时最外部轮廓的半径补偿、开槽会取消；行切时兜边一次也会被取消。

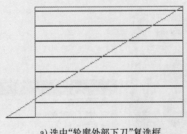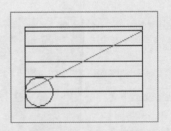

a) 选中"轮廓外部下刀"复选框　　b) 取消选中"轮廓外部下刀"复选框

图 5-27　轮廓外部下刀

3) 最后一层修边：选中该选项，将在轴向分层的最后一层生成修边路径，改善侧壁的加工质量。该功能方便用户在区域加工路径中直接生成修边路经，缩短编程时间，提高加工效率。需要注意的是，修边量不能为负值；使用锥刀加工时，可以选中"清角修边"选项，生成清角修边路径。

5.1.4 钻孔加工

钻孔加工是刀具旋转并做轴向进给运动，通过切削刃与材料之间连续的挤压变形，把材料从工件上切削下来，然后通过螺旋槽排出孔外，可用于加工通孔、盲孔、定位孔、下刀孔等。

下面以2.5轴模型为例，讲解钻孔加工实际应用的过程（参考案例文件"2.5轴模型-final. escam"）：

STEP1：单击功能区的"三轴加工"选项卡上"2.5轴加工"组中的"钻孔"按钮，弹出"刀具路径参数"对话框，钻孔类型使用默认的"高速钻孔"，如图5-28所示。

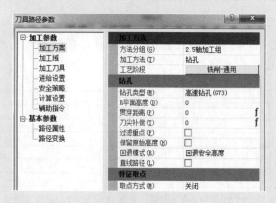

图 5-28　刀具路径参数

STEP2：切换到参数树的"加工域"，单击"编辑加工域"按钮，单击导航栏的"点"按钮，在图形界面中拾取孔的圆心作为点；在"深度范围"选项区域内设置"表面高度"为-7.2mm，"加工深度"为3mm，如图5-29所示。

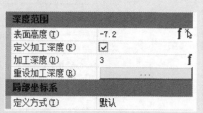

图 5-29　编辑加工域

STEP3：切换到参数树的"加工刀具"，单击"刀具名称"按钮进入当前刀具表，选择"［钻头］JD-2.00"；在"走刀速度"选项区域内修改走刀速度的参数如图5-30所示。

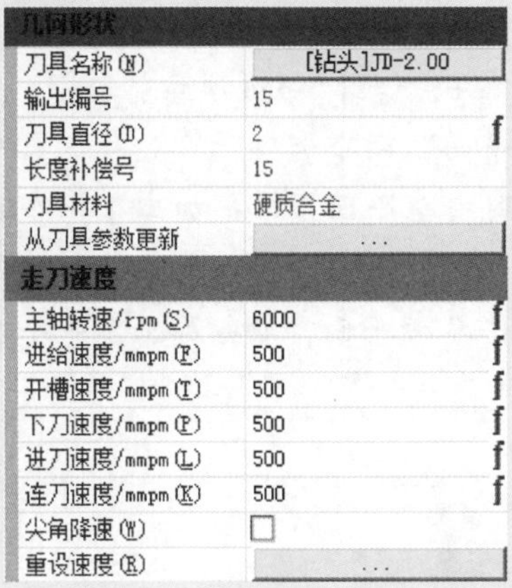

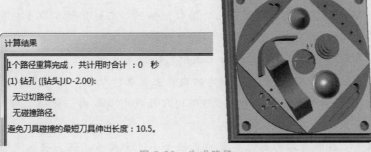

图 5-30 加工刀具 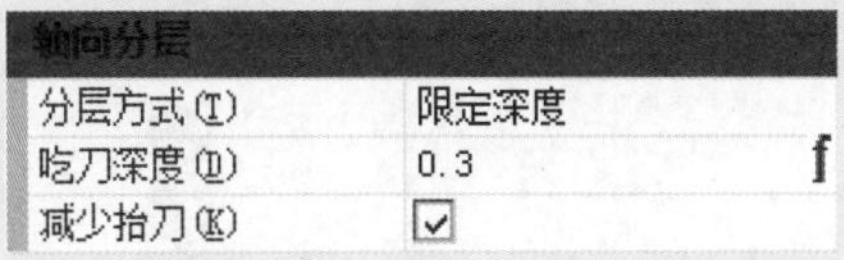　　　　　　　　　　　图 5-31 进给设置

STEP4：切换到参数树的"进给设置"，在"轴向分层"选项区域内修改轴向分层的吃刀深度为 0.3mm，如图 5-31 所示。

STEP5：单击"计算"按钮生成路径，如图 5-32 所示。计算完成后路径树中增加新的路径节点"钻孔"。

图 5-32 生成路径

📝 **参数说明**：

1）R 平面高度：打孔时的参考平面的高度，如图 5-33a 所示。

2）退刀量：每次打孔后，钻孔刀具回退的高度 C，如图 5-33b 所示。钻孔类型选择高速钻孔（G73），且勾选"直线路径"时才可设置此选项。

3）贯穿距离：加工通孔时，设置钻头除去刀尖补偿后多钻出的距离 P，如图 5-33c 所示。

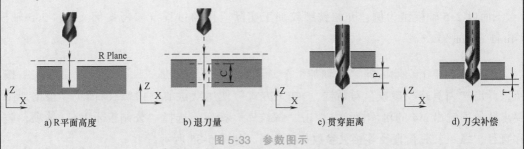

a) R平面高度　　　　b) 退刀量　　　　c) 贯穿距离　　　　d) 刀尖补偿

图 5-33 参数图示

4）刀尖补偿：由于钻孔刀具的顶部为锥形，为了保证在某深度范围内所钻孔的直径都是钻头的直径，故需要多往下钻刀具锥形部分的高度值 T，如图 5-33d 所示。

5）回退模式：包括"回退安全高度"和"回退 R 平面"两个选项。

① 回退安全高度：当前孔加工结束后，刀具回退到安全平面，准备加工下一个孔，如图 5-34a 所示。

② 回退 R 平面：当前孔加工结束后，刀具回退到 R 参考平面，准备加工下一个孔，如图 5-34b 所示。

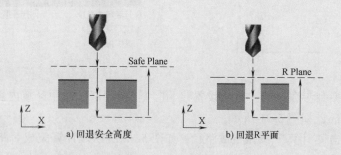

a) 回退安全高度　　　　　b) 回退R平面

图 5-34　回退模式

6）取点方式：为了方便地获得钻孔的圆心，钻孔加工提供特征取点功能。特征取点提供了"关闭""线上取点""圆心取点"三种方式。

① 关闭：不通过特征取点，只对加工域中已选的点进行加工。

② 线上取点：按照特定的规律在指定的曲线上提取特征点。其中，"中心距离"为指定点在曲线上的距离；"通过末点"表示能够均匀处理中心距离，使得最后一个点正好通过曲线的末点。

③ 圆心取点：按照拾取的圆弧或圆的直径大小过滤圆或圆弧，将满足条件的圆心提取出来。

5.1.5　铣螺纹加工

铣螺纹加工主要通过铣削方式加工产品的内、外螺纹，这种加工螺纹的方式相对于攻螺纹来说有其自身的优势，在铝合金等塑性材料上铣削孔径较小的螺纹不易断刀，且断刀后容易取出。

下面以 2.5 轴模型为例，介绍铣螺纹加工实际应用的过程（参考案例文件"2.5 轴模型-final. escam"）。

STEP1：单击功能区的"三轴加工"选项卡上"2.5 轴加工"组中的"铣螺纹"按钮，弹出"刀具路径参数"对话框，"加工方式"使用默认的"内螺纹右旋"。根据加工要求此处须铣出 M4 的粗牙螺纹，单击"螺纹库"按钮，选择"公制粗牙 M4"选项，公称直径、螺距、底孔直径等相关参数自动更新，如图 5-35 所示。

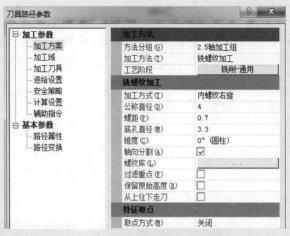

图 5-35 刀具路径参数

📝 **参数说明：**

1. 加工方式

有四种加工方式，包括内螺纹右旋、内螺纹左旋、外螺纹右旋、外螺纹左旋，如图 5-36 所示。

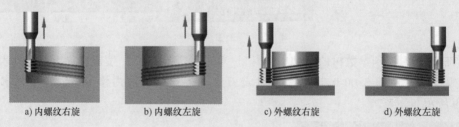

a) 内螺纹右旋　　　　b) 内螺纹左旋　　　　c) 外螺纹右旋　　　　d) 外螺纹左旋

图 5-36 铣螺纹加工方式

2. 公称直径

公称直径是指所要加工螺纹的最大直径。

3. 螺距

螺距是指加工中所要加工的螺纹之间的距离，同螺纹铣刀中螺距意义相同，可以通过列表框选择当前所要加工的螺距尺寸，如图 5-37a 所示。在计算路径时，必须保证该值同螺纹铣刀中的螺距保持一致；否则会弹出错误提示对话框，如图 5-37b 所示。

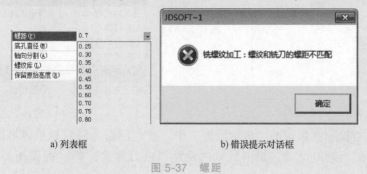

a) 列表框　　　　　　　　　b) 错误提示对话框

图 5-37 螺距

151

4. 底孔直径

底孔直径是指铣内螺纹之前所打的底孔的直径，该值必须大于螺纹铣刀的顶直径，该参数在加工钢等硬材料时，用来计算总的切削深度和分层加工时的加工次数。

5. 螺纹库

系统提供标准的螺纹加工的相关参数，方便用户参考、选择。

STEP2：切换到参数树的"加工域"，单击"编辑加工域"按钮，在图形界面中拾取螺纹孔的圆心作为点；在"深度范围"选项区域内设置"表面高度"为-8.2mm，"加工深度"为4mm；在"加工余量"选项区域内设置"侧边余量"为0，如图5-38所示。

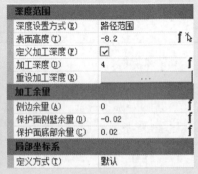

图 5-38　编辑加工域

STEP3：切换到参数树的"加工刀具"，单击"刀具名称"按钮进入当前刀具表，选择"[螺纹铣刀] JD-3.00-0.70-1"；在"走刀速度"选项区域内修改走刀速度的参数如图5-39所示。

图 5-39　加工刀具　　　　　　　　　　图 5-40　进给设置

STEP4：切换到参数树的"进给设置"中，在"侧向分层"选项区域内设置"路径层数"为3；在"进刀设置"选项区域内设置"进刀方式"为"圆弧相切"，如图5-40所示。

STEP5：单击"计算"按钮生成路径，如图 5-41 所示。计算完成后路径树中增加新的路径节点"铣螺纹加工"。

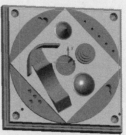

计算结果

1个路径重算完成，共计用时合计：0 秒
(1) 铣螺纹加工_1 ([螺纹铣刀]JD-3.00-0.70-1)：
　　无过切路径。
　　无碰撞路径。
　　避免刀具碰撞的最短刀具伸出长度：5.5。

图 5-41　生成路径

📝 **参数说明：**

1. 加工刀具

铣螺纹加工的走刀速度提供了两种设置方式，如图 5-42 所示。

1）刀触点：是指刀具与材料接触位置的线速度，该模式下，用户所设定的走刀速度相关数值均为刀触点速度，生成的路径在

走刀速度	
速度设置方式(A)	刀触点 ▼
主轴转速(D)	刀触点
进给速度(F)	刀尖点

图 5-42　走刀速度设置方式

使用路径子段功能查看时，会发现路径速度比设定值小，这是因为把刀触点速度自动转化为了刀尖点速度。

2）刀尖点：是指刀具中心的线速度，该模式下生成的刀具路径在加工时会发现刀具与材料接触位置的速度比设定值大。

2. 进给设置

1）分层方式：目前在"侧向分层"选项区域中通过分别设置"限定层数"和"限定深度"进行径向分层加工，通常在加工硬材料时会较常使用。

2）切削量均匀：是按切削量相等的方式进行路径分层，螺纹铣刀的切削深度会越来越小，从而达到更好的加工质量。未选和勾选"切削量均匀"选项生成的路径的对比如图 5-43 所示。

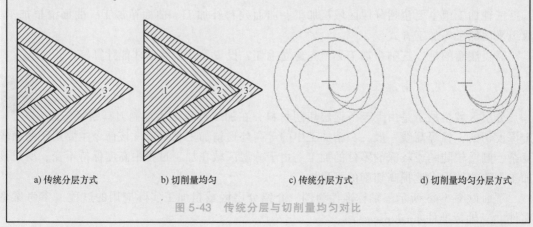

a) 传统分层方式　　　　b) 切削量均匀　　　　c) 传统分层方式　　　　d) 切削量均匀分层方式

图 5-43　传统分层与切削量均匀对比

3）侧向进给：主要用于硬材料的加工，充分减小加工过程中刀具所受的径向力，减弱刀具振动，提高刀具寿命。未选和勾选该复选框生成的路径对比如图5-44所示。

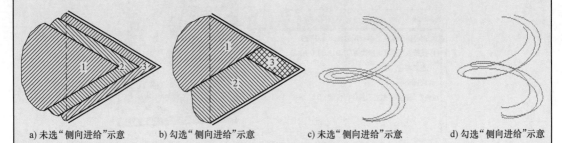

a）未选"侧向进给"示意　　b）勾选"侧向进给"示意　　c）未选"侧向进给"示意　　d）勾选"侧向进给"示意

图 5-44　未选和勾选"侧向进给"对比

4）进刀方式：铣螺纹加工根据不同的应用场合提供"直线连接"和"圆弧相切"两种进刀方式，如图5-45所示。圆弧相切方式切削平稳，一般产品加工都采用这种方式；直线连接进刀方式一般用于模具加工，在模具上加工的是内螺纹，注塑出来的产品是外螺纹，此时如果采用圆弧相切方式进刀，则注塑出来的产品的外螺纹就会比设计的多一点，这是不允许的，此时就必须用直线连接进刀方式。

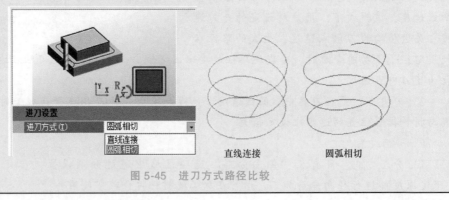

直线连接　　圆弧相切

图 5-45　进刀方式路径比较

5.2　三轴加工

三轴加工组主要包括分层区域粗加工、曲面残料补加工、曲面精加工、曲面清根加工、成组平面加工等加工方式。

需要注意的是，三轴粗加工必须先建立毛坯，设置毛坯形状后才能计算路径。

5.2.1　分层区域粗加工

分层区域粗加工是由上至下逐层切削材料，在加工过程中，控制刀具路径，固定深度切削，像等高线一般，和精加工中的等高外形精加工相对应。该命令主要用于曲面较复杂、侧壁较陡峭或较深的零件的加工。由于分层区域在加工过程中高度保持不变，所以该加工方法能够大大地提高切削的平稳性。

下面以图5-46所示三轴标准件为例，介绍分层区域粗加工实际应用的过程（参考案例文件"三轴标准件-final. escam"）。

图 5-46　三轴标准件

STEP1： 单击功能区的"三轴加工"选项卡上"3 轴加工"组中的"分层区域粗加工"按钮，弹出"刀具路径参数"对话框，走刀方式采用默认的"环切走刀"，如图 5-47 所示。

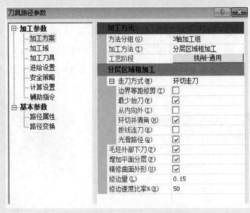

图 5-47　刀具路径参数

参数说明：

1. 边界等距修剪

环切粗加工时，可以勾选该选项，系统将按工件边界向里等距生成环切路径，可以减少双切边，也可以减少最外多余一圈路径。

2. 毛坯外部下刀

选择该选项，将在毛坯外部下刀，避免下刀时直接接触材料而引起崩刀，减少下刀路径，提高了加工效率，如图 5-48a 所示；若不选择该选项，系统将按照用户设置的下刀方式在毛坯内部生成下刀路径，如图 5-48b 所示。

a)选择"毛坯外部下刀"　　　　　　　b)未选择"毛坯外部下刀"

图 5-48　毛坯外部下刀

3. 增加平面分层

在加工模具时如果有平面，当平面不在分层高度上时，则平面加工不到位，直接进行精加工吃刀量大，影响加工质量，如图5-49a所示。选择该选项，将在平面位置增加一层路径，保证平面加工到位，如图5-49b所示。

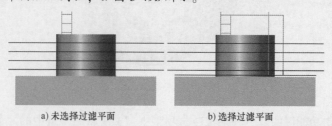

a) 未选择过滤平面　　　　　　　　　　b) 选择过滤平面

图 5-49　过滤平面

4. 精修曲面外形

该参数只有选择环切走刀方式时存在。通过设置一定的修边量和修边速度比率，可以有效地改善粗加工刀具（特别是牛鼻刀）在加工陡峭侧壁时的切削状态，降低切削振动，避免由于吃刀量过大引起的弹刀现象，同时也提高了刀具寿命，如图5-50所示。

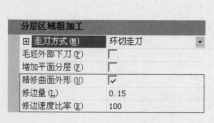
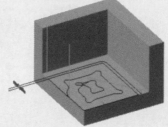

图 5-50　精修曲面外形

STEP2：切换到参数树的"加工域"，单击"编辑加工域"按钮，在图形界面中拾取绿色曲面作为加工面；在"加工余量"选项区域内设置"加工面侧壁余量"和"加工面底部余量"均为0.15mm，如图5-51所示。

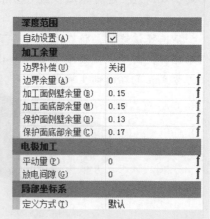

图 5-51　编辑加工域

STEP3：切换到参数树的"加工刀具"，单击"刀具名称"按钮进入当前刀具表，设置"刀具名称"为"[平底] JD-8.00"；在"走刀速度"选项区域内修改走刀速度的参数如图5-52所示。

STEP4：切换到参数树的"进给设置"中，在"路径间距"选项区域内设置"路径间距"为4mm；在"轴向分层"选项区域内设置"分层方式"为"限定深度"，"吃刀深度"为0.3mm；在"层间加工"选项区域内设置"加工方式"为"关闭"；在"开槽方式"选项区域内设置"开槽方式"为"关闭"；在"下刀方式"选项区域内设置"下刀方式"为"沿轮廓下刀"，如图5-53所示。

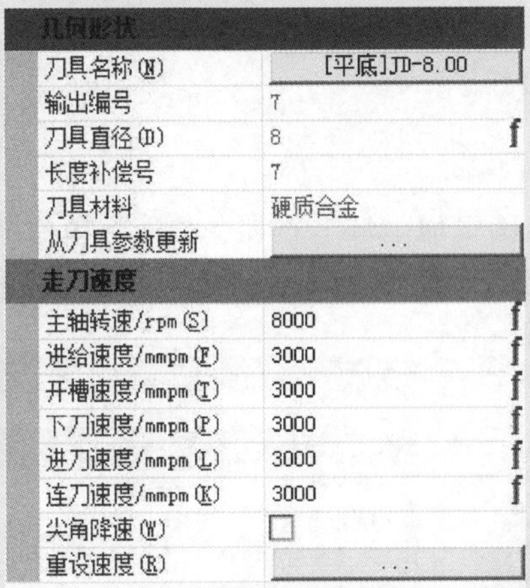

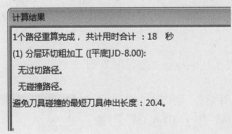

图 5-52 加工刀具

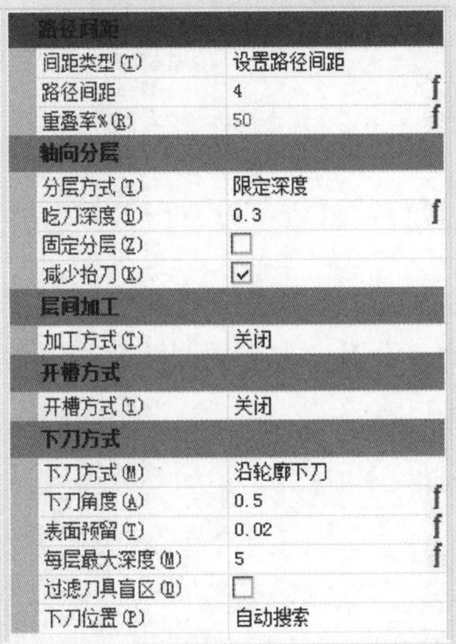

图 5-53 进给设置

STEP5：单击"计算"按钮生成路径，如图5-54所示。计算完成后路径树中增加新的路径节点"分层环切粗加工"。

图 5-54 生成路径

5.2.2 曲面残料补加工

曲面残料补加工主要用于去除大直径刀具加工后留下的阶梯状残料以及倒角面等位置因无法下刀而留下的残料，使得工件表面余量尽可能均匀，避免后续精加工路径因刀具过小和残料过多而出现弹刀、断刀等现象。

下面以三轴标准件为例，介绍曲面残料补加工实际应用的过程（参考案例文件"三轴标准件-final.escam"）。

STEP1：单击功能区的"三轴加工"选项卡上"3轴加工"组中的"曲面残料补加工"按钮，弹出"刀具路径参数"对话框，设置"定义方式"为"指定上把刀具"，如图 5-55 所示。

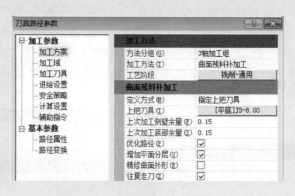

图 5-55 刀具路径参数

STEP2：切换到参数树的"加工域"，单击"编辑加工域"按钮，拾取绿色曲面作为加工面；设置"加工面侧壁余量"和"加工面底部余量"均为 0.15mm，如图 5-56 所示。

图 5-56 编辑加工域

STEP3：切换到参数树的"加工刀具"，单击"刀具名称"按钮进入当前刀具表，选择"［平底］JD-4.00"；在"走刀速度"选项区域内修改走刀速度的参数如图 5-57 所示。

STEP4：切换到参数树的"进给设置"，在"路径间距"选项区域内设置"路径间距"为 1mm；在"轴向分层"选项区域内设置"分层方式"为"限定深度"，"吃刀深度"为 0.3mm；在"开槽方式"选项区域内设置"开槽方式"为"关闭"；在"下刀方式"选项区域内设置"下刀方式"为"螺旋下刀"，如图 5-58 所示。

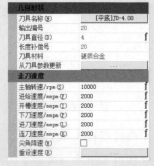

图 5-57 加工刀具

STEP5：单击"计算"按钮生成路径，如图 5-59 所示。计算完成后路径树中增加新的路径节点"指定上把刀具残料补加工"。

滞留间距	
间距类型(T)	设置路径间距
路径间距	1
重叠率%(K)	75
轴向分层	
分层方式(T)	限定深度
吃刀深度(D)	0.3
固定分层(Z)	☐
减少抬刀(H)	☑
开槽方式	
开槽方式(J)	关闭
下刀方式	
下刀方式(T)	螺旋下刀
下刀角度(A)	0.5
螺旋半径(L)	1.92
表面预留(S)	0.02
侧边预留(S)	0
每层最大深度(M)	5
过滤刀具盲区(D)	☐
下刀位置(T)	自动搜索

图 5-58 进给设置

计算结果

1个路径重算完成，共计用时合计：11 秒

(1) 指定上把刀具残料补加工 ([平底]JD-4.00)：

　　无过切路径。

　　无碰撞路径。

避免刀具碰撞的最短刀具伸出长度：20.4。

图 5-59 生成路径

📖 **参数说明：**

1. 定义方式

根据残料定义的方式不同，分为"当前残料模型""指定上把刀具""指定刀具直径"三种方式。

1) 当前残料模型：是以系统中已更新过的毛坯残料模型为基础，生成当前刀具的残料补加工路径，如图5-60所示。该加工方式可以作为大刀具开粗后进行残料补加工的首选加工方法。如果在前面的开粗路径计算时选中"过滤刀具盲区"选项或"光滑路径尖角"选项，则建议使用"当前残料模型"这种残料定义方式计算曲面残料补加工路径，以保证加工的安全性。一般情况下，为了提高路径质量，可以设定当前残料补加工路径的侧壁残料厚度和底部残料厚度值，一般为0.01~0.05mm。

系统用来计算残料补加工路径的毛坯是当前残料补加工路径之前的路径最后更新过的残料模型。使用该方法时，应确保在机床上实际加工过的路径都更新过相应的残料模型，需要选中"计算设置"选项卡中的"更新残料模型"选项，如图5-61所示，这样才能保证残料补加工路径的准确性。

曲面残料补加工	
定义方式(M)	当前残料模型 ▼
优化路径(P)	☑
增加平面分层(U)	☑
精修曲面外形(E)	☐
往复走刀(Z)	☑
侧壁残料厚度(Q)	0
底部残料厚度(K)	0

图 5-60 当前残料模型

加工精度	
逼近方式(P)	圆弧
弦高误差(T)	0.005
角度误差(A)	10
曲面平坦系数(M)	0.5
更新残料模型(U)	☑
优化普通网格曲面(P)	☑

图 5-61 更新残料模型

2) 指定上把刀具：主要是利用指定的上把刀具和上把刀具的加工余量参数自动计算出残料模型，从而生成清除残料的补加工路径，如图5-62所示。

3) 指定刀具直径：系统认为上把刀具的类型与当前刀具相同。该加工方法主要使用平底刀和锥刀。刀具直径是指刀具的底直径，系统根据直径差计算残料，如图5-63所示。此种残料定义方式只适用于上把刀具和本次刀具为同类型的场合；否则计算的残料模型不准确，会导致残料补加工路径的刀具吃刀量过深。

159

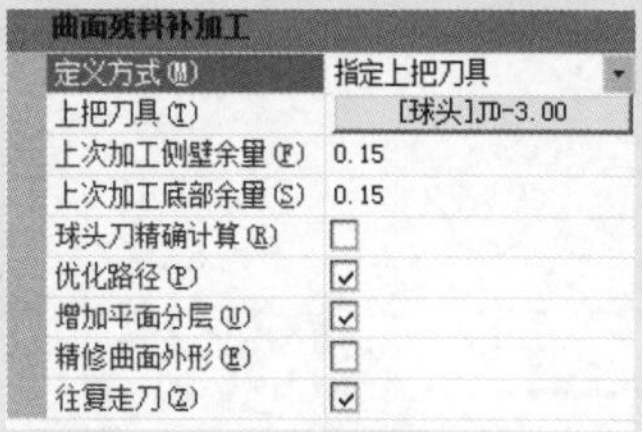

曲面残料补加工	
定义方式(M)	指定上把刀具
上把刀具(T)	[球头]JD-3.00
上次加工侧壁余量(P)	0.15
上次加工底部余量(S)	0.15
球头刀精确计算(R)	☐
优化路径(P)	☑
增加平面分层(U)	☑
精修曲面外形(E)	☐
往复走刀(Z)	☑

图 5-62　指定上把刀具

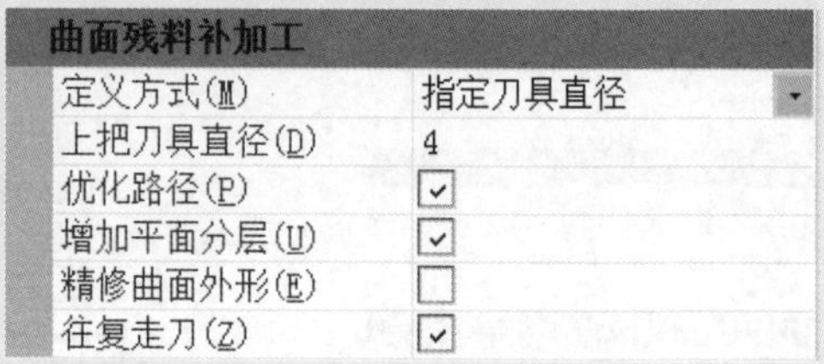

曲面残料补加工	
定义方式(M)	指定刀具直径
上把刀具直径(D)	4
优化路径(P)	☑
增加平面分层(U)	☑
精修曲面外形(E)	☐
往复走刀(Z)	☑

图 5-63　指定刀具直径

2. 增加平面分层

在加工模具时如果有平面，当平面位置有残料且不在分层高度上时，则平面加工不到位，直接进行精加工吃刀量大，影响加工质量。选择该选项，将在平面位置增加一层路径，保证平面加工到位。

5.2.3　曲面精加工

曲面精加工命令主要用于曲面模型的精确加工，一般用在曲面粗加工后，毛坯铣削后形状接近曲面造型时使用。

下面以三轴标准件为例，介绍曲面精加工实际应用的过程（参考案例文件"三轴标准件-final. escam"）。

STEP1：单击功能区的"三轴加工"选项卡上"3轴加工"组中的"曲面精加工"按钮，弹出"刀具路径参数"对话框，设置"走刀方式"为"等高外形"，如图 5-64所示。

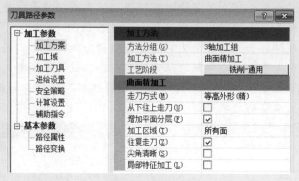

图 5-64　刀具路径参数

STEP2：切换到参数树的"加工域"，单击"编辑加工域"按钮，在图形界面中拾取绿色曲面作为加工面；在"加工余量"选项区域内设置"加工面侧壁余量"和"加工面底部余量"均为 0.05mm，如图 5-65 所示。

STEP3：单击"刀具名称"按钮进入当前刀具表，设置"刀具名称"为"［牛鼻］JD-4.00-0.50"；在"走刀速度"选项区域内修改走刀速度的参数如图 5-66 所示。

STEP4：切换到参数树的"进给设置"，在"路径间距"选项区域内设置"路径间距"为 0.2mm；在"进刀方式"选项区域内设置"进刀方式"为"切向进刀"，如图 5-67所示。

图 5-65 编辑加工域

图 5-66 加工刀具

图 5-67 进给设置

STEP5：单击"计算"按钮生成路径，如图 5-68 所示。计算完成后路径树中增加新的路径节点"等高外形精加工"。

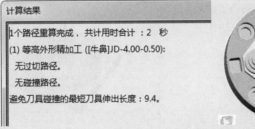

图 5-68 生成路径

 参数说明：

1. 走刀方式

SurfMill 9.0 软件提供了"平行截线""等高外形""径向放射""曲面流线""环绕等距"和"角度分区"六种曲面精加工方式。

161

1）平行截线：平行截线精加工在曲面精加工中使用最为广泛，特别适用于曲面较复杂较平坦的场合，如图 5-69 所示。

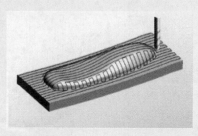

图 5-69　平行截线

2）等高外形：等高外形精加工主要用于加工曲面较复杂、侧壁较陡峭的场合，如图 5-70 所示。等高外形精加工在加工过程中每层高度保持不变，从而可以提高机床运行的平稳性和加工工件的表面质量。该加工方法常和只加工平坦面（平行截线加工的一种模式）结合使用，特别适用于现代高速加工。等高外形"加工域"中"锋利边界"参数是等高外形特有的，该参数的作用是在生成路径时对侧边一些边界位置进行处理，保证边角锋利。尖角清晰不能和"整圈螺旋"同时使用，即勾选该项后，刀具路径参数中会隐藏"整圈螺旋"选项。

图 5-70　等高外形

3）径向放射：径向放射精加工主要适用于类似于圆形、圆环状模型的加工，其路径呈扇形分布，如图 5-71 所示。

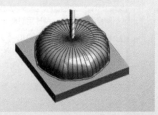

图 5-71　径向放射

4）曲面流线：曲面流线精加工主要用于曲面数量较少、曲面相对较简单的场合，如图 5-72 所示。在加工过程中刀具沿着曲面的流线运动，运动较平稳，路径间距疏密适度，能够实现螺旋走刀，达到较好的加工效果，可提高加工工件表面质量。当多张曲面边界相连时，可以将其联合在一起沿着曲面的流线加工。当曲面较小或较多时，不适宜用曲面流线加工，因为此时各面很可能会分别加工，路径的走向较为混乱。

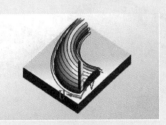

图 5-72　曲面流线

5）环绕等距：环绕等距精加工可以生成环绕状的刀具路径，如图 5-73 所示。根据环绕等距路径的特点，环绕方式包括沿外轮廓等距、沿所有边界等距、沿孤岛等距、沿指定点等距、沿导动线等距。这些方式根据加工模型的特征，可以应用在不同的场合下。空间环绕等距路径环之间的空间距离基本相同，适合加工既有陡峭位置又有平缓位置的表面形状。

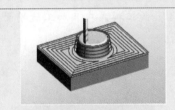

图 5-73　环绕等距

6）角度分区：角度分区精加工是等高外形精加工和平行截线精加工（或环绕等距精加工）的组合加工，如图 5-74 所示。它根据曲面的坡度选择走刀方式。曲面较陡的位置会生成等高路径，而曲面较平坦的位置生成平行截线或环绕等距路径。角度分区适用于所有的加工模型，运用这种走刀方式，系统可以自动为用户生成较优化的路径。

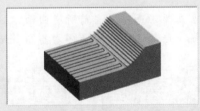

图 5-74　角度分区

2. 平行截线加工区域

系统提供了三种加工区域，如图 5-75 所示。

1）所有面：加工当前加工域中所选的全部曲面。

2）只加工平坦面：只加工与水平面夹角在设定角度以下的曲面部分。

3）双向混合加工：以设定的水平面夹角为标准分为两种不同的走刀方向，该两种走刀方向相互垂直。这种加工方式能均匀化路径的空间间距，从而弱化由于路径空间间距变化太大而造成加工残留量不均匀的现象。

163

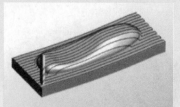

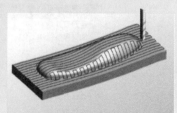

a) 所有面   b) 只加工平坦面   c) 双向混合加工

图 5-75 平行截线加工区域

3. 等高外形加工区域

系统提供了两种加工区域，如图 5-76 所示。

1）所有面：加工当前加工域中所选的全部曲面。

2）只加工陡峭面：根据用户设定的"与水平面夹角"参数，软件会删除平坦面上生成的等高路径部分，保留陡峭区域的等高路径，选择该选项能适当提高路径的加工效率。参考"角度分区"加工模式中只加工陡峭面。

a) 所有面   b) 只加工陡峭面

图 5-76 等高外形加工区域

4. 角度分区加工区域

系统提供了三种加工区域，如图 5-77 所示。

1）所有面：加工所有曲面，并按照设定的分区角度，生成陡峭区域和平坦区域路径。

2）只加工平坦面：对当前所有曲面，按照设定的分区角度，只生成平坦区域路径。

3）只加工陡峭面：对当前所有曲面，按照设定的分区角度，只生成陡峭区域路径。

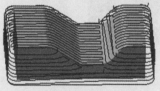

a) 加工所有面   b) 只加工平坦面   c) 只加工陡峭面

图 5-77 角度分区加工区域

5.2.4 曲面清根加工

曲面清根加工命令用于清除曲面凹角和沟槽处剩余的残料，是提高加工效率、优化切削工艺的主要加工方法。这种加工方法主要有两种用法：一种是在曲面精加工之前，通过曲面清根加工，清除角落处过多的残料，避免精加工过程中切削量出现突然增大的现象，保证精加工切削量均匀，提高精加工质量；另一种是在曲面精加工之后，通过曲面清根加工清除角落剩余的残料，减少手工修模的工作量。

下面以三轴标准件为例，介绍曲面清根加工实际应用的过程（参考案例文件"三轴标准件-final. escam"）。

STEP1：单击功能区的"三轴加工"选项卡上"3轴加工"组中的"曲面清根加工"按钮，弹出"刀具路径参数"对话框，设置"清根方式"为"混合清根"，如图5-78所示。

STEP2：切换到参数树的"加工域"，单击"编辑加工域"按钮，在图形界面中拾取绿色曲面作为加工面；在"加工余量"选项区域内设置"加工面侧壁余量"和"加工面底部余量"均为0.05mm，如图5-79所示。

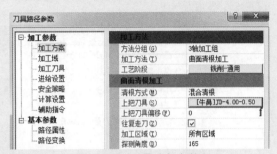

图 5-78　刀具路径参数

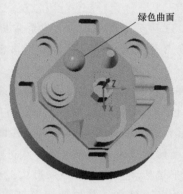

图 5-79　编辑加工域

STEP3：切换到参数树的"加工刀具"，单击"刀具名称"按钮进入当前刀具表，选择"［球头］JD-1.00"；在"走刀速度"选项区域内修改走刀速度的参数如图5-80所示。

图 5-80　加工刀具　　　　　　　　　　图 5-81　进给设置

165

STEP4：切换到参数树的"进给设置"，在"路径间距"选项区域区：设置"平坦部分路径间距"为 0.4mm，"陡峭部分路径间距"为 0.5mm；在"进刀方式"选项区域内设置"进刀方式"为"切向进刀"，如图 5-81 所示。

STEP5：单击"计算"按钮生成路径，如图 5-82 所示。计算完成后增加新的路径节点"混合清根加工"。

图 5-82　生成路径

 参数说明：

1. 清根方式

SurfMill 9.0 软件提供了图 5-83 所示清根方式，其中最常用的是混合清根加工。

1）单笔清根：能够在曲面角落位置生成单条笔式清根路径，主要用于清除相同刀具在角落位置的残料。

2）多笔清根：与单笔清根相似，多笔清根能够在曲面角落位置生成多条笔式清根路径，均匀分配切削量，提高清根加工与精加工在角落位置的衔接质量。

3）混合清根：根据曲面角落残料区域的分布特点自动匹配走刀方式，在平坦的区域采用多笔清根方式加工，在陡峭的区域采用局部等高方式进行加工。混合清根的加工次序是先加工陡峭区域，后加工平坦区域；陡峭路径采用从上向下的加工次序，减少因切削深度过大或超过刃长而引起的断刀现象；平坦区域采用从两边向中心的加工次序，使刀具进给更加安全。

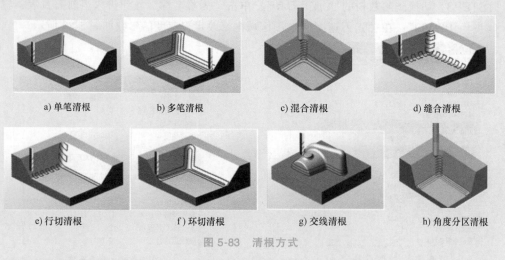

a) 单笔清根　　　　b) 多笔清根　　　　c) 混合清根　　　　d) 缝合清根

e) 行切清根　　　　f) 环切清根　　　　g) 交线清根　　　　h) 角度分区清根

图 5-83　清根方式

4）缝合清根：在曲面角落生成垂直于残料走势方向的路径进行加工。

5）行切清根：在曲面角落生成类似于平行截线的路径进行加工。

6）环切清根：在曲面角落生成类似于环切加工的路径进行加工，主要用于平坦曲面的残料清根。

7）交线清根：在加工面和保护面交线位置生成清根路径，提高衔接位置的加工质量。

8）角度分区清根：根据设定的与水平面角度在曲面角落残料区域匹配走刀方式，在小于设定值的区域采用环绕等距方式加工，在大于设定值的区域采用局部等高方式进行加工。

2. 上把刀具偏移

设置该选项，将增大残料区域，改善待清根曲面和已加工曲面之间的衔接质量，同时也可以避免上把刀具半径与曲面曲率半径相等时出现的计算不稳定现象，如图5-84所示。

3. 往复走刀

选择该选项，刀具将往复走刀；否则单向走刀。该选项只对陡峭区域路径起作用，如图5-85所示。

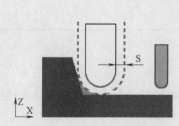

图5-84 上把刀具偏移

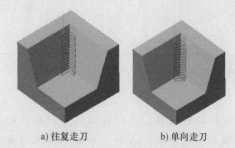

a) 往复走刀　　　　b) 单向走刀

图5-85 往复走刀

4. 加工区域

包括所有区域、平坦区域、陡峭区域、沿着区域四种方式，其生成的路径如图5-86所示。

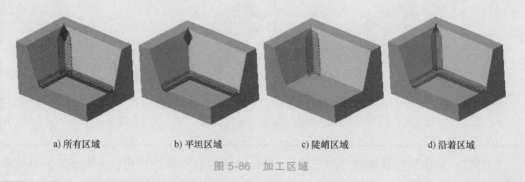

a) 所有区域　　　b) 平坦区域　　　c) 陡峭区域　　　d) 沿着区域

图5-86 加工区域

5.2.5 成组平面加工

当模型凸凹处较明显，侧壁接近为竖直面时，底面接近水平面时，对底面的加工就特别适合采用"成组平面加工"方式。由于被加工面接近于水平面，可以方便地将平面加工的方法引入到模型底面的加工。在加工过程中，成组的水平面既可以统一生成路径，又能够相对独立的生成路径。该方法既能提高生成路径的效率，又能够保证各面的加工质量，但对于部分被覆盖的面或较狭长的面无法生成精加工路径。

以下通过三轴标准件为例，展示成组平面加工实际应用的过程（参考案例文件"三轴标准件-final. escam"）。

STEP1：单击功能区的"三轴加工"选项卡上"3轴加工"组中的"成组平面加工"按钮，弹出"刀具路径参数"对话框，设置"走刀方式"为"行切走刀"，如图5-87所示。

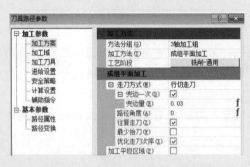

图5-87 刀具路径参数

参数说明：

1. 加工平坦区域

选择该选项后，系统会依据用户指定的夹角参数，对图形中所有满足夹角条件的平坦区域都进行加工；否则，系统的加工对象只是单张水平面。

2. 删除边界路径点

成组平面加工方法下，在"计算设置"的"轮廓设置"中勾选该选项，将自动删除掉加工面边界线外的多余路径段，如图5-88所示。

a) 不选"删除边界路径点"　　　　b) 选中"删除边界路径点"

图5-88 删除边界路径点

STEP2：切换到参数树的"加工域"，单击"编辑加工域"按钮，在图形界面中拾取绿色曲面作为加工面；在"加工余量"选项区域内设置"加工面侧壁余量"为0，"加工面底部余量"为0.05mm，如图5-89所示。

STEP3：切换到参数树的"加工刀具"，单击"刀具名称"按钮进入当前刀具表，选择"［平底］JD-3.00"；在"走刀速度"选项区域内修改走刀速度的参数如图5-90所示。

图 5-89　编辑加工域

STEP4：切换到参数树的"进给设置"，在"路径间距"选项区域内设置"路径间距"为 1mm；在轴向分层选项区域内"路径层数"为 1，"吃刀量"为 0.3mm；在下刀方式选项区域内设置"下刀方式"为"折线下刀"，如图 5-91 所示。

图 5-90　加工刀具

图 5-91　进给设置

STEP5：单击"计算"按钮生成路径，如图 5-92 所示。计算完成后路径树增加新的路径节点"成组平面行切加工"。

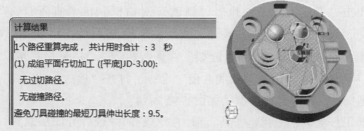

图 5-92　生成路径

5.3 实例——三轴工件加工

本节将以图 5-93 所示三轴工件作为示例模型，介绍 Sur-fMill 9.0 软件快速生成 2.5 轴和三轴常用加工路径（参考案例文件"三轴工件-final. escam"）的方法。

工件需要加工的特征包括外轮廓、曲面、平面、孔、标志以及刻字。根据加工要求和工件实际特征，分析得出从毛坯到产品的全部加工工艺，包括工序、加工方法、刀具名称，见表 5-1。

图 5-93　示例模型

表 5-1　三轴工件加工工艺

序号	工序	加工方法	刀具名称
1	粗加工	轮廓切割	［平底］JD-8.00
2	粗加工	分层区域粗加工	［牛鼻］JD-8.00-0.50
3	残补	曲面残料补加工	［牛鼻］JD-4.00-0.50
4	曲面精加工	平行截线精加工	［球头］JD-4.00
5	曲面精加工	等高外形精加工	［牛鼻］JD-4.00-0.50
6	平面精加工	成组平面加工	［平底］JD-4.00
7	清根	曲面清根加工	［球头］JD-1.00
8	孔加工	钻孔加工	［钻头］JD-4.00
9	孔加工	铣螺纹加工	［螺纹铣刀］JD-4.00-1.00-1
10	标志加工	区域加工	［锥度平底］JD-10-0.10
11	刻字加工	单线切割	［锥度平底］JD-10-0.10

5.3.1 模型创建

模型创建的内容包括选择文件模板类型，建立部件的几何模型、夹具模型，为之后的操作奠定基础。

STEP1：单击"新建"按钮，弹出"新建"对话框。在"曲面加工"选项卡上的"名称"列表框中选择"精密加工"选项，单击"确定"按钮，如图 5-94 所示。

STEP2：单击导航工作区的"3D 造型" 🔲 按钮进入 3D 造型环境。在该环境下，选择"文件"→"输入"→"三维曲线曲面"命令，打开"输入"对话框，在列表框中选择对应的模型文件，导入几何模型，如图 5-95 所示。

STEP3：将工件模型、毛坯、夹具、辅助点/线/面等进行分图层放置，如图 5-96 所示，使编程过程更简洁清楚，便于对象的选择、显示、加锁和编辑等操作。

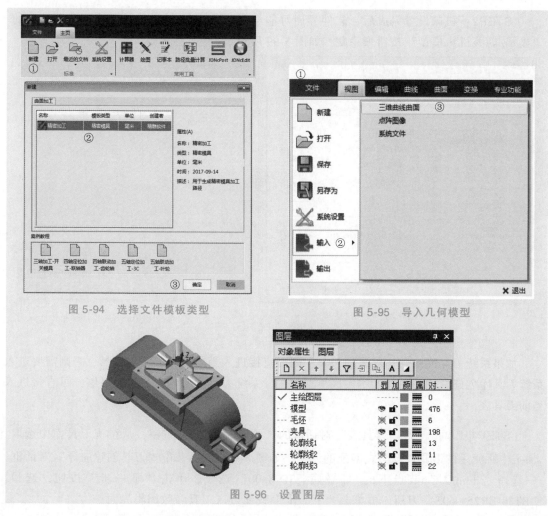

图 5-94 选择文件模板类型

图 5-95 导入几何模型

图 5-96 设置图层

5.3.2 加工准备

制订加工工艺后，单击导航工作区的"加工环境" ![按钮]按钮进入加工环境，在正式编程前，还需要进行机床、刀具、几何体的相关设置，如图 5-97 所示。

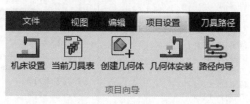

图 5-97 加工项目设置

1. 机床设置

STEP1：单击"机床设置"按钮，在"机床类型"选项卡中，选定机床类型为 3 轴，再选择"JDCaver600"机床文件，系统会自动匹配并显示相应的配置信息，选择机床输入文件格式为"JD650 NC（As Eng650）"，如图 5-98 所示。

STEP2：机床设置完成后，软件界面可能会显示机床模型，可以通过单击工具条的"显示/隐藏机床模型"按钮来隐藏，如图 5-99 所示。

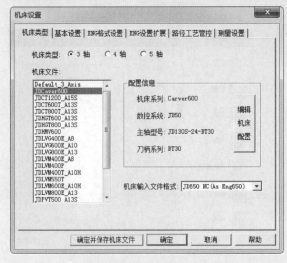

图 5-98　"机床设置"对话框　　　　　图 5-99　显示/隐藏机床模型

2. 创建刀具表

如果系统刀具库中存在需要的刀具，则可直接进入当前刀具表添加刀具；否则需要进入系统刀具库创建新刀具。对于本实例模型而言，系统刀具库中的刀具已经足够，可直接进入当前刀具表。

STEP1：单击"当前刀具表"对话框的"添加刀具" ⁺🔧 按钮，从系统刀具库中选取加工中所使用的刀具以及与之匹配的刀柄，如图 5-100 所示。在"刀具创建向导"对话框中选择"平底刀"节点下的"［平底］JD-8.00"选项，单击"下一步"按钮，选择"BT30-ER25-060S"刀柄，再单击"下一步"按钮进入刀具参数编辑界面。

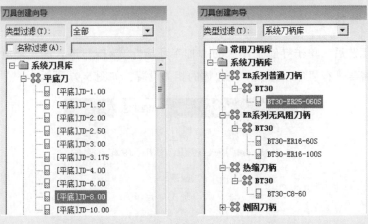

图 5-100　选择刀具、刀柄

STEP2：在"加工参数"选项修改刀具加工速度信息如图 5-101a 所示，在"工艺管控"选项卡中，设置"加工阶段"为"粗加工"，如图 5-101b 所示。单击"确定"按钮完成第一把刀具的添加。

图 5-101 修改参数信息

STEP3：按照同样的操作流程添加其他几把刀，此处不再赘述。在"当前刀具表"对话框中单击"确定"按钮完成当前刀具表的编辑。本例加工所使用刀具组成的当前刀具表如图 5-102 所示。

加工阶段	刀具名称	刀柄	输出编号	长度补偿号	半径补偿号	刀具伸出长度	加锁	使用次数
粗加工	[平底]JD-8.00	BT30-ER25-060S	1	1	1	44	!	1
粗加工	[牛鼻]JD-8.00-0.50	BT30-ER25-060S	2	2	2	44	!	1
精加工	[牛鼻]JD-4.00-0.50	BT30-ER25-060S	3	3	3	22	!	3
精加工	[球头]JD-4.00	BT30-ER25-060S	4	4	4	22	!	1
精加工	[平底]JD-4.00	BT30-ER25-060S	5	5	5	22	!	1
精加工	[钻头]JD-4.00	BT30-ER25-060S	6	6	6	32	!	1
精加工	[球头]JD-1.00	BT30-ER11M-80S	7	7	7	26	!	1
精加工	[螺纹铣刀]JD-4.00-1.00-1	BT30-ER11M-80S	8	8	8	26	!	1
精加工	[锥度平底]JD-10-0.10	BT30-ER11M-80S	9	9	9	28.2868	!	2

图 5-102 创建完成的当前刀具表

3. 创建几何体

单击"创建几何体"按钮，进入几何体设置界面。

STEP1：设置工件几何体，隐藏其他图层，保留模型图层，在绘图区框选模型，系统成功拾取工件面，如图 5-103 所示。

图 5-103 工件设置

STEP2：设置毛坯几何体，选用毛坯面的方式创建，隐藏其他图层，保留毛坯图层，在绘图区框选毛坯，系统成功拾取毛坯面，如图 5-104 所示。

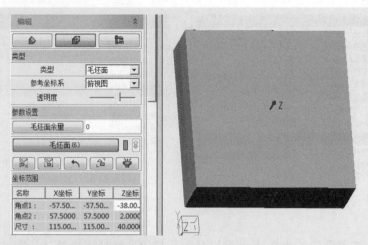

图 5-104　毛坯设置

STEP3：设置夹具几何体，隐藏其他图层，保留夹具图层，在绘图区框选夹具，系统成功拾取夹具面，如图 5-105 所示。

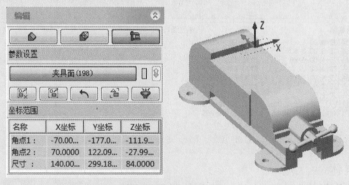

图 5-105　夹具设置

4. 几何体安装

STEP：单击"几何体安装"按钮，在导航栏单击"自动摆放"按钮，工件将自动安装在机床工作台，如图 5-106 所示，若自动摆放后安装状态不正确，可以通过软件提供的点对点平移、动态坐标系等其他方式完成几何体安装。

图 5-106　几何体安装

5.3.3 路径生成

现在开始生成路径。在下面的加工流程中将逐步应用之前学到的 2.5 轴和三轴加工方法。

1. 轮廓切割

本例中毛坯为规则方形块料，依据示例模型特征可知，粗加工时可以先对毛坯上部使用轮廓切割的加工方法，如图 5-107 所示。

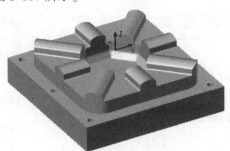

图 5-107 轮廓切割部位

STEP1：单击功能区的"三轴加工"选项卡中的"2.5 轴加工"组中的"轮廓切割"按钮，弹出"刀具路径参数"对话框，半径补偿选择"向外偏移"如图 5-108 所示。

STEP2：切换到参数树的"加工域"，单击"编辑加工域"按钮，在图形界面中拾取 3D 造型环境中绘制的上底面外轮廓线作为轮廓线；设置"表面高度"为 2mm，取消选中"定义加工深度"复选框，设置"底面高度"为 -18mm；设置"侧边余量"和"底部余量"均为 0，如图 5-109 所示。

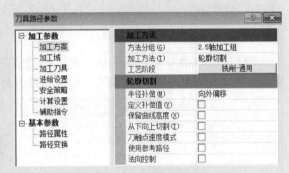

图 5-108 刀具路径参数-轮廓切割

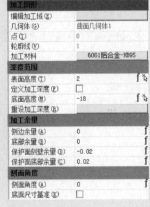

图 5-109 编辑加工域

STEP3：切换到参数树的"加工刀具"，单击"刀具名称"按钮进入当前刀具表，选择"［平底］JD-8.00"；修改走刀速度参数如图 5-110 所示。

STEP4：切换到参数树的"进给设置"中，在"轴向分层"设置"分层方式"为"限定深度"，"吃刀深度"为 0.5mm；在"侧向分层"中设置"分层方式"为自定义，"侧向进给"为 16mm，"分层次数"为 5；设置"下刀方式"为"沿轮廓下刀"，如图 5-111 所示。

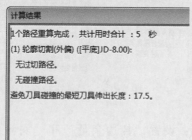

图 5-110　加工刀具

图 5-111　进给设置

STEP5：其他参数保持默认，单击"计算"按钮生成路径，如图 5-112 所示。计算完成后路径树增加新的路径节点"轮廓切割（外偏）"。

图 5-112　生成路径

2. 分层区域粗加工

在示例模型中通过"分层区域粗加工"方式完成图 5-113 所示工件特征的粗加工。

图 5-113　分层区域粗加工部位

STEP1：单击功能区域"三轴加工"选项卡"3轴加工"组中的"分层区域粗加工"按钮，弹出"刀具路径参数"对话框，如图5-114所示。

STEP2：切换到参数树的"加工域"，单击"编辑加工域"按钮，单击导航栏的"加工面"按钮，在图形界面中拾取绿色区域作为加工面；设置"表面高度"为2mm，取消选中"定义加工深度"，设置"底部高度"为-21mm；设置"加工面侧壁余量"和"加工面底部余量"均为0.15mm，如图5-115所示。

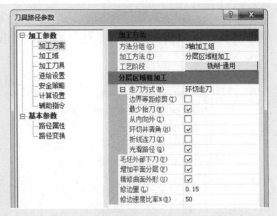

图5-114　刀具路径参数-分层区域粗加工

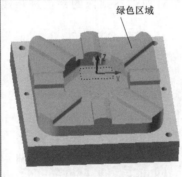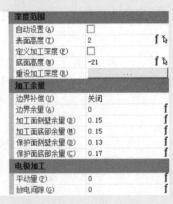

图5-115　编辑加工域

STEP3：切换到参数树的"加工刀具"，单击"刀具名称"按钮进入当前刀具表，选择"[牛鼻]JD-8.00-0.50"；修改走刀速度参数如图5-116所示。

STEP4：切换到参数树的"进给设置"，设置"路径间距"为4mm；"分层方式"为"限定深度"，"吃刀深度"为0.5mm；"下刀方式"为"沿轮廓下刀"，如图5-117所示。

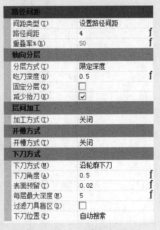

图5-116　加工刀具　　　　图5-117　进给设置

STEP5：其他参数保持默认，单击"计算"按钮生成路径，如图 5-118 所示。计算完成后路径树增加新的路径节点"分层环切粗加工"。

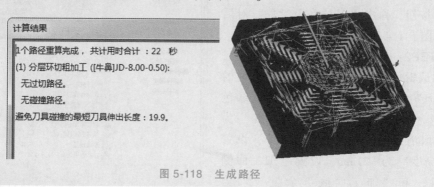

计算结果

1个路径重算完成，共计用时合计：22 秒

(1) 分层环切粗加工（[牛鼻]JD-8.00-0.50)：

无过切路径。

无碰撞路径。

避免刀具碰撞的最短刀具伸出长度：19.9。

图 5-118　生成路径

3. 曲面残料补加工

示例模型粗加工完成后，需要对加工不到位的部位进行残料补加工，如图 5-119 所示，加工方法选择"曲面残料补加工"。

图 5-119　曲面残料补加工部位

STEP1：单击功能区域"三轴加工"选项卡"3 轴加工"组中的"曲面残料补加工"按钮，弹出"刀具路径参数"对话框，如图 5-120 所示。

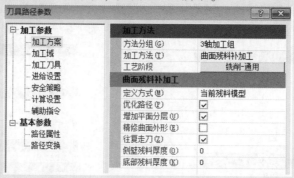

图 5-120　刀具路径参数-曲面残料补加工

STEP2：切换到参数树的"加工域"，单击"编辑加工域"按钮，拾取绿色区域作为加工面；设置"表面高度"为 2mm，取消选中"定义加工深度"复选框，设置"底部高度"为-21mm，"加工面侧壁余量"和"加工面底部余量"为 0.15mm，如图 5-121 所示。

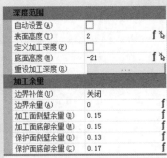

图 5-121　编辑加工域

STEP3：切换到参数树的"加工刀具"，单击"刀具名称"按钮进入当前刀具表，选择"［牛鼻］JD-4.00-0.50"；修改走刀速度参数如图 5-122 所示。

STEP4：切换到参数树的"进给设置"，设置"路径间距"为 0.5mm，"分层方式"为"限定深度"，"吃刀深度"为 0.1mm，如图 5-123 所示。

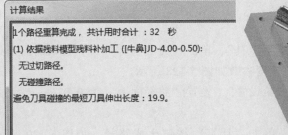

图 5-122　加工刀具

图 5-123　进给设置

STEP5：其他参数保持默认，单击"计算"按钮生成路径，如图 5-124 所示。计算完成后路径树增加新的路径节点"依据残料模型残料补加工"。

计算结果

1个路径重算完成，共计用时合计 ：32　秒

(1) 依据残料模型残料补加工 ([牛鼻]JD-4.00-0.50):

无过切路径。

无碰撞路径。

避免刀具碰撞的最短刀具伸出长度：19.9。

图 5-124　生成路径

4. 平行截线精加工

示例模型需要对图 5-125 所示特征部位的曲面进行精加工。加工方法选择"曲面精加工"方式。

图 5-125　平行截线精加工部位

STEP1：单击功能区域"三轴加工"选项卡"3 轴加工"组中的"曲面精加工"按钮，弹出"刀具路径参数"对话框，如图 5-126 所示。

STEP2：切换到参数树的"加工域"，单击"编辑加工域"按钮，拾取绿色区域作为加工面，与其相邻的面设为保护面；设置"加工面侧壁余量"和"加工面底部余量"为 0，如图 5-127 所示。

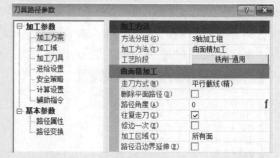

图 5-126　刀具路径参数-曲面精加工

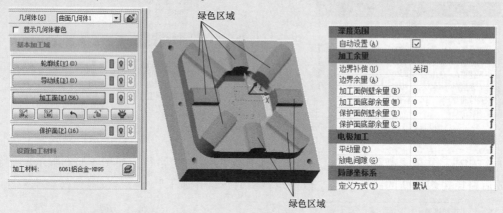

图 5-127　编辑加工域

STEP3：切换到参数树的"加工刀具"，单击"刀具名称"按钮进入当前刀具表，选择"［球头］JD-4.00"；修改走刀速度参数如图 5-128 所示。

STEP4：切换到参数树的"进给设置"，设置"路径间距"为 0.07mm，"进刀方式"为"切向进刀"，如图 5-129 所示。

STEP5：其他参数保持默认，单击"计算"按钮生成路径，如图 5-130 所示。计算完成后路径树增加新的路径节点"平行截线精加工"。

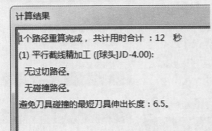

几何形状	
刀具名称(N)	[球头]JD-4.00
输出编号	4
刀具直径(D)	4 f
半径补偿号	4
长度补偿号	4
刀具材料	硬质合金
从刀具参数更新	...
刀轴方向	
刀轴控制方式(T)	竖直
走刀速度	
主轴转速/rpm(S)	10000 f
进给速度/mmpm(F)	2000 f
开槽速度/mmpm(T)	2000 f
下刀速度/mmpm(I)	2000 f
进刀速度/mmpm(L)	2000 f
连刀速度/mmpm(K)	2000 f
尖角降速(W)	☐
重设速度(R)	...

图 5-128 加工刀具

路径间距	
间距类型(T)	设置路径间距
路径间距	0.07 f
重叠率%(R)	98.25 f
残留高度(H)	0.0011 f
空间间距设置(E)	关闭空间路径间距
进刀方式	
进刀方式(T)	切向进刀
圆弧半径(R)	2.4 f
圆弧角度(A)	30 f
封闭路径螺旋连刀(P)	☑
仅起末点进退刀(E)	☐
直线延伸长度(L)	0
按照行号连刀(H)	☐
最大连刀距离(D)	8 f
删除短路径(S)	0.02 f

图 5-129 进给设置

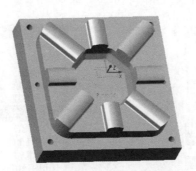

计算结果

1个路径重算完成，共计用时合计：12 秒

(1) 平行截线精加工 ([球头]JD-4.00):

无过切路径。

无碰撞路径。

避免刀具碰撞的最短刀具伸出长度：6.5。

图 5-130 生成路径

5. 等高外形精加工

示例模型需要对图 5-131 所示特征部位的曲面进行精加工。加工方法选择"曲面精加工"。

图 5-131 等高外形精加工部位

STEP1：单击功能区域"三轴加工"选项卡"3轴加工"组中的"曲面精加工"按钮，弹出"刀具路径参数"对话框，如图 5-132 所示。

STEP2：切换到参数树的"加工域"，单击"编辑加工域"按钮，拾取绿色区域作为加工面；设置"加工面侧壁余量"和"加工面底部余量"为 0，如图 5-133 所示。

STEP3：切换到参数树的"加工刀具"，单击"刀具名称"按钮进入当前刀具表，选择"[牛鼻] JD-4.00-0.50"；修改走刀速度参数如图 5-134 所示。

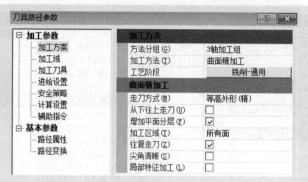

图 5-132　刀具路径参数-曲面精加工

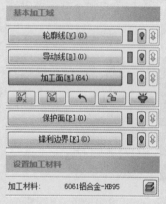

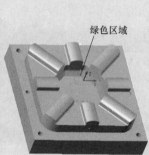

图 5-133　编辑加工域

STEP4：切换到参数树的"进给设置"，设置"路径间距"为 0.05mm；"进刀方式"为"切向进刀"，如图 5-135 所示。

图 5-134　加工刀具

图 5-135　进给设置

STEP5：其他参数保持默认，单击"计算"按钮生成路径，如图 5-136 所示。计算完成后路径树增加新的路径节点"等高外形精加工"。

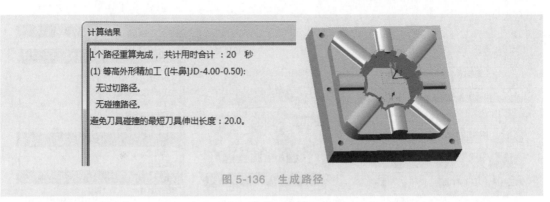

图 5-136　生成路径

6. 成组平面加工

示例模型需要对图 5-137 所示的平面特征进行统一精加工，选择加工方法为"成组平面加工"。

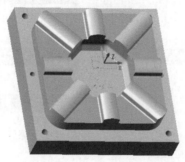

图 5-137　成组平面加工部位

STEP1：单击功能区域"三轴加工"选项卡"3 轴加工"组中的"成组平面加工"按钮，弹出"刀具路径参数"对话框，如图 5-138 所示。

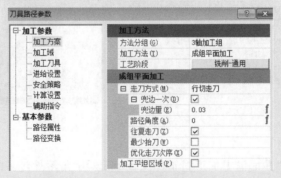

图 5-138　刀具路径参数-成组平面加工

STEP2：切换到参数树的"加工域"，单击"编辑加工域"按钮，拾取绿色区域作为加工面，设置"加工面侧壁余量"和"加工面底部余量"为 0，如图 5-139 所示。

STEP3：切换到参数树的"加工刀具"，单击"刀具名称"按钮进入当前刀具表，选择"〔平底〕JD-4.00"；修改走刀速度参数如图 5-140 所示。

STEP4：切换到参数树的"进给设置"，设置"路径间距"为 1mm，"分层方式"及"下刀方式"为"关闭"，如图 5-141 所示。

图 5-139　编辑加工域

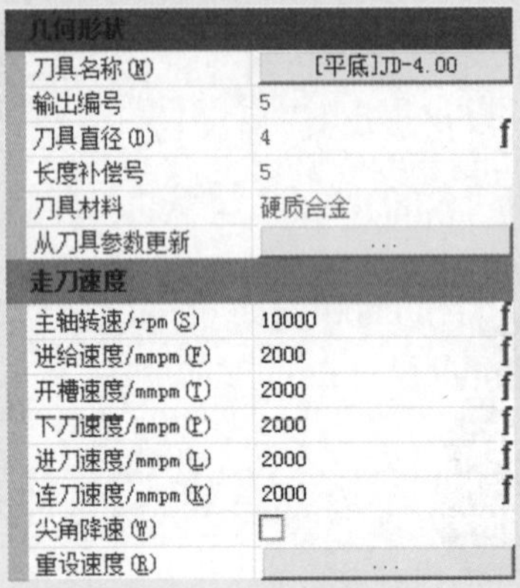

图 5-140　加工刀具

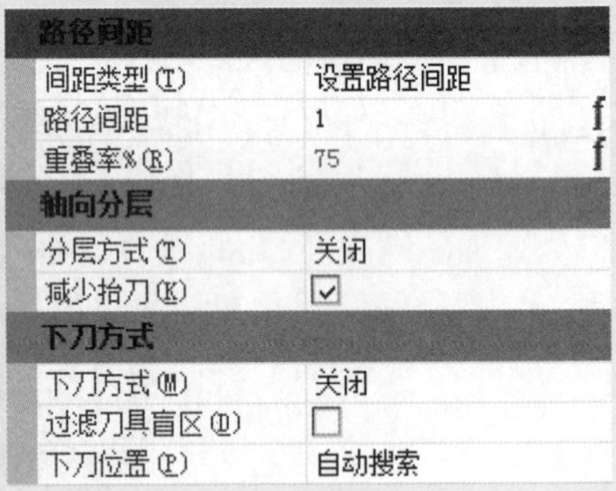

图 5-141　进给设置

STEP5：其他参数保持默认，单击"计算"按钮生成路径，如图 5-142 所示。计算完成后路径树增加新的路径节点"成组平面行切加工"。

图 5-142　生成路径

7. 曲面清根加工

示例模型需通过"曲面清根加工"清除图 5-143 所示角落处过多的残料。

图 5-143　曲面清根加工部位

STEP1：单击功能区域"三轴加工"选项卡"3轴加工"组中的"曲面清根加工"按钮，弹出"刀具路径参数"对话框，如图5-144所示。

STEP2：切换到参数树的"加工域"，单击"编辑加工域"按钮，拾取绿色区域作为加工面；设置"加工面侧壁余量"及"加工面底部余量"均为0，如图5-145所示。

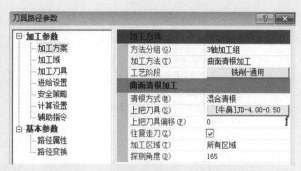

图5-144 刀具路径参数-曲面清根加工

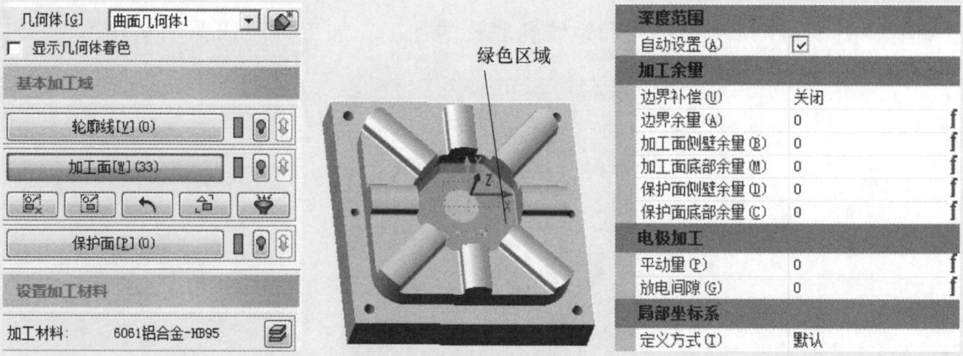

图5-145 编辑加工域

STEP3：切换到参数树的"加工刀具"，单击"刀具名称"按钮进入当前刀具表，选择"[球头]JD-1.00"；修改走刀速度参数如图5-146所示。

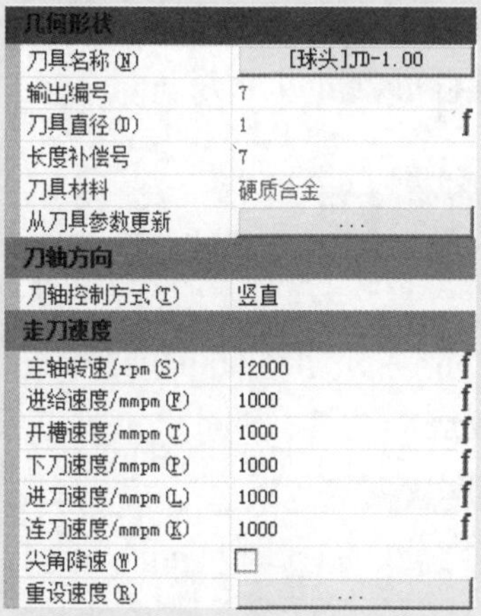

图5-146 加工刀具

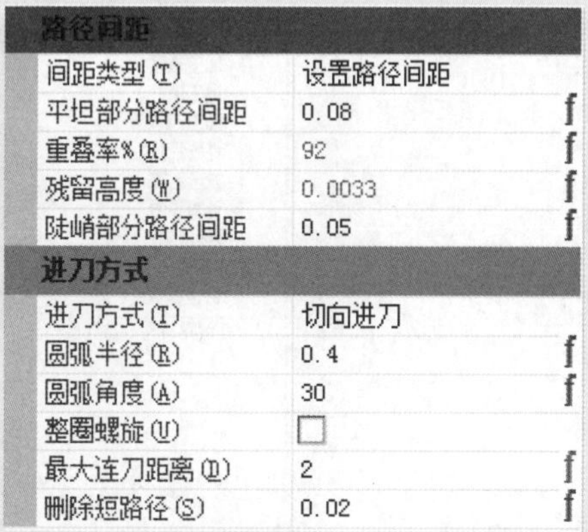

图5-147 进给设置

STEP4：切换到参数树的"进给设置"，设置"平坦部分路径间距"为0.08mm，"陡峭部分路径间距"为0.05mm，设置"进刀方式"为"切向进刀"，如图5-147所示。

STEP5：其他参数保持默认，单击"计算"按钮生成路径，如图5-148所示。计算完成后路径树增加新的路径节点"混合清根加工"。

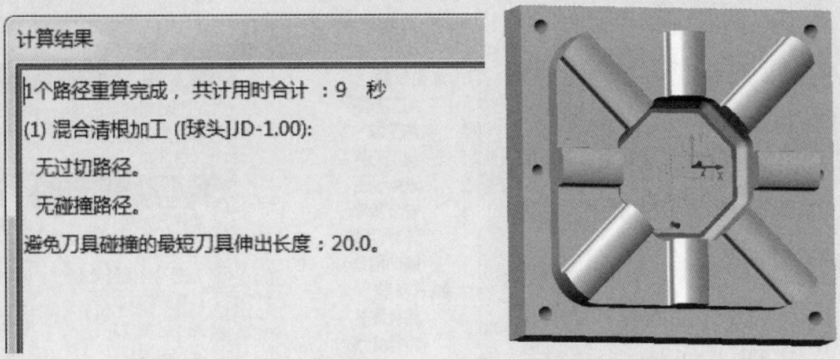

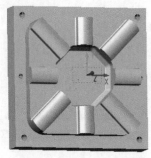

图 5-148　生成路径

8. 钻孔加工

示例模型图 5-149 所示销钉孔和螺纹孔底孔的加工，加工方法选择"钻孔"。

图 5-149　钻孔加工部位

STEP1：单击功能区域"三轴加工"选项卡"2.5 轴加工"组中的"钻孔"按钮，弹出"刀具路径参数"对话框，如图 5-150 所示。

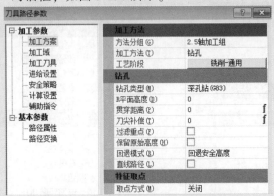

图 5-150　刀具路径参数-钻孔加工

STEP2：切换到参数树的"加工域"，单击"编辑加工域"按钮，拾取孔的圆心作为点；设置"表面高度"为-18mm，"加工深度"为 10mm，如图 5-151 所示。

STEP3：切换到参数树的"加工刀具"，单击"刀具名称"按钮进入当前刀具表，选择"［钻头］JD-4.00"；修改走刀速度参数如图 5-152 所示。

STEP4：切换到参数树的"进给设置"，设置"分层方式"为"限定深度"，"吃刀深度"为 0.4mm，如图 5-153 所示。

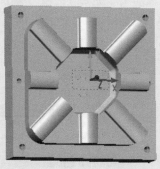

图 5-151　编辑加工域

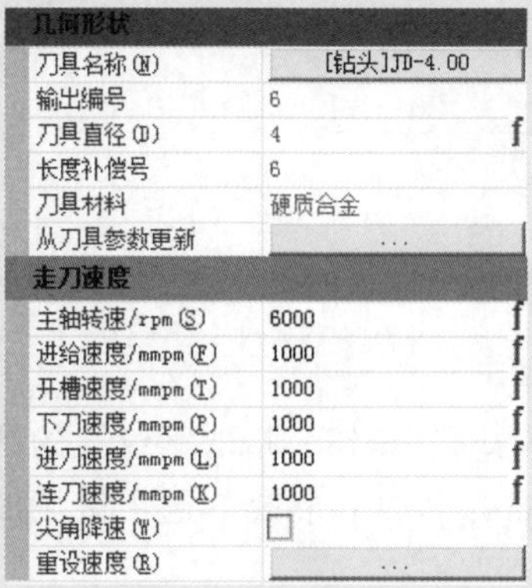

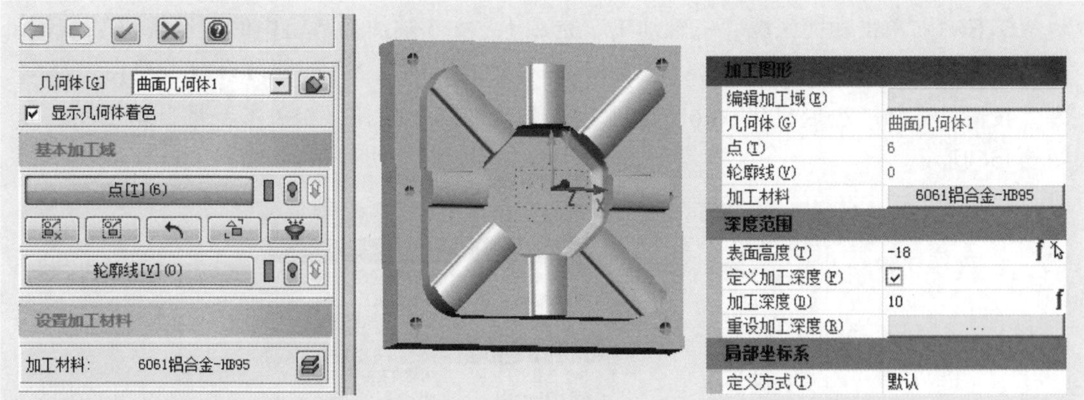

图 5-152　加工刀具

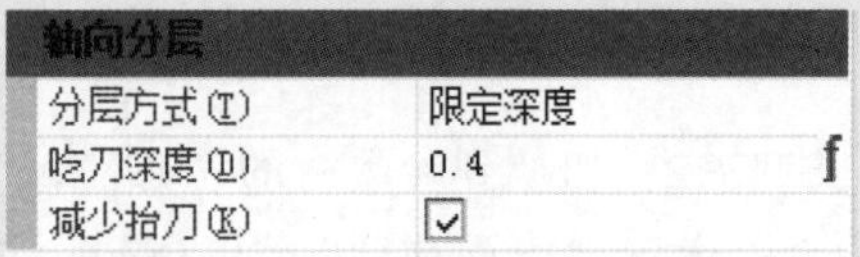

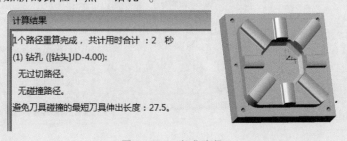

图 5-153　进给设置

STEP5：其他参数保持默认，单击"计算"按钮生成路径，如图 5-154 所示。计算完成后路径树增加新的路径节点"钻孔"。

图 5-154　生成路径

9. 铣螺纹加工

示例模型中螺纹孔需要铣螺纹加工，如图 5-155 所示，加工方法选择"铣螺纹"。

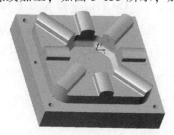

图 5-155　铣螺纹加工部位

STEP1：单击功能区域"三轴加工"选项卡"2.5轴加工"组中的"铣螺纹"按钮，弹出"刀具路径参数"对话框。根据加工要求此处须铣削 M6 的粗牙螺纹，单击"螺纹库"按钮，选择"公制粗牙⊖M6"选项，单击"确定"按钮，相关参数将自动更新，如图 5-156 所示。

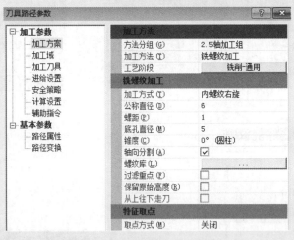

图 5-156　刀具路径参数-铣螺纹加工

STEP2：切换到参数树的"加工域"，单击"编辑加工域"按钮，拾取螺纹孔的圆心作为点；设置"表面高度"为−18mm，"加工深度"为 6mm；"加工余量"选项区域的参数值均设置为 0，如图 5-157 所示。

188

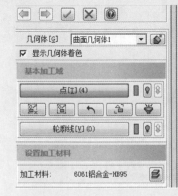

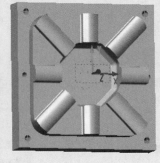

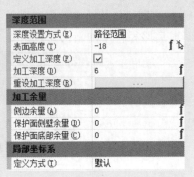

图 5-157　编辑加工域

STEP3：切换到参数树的"加工刀具"，单击"刀具名称"按钮进入当前刀具表，选择"［螺纹铣刀］JD-4.00-1.00-1"；根据实际情况修改走刀速度参数，如图 5-158 所示。

STEP4：切换到参数树的"进给设置"，设置"分层方式"为"限定层数"，"路径层数"为 3，设置"进刀方式"为"圆弧相切"，如图 5-159 所示。

STEP5：其他参数保持默认，单击"计算"按钮生成路径，如图 5-160 所示。计算完成后路径树增加新的路径节点"铣螺纹加工"。

⊖　软件界面中的"公制粗牙"即"米制粗牙"。

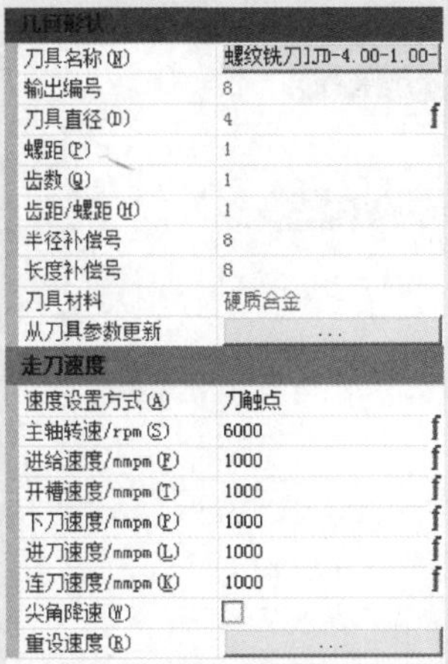

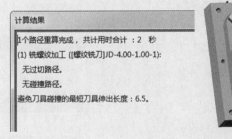

图 5-158 加工刀具 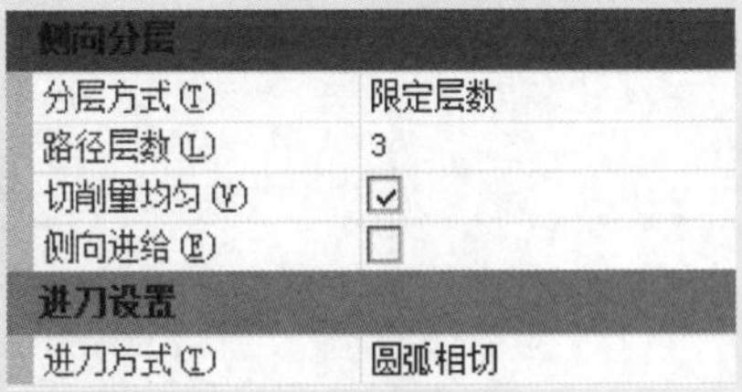　　　　　　　　图 5-159 进给设置

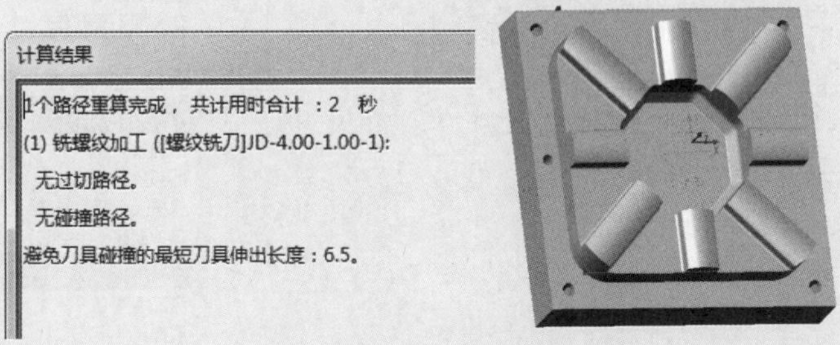

图 5-160 生成路径

10. 区域加工

示例模型需要对图 5-161 所示的标志进行加工，加工方法选择"区域加工"。

图 5-161 区域加工部位

STEP1：单击功能区域"三轴加工"选项卡"2.5 轴加工"组中的"区域加工"按钮，弹出"刀具路径参数"对话框，如图 5-162 所示。

STEP2：切换到参数树的"加工域"，单击"编辑加工域"按钮，拾取标志图案边界线条作为轮廓线；设置"表面高度"为 -20.5mm，"加工深度"为 0.1mm；设置"侧边余量"和"底部余量"均为 0，如图 5-163 所示。

STEP3：切换到参数树的"加工刀具"，单击"刀具名称"按钮进入当前刀具表，选择"［锥度平底］JD-10-0.10"；修改走刀速度参数如图 5-164 所示。

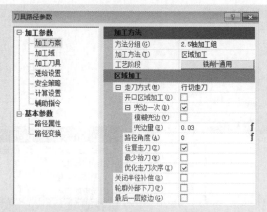

图 5-162　刀具路径参数-区域加工

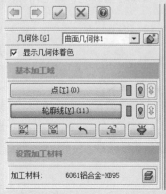

图 5-163　编辑加工域

190

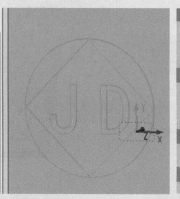

图 5-164　加工刀具

图 5-165　进给设置

STEP4：切换到参数树的"进给设置"，设置"路径间距"为 0.05mm，"分层方式"采用"限定深度"方式，"吃刀深度"为 0.05mm，设置"下刀方式"为"螺旋下刀"，如图 5-165 所示。

STEP5：其他参数保持默认，单击"计算"按钮生成路径，如图 5-166 所示。计算完成后路径树增加新的路径节点"区域行切加工"。

图 5-166　生成路径

11. 单线切割

示例模型需要在图 5-167 所示部位进行刻字，加工方法选择"单线切割"方式。

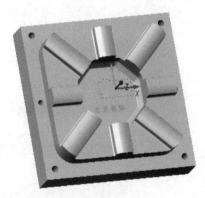

图 5-167　单线切割部位

STEP1：单击功能区域"三轴加工"选项卡"2.5轴加工"组中的"单线切割"按钮，弹出"刀具路径参数"对话框，如图 5-168 所示。

STEP2：切换到参数树的"加工域"，单击"编辑加工域"按钮，拾取所有文字线条作为轮廓线；设置"表面高度"为－20.5mm，"加工深度"为 0，设置"底部余量"为－0.1mm，如图 5-169 所示。

图 5-168　刀具路径参数-单线切割

STEP3：切换到参数树的"加工刀具"，单击"刀具名称"按钮进入当前刀具表，选择"［锥度平底］JD-10-0.10"；修改走刀速度参数如图 5-170 所示。

STEP4：切换到参数树的"进给设置"，设置"分层方式"为"限定深度"，"吃刀深度"为 0.05mm"，设置"进刀方式"为"关闭"，下刀方式为"关闭"，如图 5-171 所示。

STEP5：其他参数保持默认，单击"计算"按钮生成路径，如图 5-172 所示。计算完成后路径树增加新的路径节点"单线切割（关闭）"。

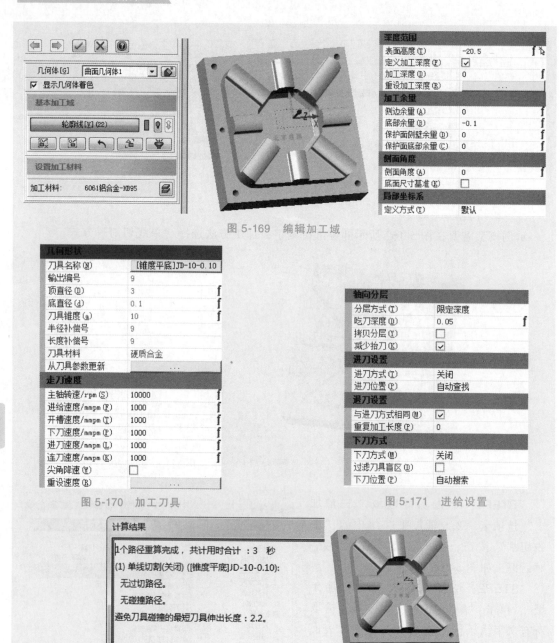

图 5-169 编辑加工域

图 5-170 加工刀具

图 5-171 进给设置

图 5-172 生成路径

5.3.4 机床模拟

为了检查路径参数的合理性以及确保加工安全，输出路径之前必须经过一系列
加工过程检查，避免路径过切和刀具发生碰撞。

选择"刀具路径"→"机床模拟"命令，调节模拟速度后，单击仿真控制区的"开
始"按钮开始进行机床模拟；也可以单击"快速仿真"按钮，检查路径机床仿真运动是否
安全，如图 5-173 所示。若模拟过程未有碰撞和超行程等提示信息，模拟完成后单击"确

定"即可，模拟后的路径树如图 5-174 所示；若发生碰撞，检查引起碰撞的原因并进行修改（如优化夹具、更换刀柄），直至模拟通过。

图 5-173 仿真控制区

图 5-174 模拟后的路径树

5.3.5 路径输出

经过对上述路径的机床模拟，没有发生安全问题，通过"输出刀具路径"命令可将生成的加工路径按照加工机床支持的路径格式输出，进而在机床上进行加工，如图 5-175 所示。

图 5-175 输出刀具路径

5.4 实战练习

请按照如下要求，编写"三轴加工练习"工件加工程序。

1) 内腔圆角不大于 R2（最小刀具直径 D4 即可）。

2) 在大刀具粗加工之后，小刀具精加工之前，增加残料补加工路径，防止局部吃刀量过大。

3) 不得碰撞到顶部的压紧螺钉。

知识拓展 ——数控加工中手工编程与自动编程的区别

　　数控加工手工编程是指由人工来完成的数控加工程序编制工作，包括图纸分析、工艺决策、刀具轨迹规划、加工程序编制；数控加工自动编程是指利用计算机辅助设计（CAD）或自动编程软件的零件造型功能，完成零件数字模型构建、零件图样进行工艺分析，再利用软件的计算机辅助制造（CAM）功能，完成工艺方案的制订、切削用量的选择、刀具及其参数的设定，自动计算并生成刀位轨迹文件，利用后置处理功能生成指定数控系统用的加工程序，这种自动编程系统是一种 CAD 与 CAM 高度结合的自动编程系统，并可进行模拟显示、三维仿真、程序检验，最终通过接口将加工程序传输给数控机床。

　　一般只对简单的零件采用手工编程，对于几何形状复杂，或者虽不复杂但程序量很大的零件（如一个零件上有数千个孔），编程的工作量是相当繁重的，这时手工编程便很难胜任。

　　一般认为。手工编程仅适用于三轴联动以下机床加工程序的编制，三轴联动（含三轴）以上的加工程序则采用自动编程。

本章导读

SurfMill 9.0 软件提供了多样化的多轴加工策略，可快速生成安全、可靠的多轴加工路径。其中五轴定位钻孔、铣螺纹、多轴区域加工等加工方法广泛应用于压铸模具、精密电极、微小孔槽加工等领域；曲面投影加工、多轴侧铣加工、五轴联动钻孔及铣螺纹等加工方法，可满足复杂零件（如叶轮、齿轮）、医疗器械、玻璃器皿模具、首饰配件等加工需求。同时，SurfMill 9.0 软件还可以帮助用户找到较优的加工方案，降低编程难度，提高编程效率。

本章主要介绍常用的多轴加工策略。通过本章学习可以了解五轴钻孔加工、四轴旋转加工、曲面投影加工、多轴区域加工等多轴加工方法。

学习目标

➢ 了解多轴加工常用的加工方法；
➢ 熟悉多轴加工方法的主要参数；
➢ 可以生成正确的多轴加工路径。

6.1 多轴加工方法

多轴加工是指多轴机床联合运动轴的数目大于 3 时的加工形式。SurfMill 9.0 软件提供了丰富的多轴编程策略，方便用户根据加工零件特点进行选择，快速生成安全、可靠的加工路径，如图 6-1 所示。

图 6-1 多轴加工

6.1.1 五轴钻孔加工

在日常三轴机床加工中，倾斜孔通过夹具配合才能加工。在多轴加工中，倾斜孔是最简单的加工项目，并且加工精度和加工效率都很高。五轴钻孔加工实际是在三轴基础上实现的定位加工，用户只要选好钻孔位置，定义刀轴方向，就可以实现多轴钻孔加工，如图 6-2 所示。

下面以图 6-3 所示联轴器的孔加工为例，介绍五轴钻孔加工的实际应用过程（参考案例文件"联轴器-final. escam"）。

图 6-2　五轴钻孔加工

图 6-3　联轴器

STEP1：单击功能区的"多轴加工"选项卡上"多轴加工"组中的"五轴钻孔"按钮，弹出"刀具路径参数"对话框，如图 6-4 所示。

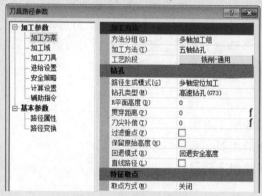

图 6-4　刀具路径参数

参数说明：

1. 路径生成模式

五轴钻孔加工策略提供了多轴定位加工和多轴连续加工两种不同的路径生成模式。

1）多轴定位加工：生成多个孔的加工路径时，首先将刀具抬到 Z 轴方向的零平面，然后根据加工孔的位置对工件进行定位，再进行下一个孔的加工。这种路径生成模式安全性高。多轴定位加工提供了多种钻孔类型，如中心钻孔、高速钻孔、精镗孔、深孔钻等。

2）多轴连续加工：生成多个孔的加工路径时，不同孔之间的连刀仅将刀具抬到安全高度。这种路径生成模式的加工效率高。

2. 取点方式

为了方便获得钻孔的圆心，五轴钻孔加工提供了关闭、线上取点、圆心取点三种方式。

1）关闭：不提取任何特征点，钻孔中心为加工域中拾取的点。

2）线上取点：按照特定的规律在指定的曲线上提取特征点。

3）圆心取点：按照拾取的圆弧或圆的直径大小过滤圆或圆弧，将满足条件的圆心提取出来。

STEP2：切换到参数树的"加工域"，单击"编辑加工域"按钮，单击导航栏的"点"按钮，在绘图区拾取1.2mm孔的中心点；设置"表面高度"为0，"加工深度"为1mm，如图6-5所示。

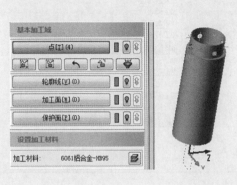

图6-5 加工域

参数说明：

1）点：设置多轴钻孔的点。

2）轮廓线：设置特征取点使用的圆和圆弧。

3）加工面：设置需要在表面上钻孔的曲面，当刀轴控制方式选择曲面法向时用来控制刀轴。

4）保护面：设置当前加工路径中不希望刀具与它发生碰撞的曲面。

STEP3：切换到参数树的"加工刀具"，单击"刀具名称"按钮进入当前刀具表，选择"［钻头］JD-1.20"；设置"刀轴控制方式"为"过指定直线"，修改走刀速度参数如图6-6所示。

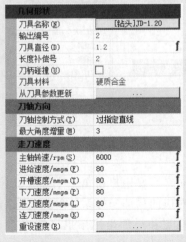

图6-6 加工刀具

STEP4：切换到参数树的"加工域"，单击"编辑加工域"按钮，单击"刀轴直线"按钮，在绘图区拾取对应孔的中心线作为刀轴直线，如图6-7所示。

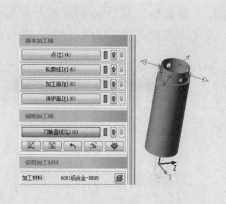

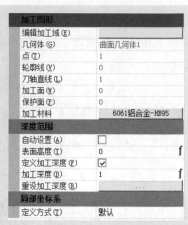

图 6-7　编辑加工域-刀轴直线

> 📝 **参数说明：**
>
> 1) 刀轴直线：当刀轴控制方式选择过指定直线时，用来设置刀轴控制直线。
>
> 2) 分层方式：为了避免因钻孔深度过大而断刀，支持轴向分层加工，并提供了关闭、限定层数、限定深度等方式，用来控制钻孔路径的分层。

STEP5：切换到参数树的"进给设置"，设置"分层方式"为"限定深度"，"吃刀深度"为 0.1mm，如图 6-8 所示。

STEP6：其他参数保持默认。单击"计算"按钮生成路径，如图 6-9 所示。计算完成后路径树增加新的路径节点，右击该节点，选择"重命名"选项，将其名称修改为"钻 1.2 的孔"。同样的过程生成其他孔的五轴钻孔路径（根据孔半径的不同选择不同的刀具）。

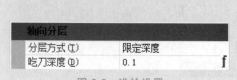

图 6-8　进给设置

图 6-9　生成路径

6.1.2　五轴铣螺纹加工

在做多轴定位加工铣螺纹时，需要用户在每一个螺纹孔位置建立一个局部坐标系，然后针对每个螺纹孔选择对应的局部坐标系并单独生成路径。在螺纹孔数量较多时，这种方法显得非常麻烦，而且选择点和局部坐标系也可能出错。因此，SurfMill 9.0 软件提供了一种自动生成多个螺纹孔加工路径的加工策略——五轴铣螺纹加工。五轴铣螺纹和五轴钻孔命令有些类似，都属于特征孔的多轴定位加工，如图 6-10 所示。

下面以图 6-11 所示五轴标准件的螺纹加工为例，介绍五轴铣螺纹加工的实际应用过程（参考案例文件"五轴标准件-final. escam"）。

图 6-10 五轴铣螺纹加工

图 6-11 五轴标准件

STEP1：单击功能菜单"多轴加工"选项卡"多轴加工"组中的"五轴铣螺纹加工"按钮，弹出"刀具路径参数"对话框。根据加工要求，单击"螺纹库"按钮，在螺纹库里选择"公制粗牙 M3"选项，单击"确定"按钮，相关参数将自动更新，如图 6-12 所示。

STEP2：切换到参数树的"加工域"，单击"编辑加工域"按钮，单击"点"按钮，拾取螺纹孔的中心点；设置"表面高度"为 0，"加工深度"为 10mm，如图 6-13 所示。

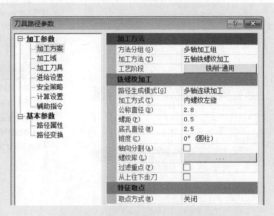

图 6-12 刀具路径参数

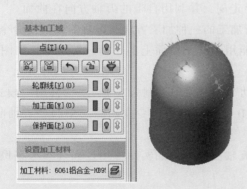

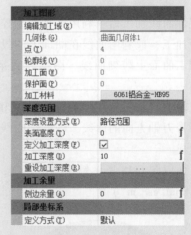

图 6-13 加工域

STEP3：切换到参数树的"加工刀具"，单击"刀具名称"按钮进入当前刀具表，选择"[螺纹铣刀] JD-1.00-0.50-1"；设置"刀轴控制方向"为"由点起始"，在绘图区拾取球面中心作为起始点，修改走刀速度的参数如图 6-14 所示。

STEP4：切换到参数树的"进给设置"中，设置"分层方式"为"限定深度"，"吃刀深度"为 0.2mm，设置"进刀方式"为"圆弧相切"，如图 6-15 所示。

STEP5：其他参数保持默认，单击"计算"按钮生成"五轴铣螺纹加工"路径，如图 6-16 所示，再将其重命名为"铣 M3 螺纹"。

199

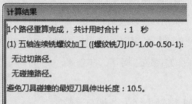

图 6-14　刀轴方向起始点

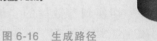

图 6-15　进给设置　　　　　图 6-16　生成路径

6.1.3　五轴曲线加工

五轴曲线加工命令利用五轴曲线控制路径走向，并利用自带的刀轴方向在曲面上进行加工，或利用曲线在曲面上的投影进行加工的一种加工方法。五轴曲线加工命令适用于在加工曲面上雕刻曲线、图案和文字，也能用于加工曲面上的凹槽、切边等，如图 6-17 所示。

五轴曲线加工常用"曲面法向"和"自动"两种刀轴控制方式加工。"自动"模式下，须选择带刀轴方向的曲线，即五轴曲线，由 3D 造型环境下"专业功能"中的"五轴曲线"功能生成。

下面以图 6-18 所示铝模刻字为例，介绍五轴曲线加工的实际应用过程（参考案例文件"铝模-final. escam"）。

图 6-17　五轴曲线加工

图 6-18　铝模

STEP1：单击功能区的"多轴加工"选项卡上"多轴加工"组中的"五轴曲线加工"按钮，弹出"刀具路径参数"对话框，如图 6-19 所示。

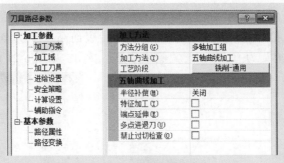

图 6-19　刀具路径参数

STEP2：切换到参数树的"加工刀具"，单击"刀具名称"按钮进入当前刀具表，选择"［球头］JD-1.00"；设置"刀轴控制方式"为"曲面法向"，修改走刀速度的参数如图 6-20 所示。

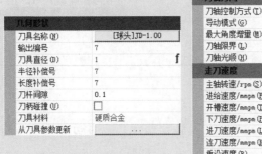

图 6-20　加工刀具

参数说明：

五轴曲线加工功能根据刀轴控制方式的不同，可以分为面加工方式和线加工方式。不同的加工方式，其加工域、加工参数也有所不同。

1. 面加工方式

刀轴控制方式使用曲面法向（本例即为面加工方式）和沿切削方式倾斜，选择曲面法向时，分为导动模式和非导动模式；选择沿切削方向倾斜时，加工域的选择同导动模式。

1）导动模式：编辑加工域时选择面作为导动面，生成路径时导动面只用来控制刀轴，加工深度是以加工曲线位置作为起始位置。

2）非导动模式：编辑加工域时选择面作为加工面，同时也可以选择保护面，生成路径时首先要把线投影到加工面上，按加工面曲面法向控制刀轴，加工深度是以加工面作为起始位置。

2. 线加工方式

当加工曲线不带刀轴方向时，刀轴控制方式包括竖直、沿切削方向倾斜、由点起始、指向点、固定方向、自动；当加工曲线自带刀轴方向时，刀轴控制方式为由曲线起始和指向曲线两种。

STEP3：切换到参数树的"加工域"，单击"编辑加工域"按钮，单击"轮廓线"和"导动面"按钮，拾取轮廓线和导动面；设置"表面高度"为0.2mm，"加工深度"为0，设置"底部余量"为-0.02mm，"侧边余量"为0，如图6-21所示。

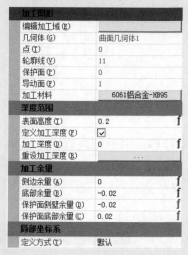

图 6-21　加工域

参数说明：

1）点：封闭轮廓曲线的下刀位置。

2）轮廓线：设置进行加工的曲线，刀轴控制方式为自动时选择的轮廓线为五轴曲线。

3）导动面：导动模式下用来控制刀轴的面。

4）加工面：非导动模式下设置需要在表面上划线并控制刀轴的曲面。

5）刀轴曲线：带有刀轴方向的五轴曲线，刀轴控制方式为曲线起始、指向曲线时可设置。

STEP4：切换到参数树的"进给设置"，设置"分层方式"为"限定深度"，"吃刀深度"为0.5mm，如图6-22所示。

STEP5：其他参数保持默认，单击"计算"按钮生成"五轴曲线加工"路径，如图6-23所示。

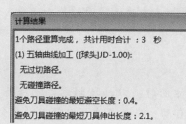

图 6-22　进给设置

图 6-23　生成路径

6.1.4　四轴旋转加工

四轴旋转加工是使用 X、Y、Z 轴再加一个旋转轴 A 或 B 进行铣削加工的一种方法，主要应用在多轴加工中类似回转体（图 6-24）的粗加工和精加工。

下面以图 6-25 所示齿轮轴模型的加工为例，介绍四轴旋转精加工的实际应用过程（参考案例文件"齿轮轴-final. escam"）。

图 6-24　四轴旋转加工实例

图 6-25　齿轮轴模型

在 SurfMill 9.0 软件中，由于四轴旋转加工是以 X 轴为旋转轴生成的加工路径，因此要注意调整加工图形的中心轴必须与当前加工坐标系或局部坐标系的 X 轴重合。

STEP1：单击功能区的"多轴加工"选项卡上"多轴加工"组中的"四轴旋转加工"按钮，弹出"刀具路径参数"对话框。设置"加工方式"为"旋转精加工"，"加工子方式"为"外圆加工"，"走刀方式"为"斜线"，"倾斜方式"为"螺纹特征"，如图 6-26 所示。

STEP2：单击"拾取螺纹线"按钮，拾取图层"特征点和特征线"中的曲线，如图 6-27 所示；勾选"设置轴向尺寸范围"复选框，通过拾取的方式确定齿轮面左右两面的中心点，如图 6-28 所示，完成加工方法设置。

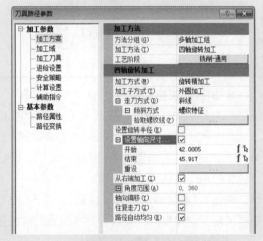

图 6-26　刀具路径参数

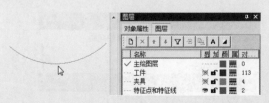

图 6-27　拾取螺旋线

图 6-28　设置轴向尺寸

STEP3：切换到参数树的"加工域"，单击"编辑加工域"按钮，单击"加工面"按钮，拾取所有工件面作为加工面，设置"加工面侧壁余量"和"加工面底部余量"均为 0，如图 6-29 所示。

203

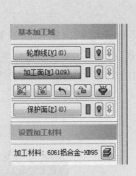

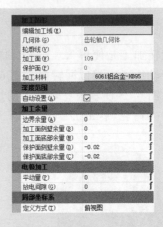

图 6-29 加工域

📋 **参数说明：**

轮廓线：用于限定加工区域，对路径进行轮廓线裁剪。支持闭合边界曲线（图 6-30）和开边界曲线（图 6-31）裁剪路径。

边界线

边界曲线

图 6-30 闭合边界曲线裁剪 　　　　图 6-31 非闭合边界曲线裁剪

STEP4：切换到参数树的"加工刀具"，单击"刀具名称"按钮进入当前刀具表，选择"［球头］JD-1.00"，修改走刀速度如图 6-32 所示。

STEP5：切换到参数树的"进给设置"，设置"路径间距"为 0.1mm，"进刀方式"为"关闭进刀"，如图 6-33 所示。

STEP6：切换到参数树的"安全策略"，设置"安全模式"为"柱面"，单击"显示安全体"按钮，"旋转轴线"为"X 轴"，单击"拾取原点"按钮，在绘图区拾取叶轮面左侧圆心。根据齿轮面设置相应的参数，要求设置的柱面包围整个齿轮面，如图 6-34 所示。

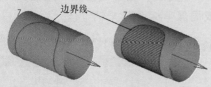

图 6-32 加工刀具

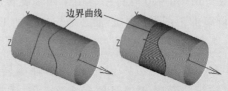

图 6-33 进给设置

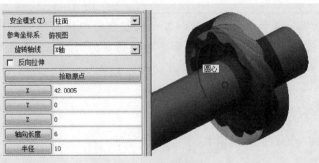

图 6-34 显示安全体

STEP7：其他参数保持默认。单击"计算"按钮生成加工路径，如图 6-35 所示，再将其重命名为"齿轮面加工"。

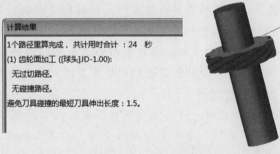

图 6-35 生成路径

参数说明：

1. 加工方式

四轴旋转加工按照不同的加工需求，提供分层粗加工、旋转精加工、单笔清根加工三种方式。

1）分层粗加工：生成以 X 轴为旋转中心的一层层粗加工路径。选择分层粗加工时，在进给设置中会出现轴向分层选项，可设置相应的粗加工参数。

2）旋转精加工：主要用于生成绕 X 轴旋转加工的四轴精加工路径。

3）单笔清根加工：去除上把刀具在工件角落处留下的残料，主要用于复杂浮雕图案的加工，以改善工件侧壁和底面根部的加工效果。

2. 加工子方式

为方便用户针对不同外形的加工对象生成特定的走刀路径，四轴旋转加工中提供了三种加工子方式。

1）外圆加工：适合加工非凹形腔的工件，如图 6-36 所示，通过配合四轴旋转加工提供的三种加工方式，可完成工件的整体加工。刀轴控制方式包括自动和由曲线起始两种。

2）凹腔加工：专用于凹腔的加工功能，如图 6-37 所示，该加工子方式通过配合四轴旋转加工提供的三种加工方式，可完成凹形腔的整体加工。刀轴控制方式包括自动和指向曲线两种。

3）指向导动面：该加工方式专为加工比较复杂的四轴图形而设计，依据选择的导动面生成原始路径，然后按照选择的投影方向投影到加工曲面上生成加工路径，如立体浮雕图案，如图 6-38 所示。刀轴控制方式包括曲面法向、指向曲线和由曲线起始三种。

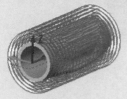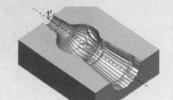

图 6-36　外圆加工　　　　图 6-37　凹腔加工　　　　图 6-38　指向导动面加工

3. 走刀方式

四轴旋转加工中提供了常用的多种走刀方向。外圆和凹腔加工支持的走刀方式包括直线、圆形、螺旋、斜线；指向导动面支持的走刀方式包括 U 向、V 向、螺旋、斜线。

1）直线：刀具沿旋转轴轴向方向，在加工曲面上向前移动切削，在每个路径的末端，刀具将根据旋转轴和路径间距计算新的切削位置，开始新的切削，可以理解为四轴中的平行截线加工，如图 6-39 所示。

2）圆形：工件绕旋转轴旋转、刀具方向保持不变，当工件旋转时刀具将沿轴向往复移动，从而加工出所需的外形。每当工件旋转一周，刀具沿轴向前进一个路径间距，从而加工出整个截面形状，如图 6-40 所示。

3）螺旋：实现刀具沿轴向的连续加工，可以理解为在圆形加工基础上，增加了螺旋连刀，光滑了进刀路径，从而消除工件表面的进退刀痕迹，如图 6-41 所示。

图 6-39　直线走刀　　　　图 6-40　圆形走刀　　　　图 6-41　螺旋走刀

在分层粗加工时，当选择"螺旋"走刀方向时，生成的粗加工分层路径展开图与三轴环切开粗效果相同，如图 6-42 所示。

路径展开效果

图 6-42　螺旋粗加工展开效果

4）斜线：介于圆形和直线走刀之间，可以定义加工角度的平行走刀方式，适用于一些对走刀方向有要求的加工，如图 6-43 所示。

倾斜方式包括两种："设定角度"方式用于设置路径展开后路径走刀方向与旋转轴的夹角，即路径与 X 轴的夹角为倾斜角度，从而控制走刀方向，如图 6-44 所示；"螺纹特征"方式通过选择一螺旋线来控制斜线加工的路径走向，如图 6-45 所示（螺纹线不在同一圆柱上的螺纹，按螺纹特征方法无法生成螺纹方向走刀的路径）。

图 6-43　斜线走刀

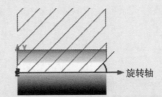

图 6-44　倾斜方式-设定角度

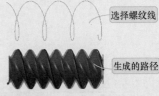

图 6-45　倾斜方式-螺纹特征

5）U 向：每条路径子段按照导动面的 U 向进行加工，路径子段之间按照导动面的 V 向进行加工，如图 6-46 所示，该方式只用于"指向导动面"走刀方式。

6）V 向：每条路径子段按照导动面的 V 向进行加工，路径子段之间按照导动面的 U 向进行加工，如图 6-47 所示，该方式只用于"指向导动面"走刀方式。

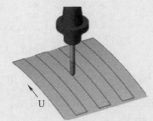

图 6-46　U 向走刀

图 6-47　V 向走刀

6.1.5　曲面投影加工

曲面投影加工是多轴联动加工中一个重要的加工方法，能够通过辅助导动面和刀轴控制方式生成与其他加工方法具有相同效果的加工路径，可用于加工图 6-48 所示工艺品类工件。曲面投影加工命令是根据导动面的 U/V 流线方向生成初始投影路径，并根据设置的刀轴方式生成刀轴，然后按照一定的投影方向，

图 6-48　曲面投影加工

图 6-49　电极

207

将初始路径投影到加工面生成加工路径的一种多轴加工方式。

下面以图 6-49 所示电极精加工为例，介绍曲面投影加工的实际应用过程（参考案例文件"电极-final. escam"）。

STEP1：单击功能区的"多轴加工"选项卡中的"曲面投影加工"按钮，弹出"刀具路径参数"对话框，设置"走刀方向"为"螺旋"，"投影方向"为"刀轴方向"，如图 6-50 所示。

STEP2：切换到参数树的"加工刀具"，单击"刀具名称"按钮进入当前刀具表，选择"［球头］JD-1.00-1"；设置"刀轴控制方式"为"五轴线方向"，修改走刀速度的参数如图 6-51 所示。

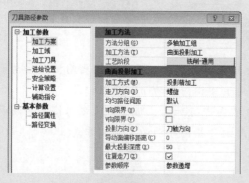

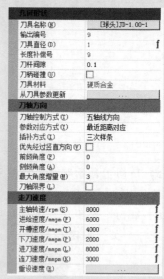

图 6-50　刀具路径参数　　　　　　　　　　　图 6-51　加工刀具

STEP3：切换到参数树的"加工域"，单击"编辑加工域"按钮，单击导航栏的"加工面""刀轴曲线""导动面"按钮，拾取加工面、刀轴曲线和导动面；设置"加工面侧壁余量"和"加工面底部余量"均为 0，如图 6-52 所示。

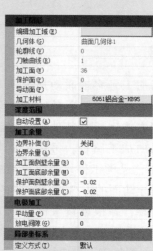

图 6-52　加工域

STEP4：切换到参数树的"进给设置"，设置"路径间距"为 0.1mm，设置"进刀方式"为"切向进刀"，如图 6-53 所示。

STEP5：其他参数保持默认。单击"计算"按钮生成"曲面投影加工"路径，如图 6-54 所示。

路径间距		
间距类型(T)	设置路径间距	
路径间距	0.1	f
重叠率%(R)	90	f
进刀方式		
进刀方式(T)	切向进刀	
圆弧半径(R)	0.6	f
圆弧角度(A)	30	f
封闭路径螺旋连刀(P)	☑	
仅起末点进退刀(E)	☐	
直线延伸长度(L)	0	f
按照行号连刀(N)	☐	
最大连刀距离(D)	2	f
删除短路径(S)	0.02	f

图 6-53 进给设置

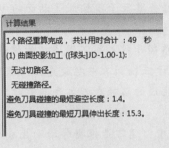

计算结果

1个路径重算完成，共计用时合计：49 秒

(1) 曲面投影加工 ([球头]JD-1.00-1)：

无过切路径。

无碰撞路径。

避免刀具碰撞的最短避空长度：1.4。

避免刀具碰撞的最短刀具伸出长度：15.3。

图 6-54 生成路径

📝 **参数说明：**

1. 加工方式

曲面投影加工命令根据加工目的，提供了投影精加工、分层粗加工、单笔清根加工以及投影区域加工四种加工方式来满足实际加工需求。

1）投影精加工：是曲面投影加工命令中最为常用的一种加工方式，主要是依据导动面的流线生成初始路径，再按照投影方向在加工面上生成多轴联动的精加工路径，如图 6-55 所示。

2）分层粗加工：是曲面投影加工命令提供的一种粗加工方式，主要是由毛坯形状和导动面共同限定加工域生成多轴联动的分层粗加工路径，如图 6-56 所示。

图 6-55 投影精加工

图 6-56 分层粗加工

3）单笔清根加工：是曲面投影加工命令提供的一种清根方式，主要用于解决多轴精加工在角落位置加工不到位而产生剩余的残料问题，如图 6-57 所示。

4）投影区域加工：是分层粗加工的一种特殊形式，主要是通过保护面限定加工面上的可加工区域，在可加工区域上生成区域加工路径，如图 6-58 所示。

图 6-57 单笔清根加工

图 6-58 投影区域加工

2. 走刀方向

1）U 向：每条路径子段按照导动面的 U 向进行加工，路径子段之间按照导动面的 V 向进行加工。

2）V 向：每条路径子段按照导动面的 V 向进行加工，路径子段之间按照导动面的 U 向进行加工。

3）螺旋：路径子段之间实现连续的螺旋走刀，没有明显的进退刀。粗加工中的螺旋走刀效果类似于三轴加工中螺旋走刀，只不过是每层路径没有在一个平面内。

4）斜线：生成的路径走刀方向与导动面的 U 向流线成一定角度。

3. 投影方向

在多轴加工中，通常是根据导动面生成原始路径，然后再按照一定的方向将原始路径投影到加工曲面上的，因此投影方向的选择，对多轴加工路径的生成有着很大影响。SurfMill 9.0 软件在多轴加工组的加工方法中提供了两种投影方向。

1）刀轴方向：导动面上的原始路径沿刀轴方向投影到加工面上，如图 6-59 所示，刀轴方向由用户选择的刀轴控制方式来决定。在浮雕类模型计算中，选择刀轴方向作为投影方向可以提高计算速度。

2）曲面法向：依据导动面生成的原始路径沿导动面的曲面法矢方向投影到加工面上，如图 6-60 所示。当设定的刀轴方向与加工曲面平行或近似平行时，沿刀轴方向投影只能生成局部加工路径或根本不能生成加工路径，此时建议选择曲面法向方式进行投影。

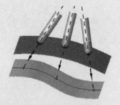

图 6-59　刀轴方向投影

图 6-60　曲面法向投影

6.1.6　多轴侧铣加工

多轴侧铣加工命令利用刀具的侧刃对直纹曲面或类似直纹曲面的曲面进行加工，刀轴在加工过程中与直母线保持平行，起到曲面精修的作用，如图 6-61 所示。

下面以图 6-62 所示叶轮侧壁的精加工为例，介绍多轴侧铣加工实际应用的过程（参考案例文件"叶轮-final. escam"）。

图 6-61　多轴侧铣加工

图 6-62　叶轮

STEP1：单击功能区的"多轴加工"选项卡中的"多轴侧铣加工"按钮，弹出"刀具路径参数"对话框，设置"多轴侧铣方式"为"两曲线侧铣"，勾选"切削方向反向"，如图6-63所示。

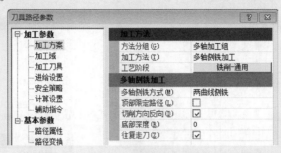

图6-63 刀具路径参数

📝 **参数说明：**

SurfMill 9.0软件根据多轴侧铣生成路径的原理不同，提供了直纹面侧铣、两曲线侧铣、叶轮侧铣三种侧铣方式。

1）直纹面侧铣：利用刀具的侧刃，沿所选的挡墙曲面进行铣削，起到对曲面光刀的作用，如图6-64所示，主要用于单张曲面的加工，对于多张挡墙曲面，流线方向保持一致且曲面之间衔接光顺的情况，也可以使用该方式加工。该方式提供两种路径生成模式。

① "刀轴不变"模式生成的路径会针对挡墙曲面做一次投影，在保证刀轴不变情况下，使路径分布更规律、刀轴更加光顺。但当挡墙面扭曲比较大的时候，会造成刀触点改变，发生欠切问题。

② "刀触点不变"模式生成的路径不再针对挡墙面进行投影，对于过切的位置只调整刀轴，保证刀触点不发生改变。

2）两曲线侧铣：利用两条曲线生成直纹面作为挡墙曲面，生成侧铣加工路径，如图6-65所示。如果加工域中选择了挡墙曲面，则系统会针对所选挡墙曲面做相应的投影进行检查调整。该方式主要适用于原始加工面质量不好，如加工模型由于输入误差导致的一些曲面存在缝隙、小曲面丢失、轻微的鼓包而无法使用直纹面侧铣功能进行加工的情况，此时可以依靠所选的侧铣底部和顶部曲线，生成侧铣加工路径，提高侧铣路径质量。

3）叶轮侧铣：主要用于叶轮的加工，加工方式有流道粗加工、叶片精加工、前缘精加工，如图6-66所示。

图6-64 直纹面侧铣

图6-65 两曲线侧铣

图6-66 叶轮侧铣

STEP2：切换到参数树的"加工域"，单击"编辑加工域"按钮，在绘图区分别拾取保护面、侧铣顶部曲线、侧铣底部曲线、挡墙曲面、底板曲面；加工余量的参数均设为0，如图 6-67 所示。

图 6-67　加工域

参数说明：

1）轮廓线：用于限定加工区域，裁剪原始路径。配合"轮廓修剪路径"参数使用。

2）挡墙曲面：设置侧铣中需要加工的曲面，该加工面需要保持曲面法矢方向的一致性，并且朝向希望加工的一侧。

3）底板曲面：类似于保护面，避免刀具底刃与其接触，造成过切。

4）侧铣顶部曲线：第一条边界线，该曲线为单根曲线或组合曲线。

5）侧铣底部曲线：第二条边界线，该曲线为单根曲线或组合曲线。两条曲线调换会直接影响路径的刀轴方向。

STEP3：切换到参数树的"加工刀具"，单击"刀具名称"按钮进入当前刀具表，选择"［球头］JD-2.00"；设置"刀轴控制方式"为"沿切削方向倾斜"，"初始刀轴方向"为"垂直于切削方向"，修改走刀速度的参数，如图 6-68 所示。

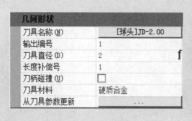
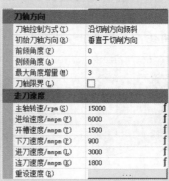

图 6-68　加工刀具

STEP4：切换到参数树的"进给设置"，设置"分层方式"为"限定层数"，"轴向偏移方式"为"向中间过渡"，"路径层数"为50，设置"进刀方式"为"切向进刀"，如图 6-69 所示。

STEP5：其他参数保持默认，单击"计算"按钮生成"多轴侧铣加工"路径，如图 6-70 所示。

图 6-69　进给设置　　　　　　　　　　　　　　　图 6-70　生成路径

6.1.7　多轴区域加工

多轴区域加工组是将二维区域加工组移植到多轴加工平台，通过曲面投影操作在曲面上生成多轴联动加工路径，实现在曲面上加工出具有一定深度槽的功能。多轴区域加工命令主要应用于在曲面上进行闭合区域或图案的加工，如文字雕刻，如图 6-71 所示。

下面以图 6-72 所示瓶子模具的标志雕刻为例，介绍多轴区域加工的实际应用过程（参考案例文件"瓶子模具-final. escam"）。

图 6-71　多轴区域加工

图 6-72　瓶子模具

STEP1：单击功能区的"多轴加工"选项卡中的"多轴区域加工"按钮，弹出"刀具路径参数"对话框，修改"走刀方式"等相关参数，如图 6-73 所示。

图 6-73　刀具路径参数

参数说明：

1. 映射区域形状

多轴区域加工中，个别自由形状的曲面生成的路径在一定程度上存在变形，用户可以通过改变映射方式，使其变形量达到最小，以满足实际加工要求。根据导动面的形状及曲面流线分布，SurfMill 9.0软件提供了矩形、扇形、椭圆形/圆形三种映射方式。

1）矩形：适用于在导动面为柱面或类似于柱面的曲面上加工，其中柱面加工完全没有变形。

2）扇形：适用于在导动面为锥面或类似于锥面的曲面上加工，其中锥面加工完全没有变形。

3）椭圆形/圆形：适用于在导动面为椭球面（球面）或类似于椭球面（球面）的曲面上加工。

2. 加工类型

多轴区域加工与2.5轴区域加工方式一样，提供了区域加工、残料补加工、三维清角、区域修边四种加工类型。

1）区域加工：主要是利用大刀具快速去除加工区域内的材料。

2）残料补加工：主要用于去除区域粗加工时在窄小区域大刀具无法加工到位留下的残料。残料补加工功能可以根据区域粗加工刀具和当前刀具的大小关系自动计算出残料位置，生成去除残料的补加工路径。

3）三维清角：主要是利用锥刀的几何特征最大限度的去除区域内需要加工的材料，保证清晰的区域形状。

4）区域修边：主要用于解决粗加工之后侧面效果不好、有毛刺的现象。为了获得良好的边界效果和尺寸精度，一般都要采用区域修边。

STEP2：切换到参数树的"加工域"，单击"编辑加工域"按钮，在绘图区分别拾取轮廓线和导动面；设置"表面高度"为0.2mm，"加工深度"为0.18mm，设置"侧边余量"和"底部余量"均为0，如图6-74所示。

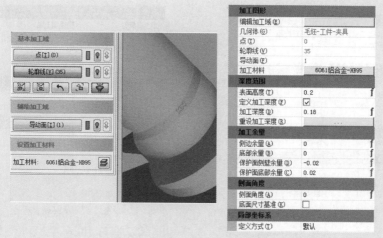

图 6-74 加工域

📝 **参数说明：**

1）点：主要用于在封闭图形中指定初始下刀位置。

2）轮廓线：多轴区域加工中的轮廓线是吸附在导动面上的曲线，同时轮廓曲线须满足封闭、不自交、不重叠的原则；否则生成的路径可能会出现偏差。轮廓线和导动面之间的距离越大，加工时的偏差也越大。

STEP3：切换到参数树的"加工刀具"，单击"刀具名称"按钮进入当前刀具表，选择"［锥度球头］JD-30-0.35"，修改走刀速度参数如图 6-75 所示。

215

几何形状	
刀具名称(N)	［锥度球头］JD-30-0.35
输出编号	1
顶直径(D)	3
圆角半径(R)	0.35
刀具锥度(a)	30
长度补偿号	1
刀柄碰撞(U)	☑
刀柄间隙(E)	0.1
刀具材料	硬质合金
从刀具参数更新	...

刀轴方向	
刀轴控制方式(T)	曲面法向
最大角度增量(M)	3
刀轴限界(L)	☐
走刀速度	
主轴转速/rpm(S)	16000
进给速度/mmpm(F)	200
开槽速度/mmpm(T)	200
下刀速度/mmpm(P)	200
进刀速度/mmpm(L)	200
连刀速度/mmpm(K)	200
重设速度(R)	...

图 6-75 加工刀具

STEP4：切换到参数树的"进给设置"，设置"路径间距"为 0.1mm，"分层方式"为"限定深度"，"吃刀深度"为 1mm，如图 6-76 所示。

STEP5：切换到参数树的"安全策略"，设置"安全模式"为"映射"，如图 6-77 所示。

STEP6：其他参数保持默认。单击"计算"按钮生成"多轴区域加工"路径，如图 6-78 所示。

路径间距	
间距类型 (T)	设置路径间距
路径间距	0.1 f
重叠率% (R)	85.22 f
轴向分层	
分层方式	限定深度
吃刀深度 (D)	1 f
拷贝分层 (Y)	☐
减少抬刀 (K)	☑
开槽方式	
开槽方式 (T)	关闭
下刀方式	
下刀方式 (M)	关闭
过滤刀具盲区 (D)	☐
下刀位置	自动搜索

图 6-76　进给设置

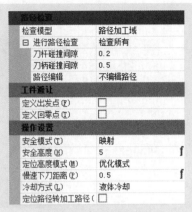

路径检查	
检查模型	路径加工域
☐ 进行路径检查	检查所有
刀杆碰撞间隙	0.2
刀柄碰撞间隙	0.5
路径编辑	不编辑路径
工件避让	
定义出发点 (F)	☐
定义回零点 (T)	☐
操作设置	
安全模式 (T)	映射
安全高度 (H)	5 f
定位高度模式 (M)	优化模式
慢速下刀距离 (P)	0.5 f
冷却方式	液体冷却
定位路径转加工路径 (	☐

图 6-77　安全策略

计算结果
1个路径重算完成，共计用时合计：1 秒
(1) 多轴区域加工 ([锥度球头]JD-30-0.35):
无过切路径。
无碰撞路径。
避免刀具碰撞的最短刀具伸出长度：19.1。

图 6-78　生成路径

参数说明：

在多轴加工中，SurfMill 9.0 软件提供了六种安全模式，包括自动、平面、柱面、球面、映射、毛坯面。用户可以根据工件的不同形状选择不同的安全模式。

1) 自动：假设沿路径刀轴方向远离加工曲面一定距离后所形成的曲面为安全曲面，如图 6-79 所示。

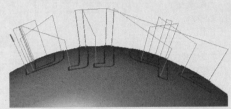

图 6-79　安全模式——自动

2) 平面：假设在加工曲面的正上方一定高度处存在一张平面，在加工过程中保证刀具在该平面以上快速移动就是安全的，刀具不会与加工面发生碰撞，如图 6-80 所示。设置的平面高度应大于加工曲面的最大高度；最大高度指当前路径局部坐标系的 Z 向最大高值。

3) 柱面：假设在加工曲面外面有一张包裹的圆柱面，在加工过程中保证刀具在该曲面上快速移动就是安全的，刀具不会与加工面发生碰撞，如图 6-81 所示。设置的柱面半径应大于加工曲面的最大半径；形成的柱面一般是绕当前路径局部坐标系 Z 轴的圆柱面。

216

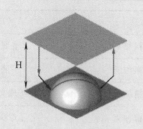
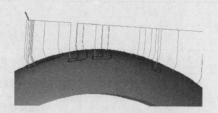

图 6-80　安全模式——平面

4）球面：假设加工曲面外面有一张包裹的球面，在加工过程中保证刀具在该曲面上快速移动就是安全的，刀具不会与加工面发生碰撞，如图 6-82 所示。设置的球面半径应大于加工曲面的最大半径。

图 6-81　安全模式——柱面　　　　　　　图 6-82　安全模式——球面

5）映射：选用该模式时，定位路径按三轴方式生成再通过映射方式转为五轴路径，只在多轴区域加工中存在，如图 6-83 所示。

6）毛坯面：假设在加工曲面外面有一张绕指定轴旋转的面，在加工过程中保证刀具在该曲面上快速移动就是安全的，刀具不会与加工面发生碰撞，如图 6-84 所示。

图 6-83　安全模式——映射　　　　　　　图 6-84　安全模式——毛坯面

6.2　实例——足球工艺品多轴加工

本节以图 6-85 所示足球工艺品加工为例，介绍使用 SurfMill 9.0 软件快速生成多轴加工路径（参考案例文件"足球工艺品-final. escam"）的方法。

工件最小曲面的曲率半径为 3mm，精加工时使用球头刀 D4 即可。球面刻线可使用五轴曲线加工方法、底座刻字可使用多轴区域加工方法。足球工艺品加工工艺见表 6-1。

图 6-85　足球工艺品

217

表 6-1　足球工艺品加工工艺

序号	工序	加工方法	刀具名称
1	粗加工	分层环切粗加工	[平底]JD-10.00
2	粗加工	分层环切粗加工	[平底]JD-10.00
3	半精加工	曲面投影精加工	[球头]JD-4.00
4	精加工	曲面投影精加工	[球头]JD-4.00
5	刻线	五轴曲线加工	[球头]JD-1.00
6	刻字	多轴区域加工	[锥度平底刀]JD-20-0.10

6.2.1　模型创建

模型创建的内容包括选择文件模板类型，建立部件的几何模型、夹具模型，为之后的操作奠定基础。

STEP1：单击"新建"按钮，弹出"新建"对话框。在"曲面加工"选项卡上的"名称"列表框中选择"精密加工"选项，单击"确定"按钮，如图 6-86 所示。

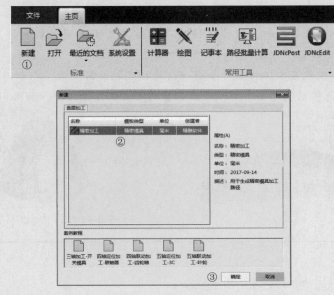

图 6-86　选择文件模板类型

STEP2：单击导航工作区的"3D 造型" 按钮进入 3D 造型环境。在该环境下，单击"文件"→"输入"→"三维曲线曲面"命令打开"输入"对话框，在列表框中，选择"足球工艺品"模型文件，导入几何模型，再将模型的图层根据模型不同部分进行管理，以便后续的高效拾取，如图 6-87 所示。

图 6-87　导入几何模型并设置图层

6.2.2　加工准备

制订加工工艺后，单击导航工作区的"加工环境" 按钮进入加工环境，在正式编程前，还需要进行机床、刀具、几何体的相关设置，如图 6-88 所示。

图 6-88　加工项目设置

1. 机床设置

STEP1：单击"机床设置"按钮，在"机床类型"选项区域中选中"5 轴"，选择"JDGR400_A13SH"机床文件，系统会自动匹配并显示相应的配置信息，选择机床输入文件格式为"JD650 NC（As Eng650）"，如图 6-89 所示。

STEP2：机床设置完成后，软件界面可能会显示机床模型，可以通过单击工具条的"显示/隐藏机床模型"按钮来隐藏，如图 6-90 所示。

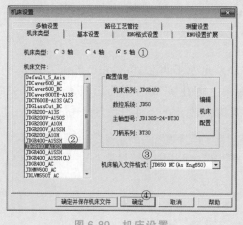

图 6-89　机床设置

图 6-90　显示/隐藏机床模型

2. 创建刀具表

如果系统刀具库中存在需要的刀具，则可直接进入当前刀具表添加刀具，否则需要进入系统刀具库创建新刀具。对于足球工艺品模型而言，系统刀具库中的刀具已经足够了，则直接进入当前刀具表。

STEP1：单击"当前刀具表"对话框的"添加刀具" ⁺🔧 按钮，从系统刀具库中选取加工中所使用的刀具以及与之匹配的刀柄，如图6-91所示。

STEP2：在"刀具创建向导"对话框中选择"平底刀"节点下的"［平底］JD-10.00"选项，单击"下一步"按钮，选择"BT30-ER16-100S"刀柄，再单击"下一步"按钮进入刀具参数编辑界面。

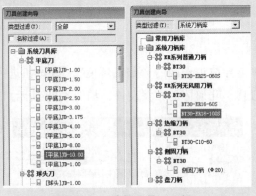

图6-91 选择刀具、刀柄

STEP3：如图6-92所示，在"刀杆参数"选项区域设置"刀具伸出长度"为40mm；在"加工速度"选项区域修改刀具加工速度各参数；选择"工艺管控参数"选项区域，设置"加工阶段"为"粗加工"，如图6-92所示。单击"确定"按钮完成第一把刀具的添加。

图6-92 修改参数信息

STEP4：同样的操作流程添加其他几把刀，此处不再赘述。在"当前刀具表"对话框中单击"确定"按钮完成当前刀具表的编辑，创建完成的当前刀具表如图6-93所示（其中"［球头］JD-1.0"需要提前在系统刀具库修改长度，使其大于11mm）。

加工阶段	刀具名称	刀柄	输出编号	长度补偿号	半径补偿号	刀具伸出长度	加锁	使用次数
粗加工	［平底］JD-10.00	BT30-ER16-100S	1	1	1	40		0
精加工	［球头］JD-4.00	BT30-ER11-85S	2	2	2	22		0
精加工	［锥度平底］JD-20-0.10	BT30-ER11-85S	3	3	3	10		0
精加工	［球头］JD-1.00	BT30-ER16-100S	4	4	4	11		0

图6-93 创建完成的当前刀具表

3. 创建几何体

STEP1：单击"创建几何体"按钮，进行工件设置。在导航栏单击"定义过滤条件"按钮，弹出"设置拾取过滤条件"对话框；单击"增加"按钮，弹出"添加拾取过滤条件"对话框，在"图层"列表框中选择"工件"，单击"确定"按钮，完成工件面的拾取，如图 6-94 所示。当然也可以选择其他方式，如打开对应图层拾取曲面。工件设置完成后如图 6-95 所示。

图 6-94　过滤条件使用

图 6-95　工件设置

STEP2：选用轮廓线的方式创建毛坯。选择毛坯轮廓线，系统自动创建毛坯体，如图 6-96 所示。

STEP3：按照工件设置的操作步骤设置夹具，图层选取夹具层图形作为夹具几何体，如图 6-97 所示。

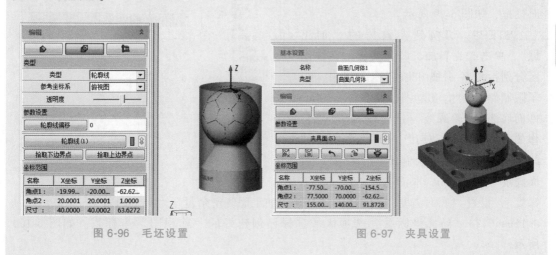

图 6-96　毛坯设置

图 6-97　夹具设置

4. 几何体安装

单击"几何体安装"按钮，单击"自动摆放"按钮，工件将自动安装在机床工作台，如图 6-98 所示，若自动摆放后安装状态不正确，可以通过软件提供的点对点平移、动态坐标系等其他方式完成几何体安装。

图 6-98　几何体安装

6.2.3　路径生成

现在开始生成路径。在下面的加工流程中将逐步应用之前学到的多轴加工相关方法。

1. 分层环切粗加工

依据模型特征可知，粗加工时须使机床的旋转轴先转到固定方位，然后开始切削，在切削过程中，机床的旋转轴不与机床的 *X*、*Y*、*Z* 轴一起运动；当切削过程完成后，刀具离开工件，机床旋转轴转到另一方位，再开始另一个切削过程。需提前通过"项目设置"→"加工坐标系"命令添加前视图和后视图。

STEP1：单击功能区的"三轴加工"选项卡上"3 轴加工"组中的"分层区域粗加工"按钮，弹出"刀具路径参数"对话框，如图 6-99 所示。

STEP2：切换到参数树的"加工域"，单击"编辑加工域"按钮，在绘图区分别拾取轮廓线和加工面。其中，为了限制路径的生成范围，使其不超过工件面底部，"轮廓线"选择在 3D 环境制作的曲线，该曲线使用 3D 环境中的"曲线"→"矩形"命令绘制所得。设置"表面高度"为 20mm，取消选中"定义加工深度"，

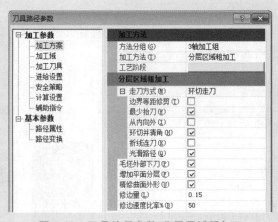

图 6-99　刀具路径参数-分层区域粗加工

设置"底面高度"为-1mm，设置"加工面侧壁余量"和"加工面底部余量"为 0.15mm，在"局部坐标系"选项区域选择已创建好的"前视图"坐标系，如图 6-100 所示。

STEP3：切换到参数树的"加工刀具"，单击"刀具名称"按钮进入当前刀具表，选择"[平底] JD-10.00"，修改走刀速度参数如图 6-101 所示。

STEP4：切换到参数树的"进给设置"，设置"路径间距"为 4mm，采用"限定深度"的分层方式，设置"吃刀深度"为 0.4mm，如图 6-102 所示。

图 6-100　加工域

STEP5：其他参数保持默认，单击"计算"按钮生成路径，如图 6-103 所示。右击新生成的路径节点，将其重命名为"分层环切粗加工-1"。

STEP6：右击路径节点"分层环切粗加工-1"，选择"拷贝"选项，生成新的路径节点，并将其重命名为"分层环切粗加工-2"。双击路径，弹出"刀具路径参数"对话框，修改"局部坐标系"为"后视图"，单击"计算"按钮即可生成该路径，如图 6-104 所示。

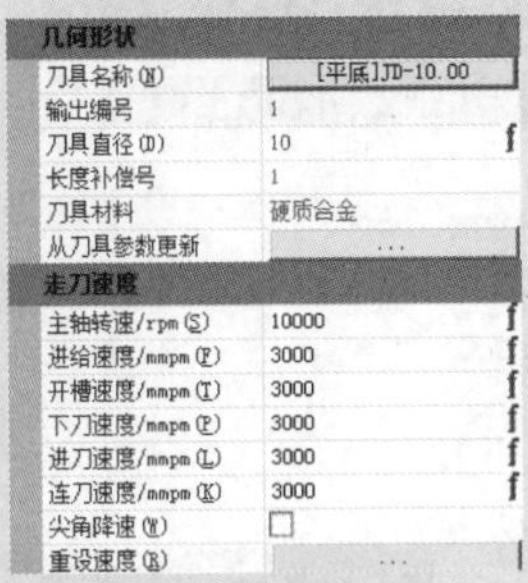

图 6-101　加工刀具

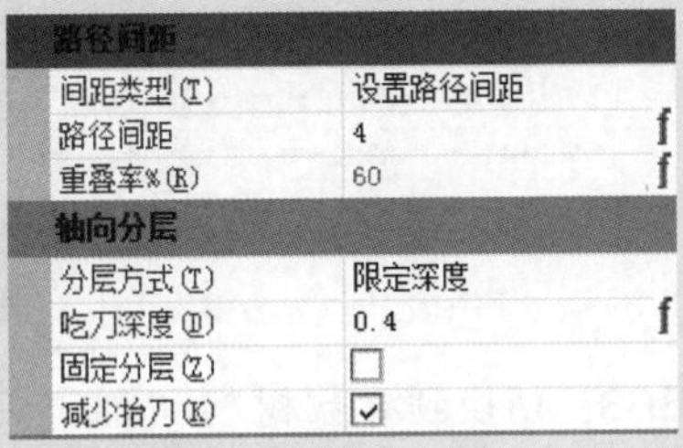

图 6-102　修改参数

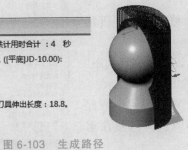

图 6-103　生成路径

图 6-104　生成路径

2. 曲面投影加工

STEP1：单击功能区的"多轴加工"选项卡中的"曲面投影加工"按钮，弹出"刀具路径参数"对话框，设置"走刀方向"为"螺旋"，"均匀路径间距"为"整体均匀"，"投影方向"为"曲面法向"，"最大投影深度"为 30mm，如图 6-105 所示。

223

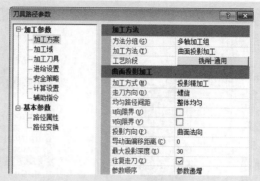

图 6-105　刀具路径参数-曲面投影加工

STEP2：切换到参数树的"加工域"，单击"编辑加工域"按钮，在绘图区分别拾取加工面和导动面，设置"加工面侧壁余量"和"加工面底部余量"均为 0.05mm，如图 6-106 所示。

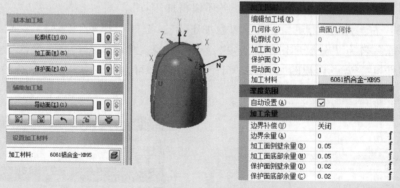

图 6-106　加工域

STEP3：切换到参数树的"加工刀具"，单击"刀具名称"按钮进入当前刀具表，选择"[球头]JD-4.00"；"刀轴控制方式"为"沿切削方向倾斜"，"前倾角度"为 25°，"侧倾角度"为-20°，"最大角度增量"为 2°，修改走刀速度的参数如图 6-107 所示。

STEP4：切换到参数树的"进给设置"，设置"路径间距"为 1mm，设置"进刀方式"为"关闭进刀"，如图 6-108 所示。

STEP5：其他参数保持默认，单击"计算"按钮生成路径，如图 6-109 所示。右击新生成的路径节点，将其重命名为"曲面投影半精加工"。

STEP6：右击路径节点"曲面投影半精加工"，选择"拷贝"命令生成新的路径节点，并将其重命名为"曲面投影精加工"。双击路径，弹出"刀具路径参数"对话框，切换到参数树"加工域"，修改"加工余量"为 0；然后切换到参数树"进给设置"，修改"路径间距"为 0.4mm，如图 6-110 所示。

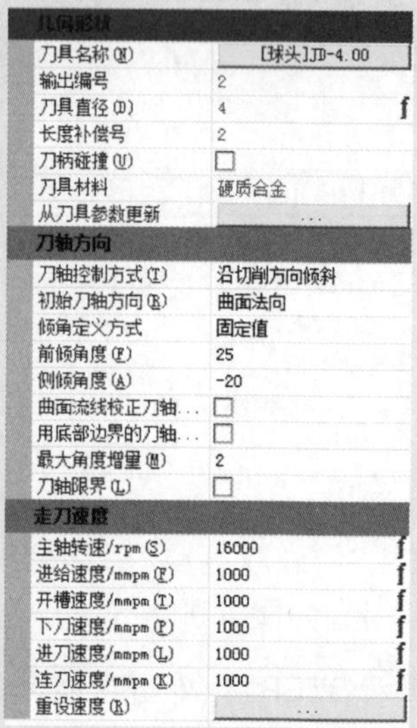

图 6-107　加工刀具

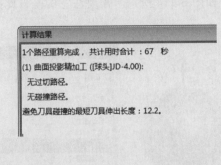

路径间距	
间距类型(T)	设置路径间距
路径间距	1
重叠率%(R)	75
进刀方式	
进刀方式(T)	关闭进刀
封闭路径螺旋连刀(P)	☑
按照行号连刀(N)	☐
最大连刀距离(L)	8
删除短路径(S)	0.02

图 6-108 进给设置

计算结果
1个路径重算完成，共计用时合计：29 秒
(1) 曲面投影半精加工 ([球头]JD-4.00)：
无过切路径。
无碰撞路径。
避免刀具碰撞的最短刀具伸出长度：12.2。

图 6-109 生成路径

加工余量	
边界补偿(U)	关闭
边界余量(A)	0
加工面侧壁余量(B)	0
加工面底部余量(M)	0
保护面侧壁余量(D)	0
保护面底部余量(C)	0
电极加工	
平动量(P)	0
放电间隙(G)	0

路径间距	
间距类型(T)	设置路径间距
路径间距	0.4
重叠率%(R)	90
进刀方式	
进刀方式(T)	关闭进刀
封闭路径螺旋连刀(P)	☑
按照行号连刀(N)	☐
最大连刀距离(L)	8
删除短路径(S)	0.02

图 6-110 修改参数

STEP7：单击"计算"按钮即可重新生成该路径，如图 6-111 所示。

计算结果
1个路径重算完成，共计用时合计：67 秒
(1) 曲面投影精加工 ([球头]JD-4.00)：
无过切路径。
无碰撞路径。
避免刀具碰撞的最短刀具伸出长度：12.2。

图 6-111 生成路径

3. 五轴曲线加工

STEP1：单击功能区"多轴加工"选项卡中的"五轴曲线加工"按钮，弹出"刀具路径参数"对话框，如图 6-112 所示。

STEP2：切换到参数树的"加工刀具"，单击"刀具名称"按钮进入当前刀具表，设置"刀具名称"为"[球头] JD-1.00"；"刀轴控制方式"为"沿切

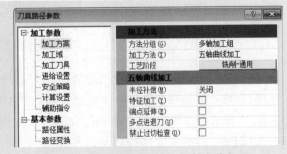

图 6-112 刀具路径参数-五轴曲线加工

225

削方向倾斜"，"初始刀轴方向"为"曲面法向"，勾选"刀轴界限"；修改走刀速度的参数如图 6-113 所示。

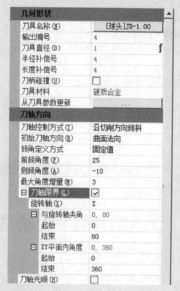

图 6-113　刀具路径

STEP3：切换到参数树的"加工域"，单击"编辑加工域"按钮，在绘图区分别拾取轮廓线和导动面；设置"表面高度"为 0，取消选中"定义加工深度"，设置"底面高度"为 0，"底部余量"为-0.2mm，如图 6-114 所示。需要注意的是，此处的导动面为足球球面。

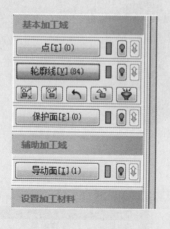

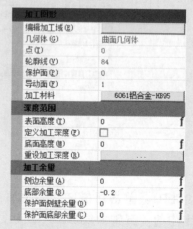

图 6-114　加工域

STEP4：切换到参数树的"进给设置"，修改"路径层数"为 3，如图 6-115 所示。

STEP5：切换到参数树的"安全策略"，勾选"定义出发点"；设置"安全高度"为 20mm，"慢速下刀距离"为 10mm，如图 6-116 所示。

STEP6：其他参数保持默认，单击"计算"按钮生成"五轴曲线加工"路径，如图 6-117 所示。

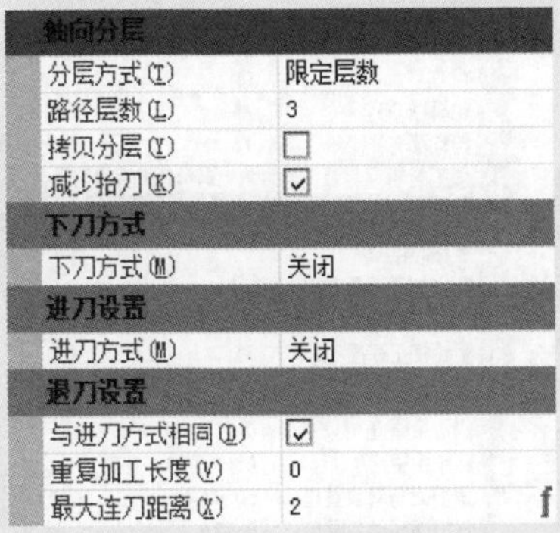

轴向分层	
分层方式（T）	限定层数
路径层数（L）	3
拷贝分层	☐
减少抬刀（K）	☑
下刀方式	
下刀方式（M）	关闭
进刀设置	
进刀方式（M）	关闭
退刀设置	
与进刀方式相同（D）	☑
重复加工长度（V）	0
最大连刀距离（X）	2 f

图 6-115 进给设置

路径检查	
检查模型	路径加工域
☐ 进行路径检查	检查所有
刀杆碰撞间隙	0.2
刀柄碰撞间隙	0.5
路径编辑	不编辑路径
工件派让	
☐ 定义出发点（F）	☑
定义回零点（T）	☐
操作设置	
安全模式（T）	自动
安全高度（H）	20
定位高度模式（M）	优化模式
慢速下刀距离（F）	10 f
冷却方式（L）	液体冷却
半径磨损补偿（E）	关闭
定位路径转加工路径（ ）	☐

图 6-116 安全测量设置

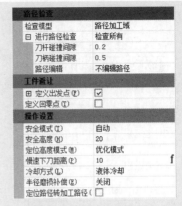

计算结果

1个路径重算完成，共计用时合计：2 秒

(1) 五轴曲线加工 ([球头]JD-1.00):

无过切路径。

无碰撞路径。

避免刀具碰撞的最短刀具伸出长度：10.7。

图 6-117 生成路径

4. 多轴区域加工

STEP1：单击功能区"多轴加工"选项卡中的"多轴区域加工"按钮，弹出"刀具路径参数"对话框。修改走刀方式等相关参数，如图 6-118 所示。

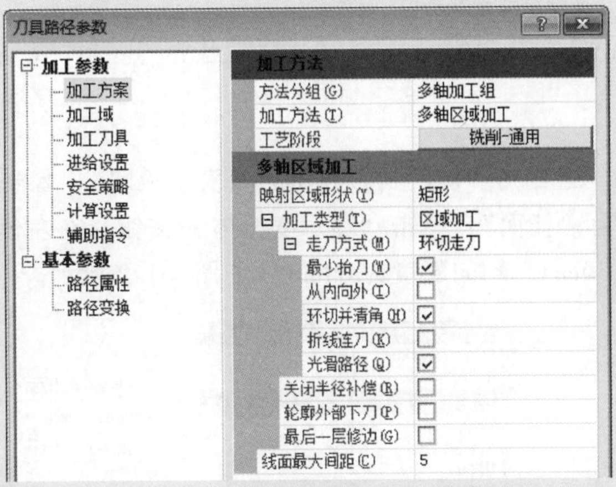

STEP2：切换到参数树的"加工域"，单击"编辑加工域"按钮，在绘图区分别拾取轮廓线和导动面设置"表面高度"为 0，"加工深度"为 0.01mm；"侧边余量"和"底部余量"均为 0，如图 6-119 所示。

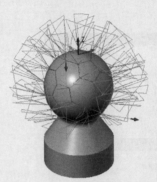

图 6-118 刀具路径参数-多轴区域加工

STEP3：切换到参数树的"加工刀具"，单击"刀具名称"按钮进入当前刀具表，选择"［锥度平底］JD-20-0.10"，修改走刀速度参数如图 6-120 所示。

STEP4：切换到参数树的"进给设置"，设置"路径间距"为 0.05mm，"分层方式"采用"限定深度"，"吃刀深度"为 1mm；设置"下刀方式"为"关闭"，如图 6-121 所示。

227

图 6-119　加工域

图 6-120　加工刀具

图 6-121　进给设置

228

STEP5：切换到参数树的"安全策略"，勾选"定义出发点"；设置"安全模式"选择为"柱面"；单击"显示安全体"按钮，在左侧导航栏勾选"反向拉伸"，并设置半径为 30mm、轴向长度为 60mm，如图 6-122 所示。

图 6-122　安全策略

STEP6：其他参数保持默认，单击"计算"按钮生成"多轴区域加工"路径，如图6-123所示。

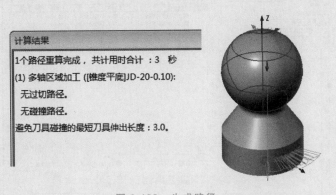

图 6-123　生成路径

6.2.4　机床模拟

为了检查路径参数的合理性以及确保加工安全，输出路径之前必须经过一系列加工过程检查，避免路径过切和刀具发生碰撞。

单击功能区的"刀具路径"选项卡中的"机床模拟"命令，调节模拟速度后，单击仿真控制区的"开始"按钮开始进行机床模拟；也可以单击"快速仿真"按钮，检查路径机床仿真运动是否安全，如图6-124所示。

图 6-124　仿真控制区

若模拟过程未有碰撞和超行程等提示信息，模拟完成后单击"确定"即可；若发生碰撞，则检查引起碰撞的原因并进行修改（如：优化夹具、更换刀柄），直至模拟通过。模拟后的路径树如图6-125所示。

图 6-125　模拟后的导航工作区

6.2.5　路径输出

经过对上述路径的机床模拟，没有发生安全问题就可输出路径。通过"刀具路径"→"输出刀具路径"命令，可将生成的加工路径按照加工机床支持的路径格式输出，进而在机床上进行加工，如图6-126所示。

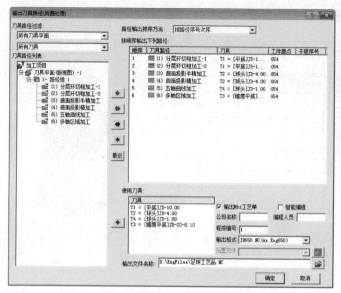

图 6-126　输出刀具路径

6.3　实战练习

请按照如下要求，编写"多轴加工练习"工件加工程序。

1）顶部可使用多轴联动加工，中间部分可使用多轴定位加工。

2）按需要设置新的加工坐标系，对称区域建议使用路径变换命令。

3）注意粗-半精-精加工路径之间加工余量的控制，防止局部吃刀量过大。

4）路径生成完毕后必须进行机床模拟，防止发生碰撞。

230

知识拓展 ——多轴加工的优势

1）能够加工一般三轴机床所不能加工或不能一次性完成加工的复杂曲面，如发动机叶片和叶轮、船用螺旋桨、曲轴等，应用场景更为广泛。

2）工件装夹相对容易，减少了特殊夹具的制造，降低了夹具成本。一次装夹完成所有的加工，避免多次装夹引入的误差，提高加工精度。

3）刀具角度可自由调整，避免刀具干涉，增加了刀具有效切削长度，减小了切削力，延长了刀具寿命。同时，可减少对特殊刀具的使用，降低刀具成本。

第7章 SurfMill 9.0在机测量

本章导读

SurfMill 9.0 软件提供的在机测量技术，应用于工件加工整个流程，保证了生产过程的连续、稳定和高效，并以此为基础形成一套在机测量和智能修正解决方案，除了能准确获取检测数据，还可以基于这些数据进行数学计算、几何评价和工艺改进等工作。

本章介绍 SurfMill 9.0 软件在机测量技术，包括元素检测、坐标系修正、特征评价和测量补偿等。通过本章学习，可以掌握元素测量、检测坐标系的创建、工件位置偏差修正、特征评价、曲线曲面测量补偿等方法。

学习目标

➢ 掌握常用的元素检测方式；
➢ 掌握常用的元素评价方式；
➢ 掌握曲线、曲面测量两种测量补偿方式；
➢ 掌握报表操作方法。

7.1 在机测量概述

7.1.1 在机测量介绍

在机测量技术是以机床硬件为载体，附以相应的测量工具（硬件包括机床测头、机床对刀仪等，软件包括宏程式、专用测量软件等），在工件加工过程中，对工件实现数据的实时采集工作，可以用于加工辅助、数据分析计算等方面，以便通过科学的方案帮助并指导工程技术人员找到提高生产品质、产品优良率的方法。该技术是工艺改进的一种测量方式，同时也是过程控制的重要环节。

在机测量技术是 SurfMill 9.0 软件通过配合相应的测量工具，实现工件加工前、加工后的形状、位置偏差测量及修正。通过数据采集和分析计算帮助工程人员完成在机质检的工作，解决了传统离线测量响应速度慢、等待时间长、上机返修难、生产节拍差等生产问题。测量补偿功能还可帮助工程人员解决工件加工过程中装夹偏移、产品面变形导致加工不准确的问题。

7.1.2 在机测量特点

在工件加工过程中，加工前，需要人工打表找正位置花费大量时间；加工中，无法及时预知刀具和工件状态导致工件报废；加工后，多环节流转易造成工件损伤，排队测量易造成机床停机。以上现象严重影响了加工过程的顺畅性和产品优良率，造成企业绩效和盈利能力降低。

在机测量技术可以实现加工生产和品质测量的一体化，对减少辅助时间、提高加工效率、提升加工精度和减少废品率有重要指导意义。在解决传统离线测量问题的同时还具有以下优点：

1. 智能修正

通过加工基准自动建立坐标系，提高打表精度，同时大大缩短人工辅助时间。

2. 制检合一

在不同工艺阶段进行工件检测，加工前检测毛坯进行信息采集，加工中检测工件进行补偿修正，加工后检测进行产品品质评判。

3. 数字化管理

在机检测数据可以融合到品质管控体系中，实现对车间内部所有设备的实时监控。通过大数据分析追踪品质根源，为改进整体的生产品质提供依据。

4. 自动化生产

降低来料检、过程检、首件检等传统环节对人员的依赖性。

5. 随形补偿

解决工件因毛坯和装夹等因素引起的变形后加工问题，保证生产连续性的同时提高产品加工效率。

在机测量提供了各类测量功能，包括坐标系、元素、构造、评价、结果表达和测量补偿，方便用户使用，如图 7-1 所示。

图 7-1　在机测量功能界面

7.2　元素

7.2.1　点

在产品的加工过程中，为了保证加工精度，加工余量通常是重点关注的问题。模具类产品加工具有加工时间长、工序环节多和使用刀具多等特点，加工余量的控制在模具加工中显得尤为重要。SurfMill 9.0 软件提供的点元素测量功能支持在产品面上快速布置测量点，并生成相应数控程序，实现产品的在机加工余量检测。检测结果可导入 SurfMill 9.0 软件中生成直观的图表，如图 7-2 所示。通过图表科学可靠的分析产品余量分布情况，帮助工艺人员改进工艺方案。同时对复杂图形及其他检测方式不支持的特征，也可使用"点方法"进行相关位置误差的检测。

点元素用于定义工件上每一个点的坐标值，可在平面或曲面的任何位置测量，测量结果可输出每个点的坐标值和测量点在探测方向上实测点与理论点的距离，常用于工件上某位置或特征的余量测量。

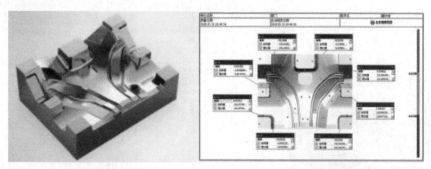

图 7-2 检测图表

下面将通过实例来说明点元素测量的设置步骤。（本书"7.2 元素""7.3 坐标系""7.4 评价"均参考案例文件"在机检测案例-final. escam"。）

此处对测试件上表面凹槽位置余量进行测量，如图 7-3 所示，并打印余量测量结果。

凹槽
点余量

图 7-3 点测量

STEP1：在 3D 环境下，单击功能区的"曲线"选项卡上"派生曲线"组中的"曲面边界线"按钮，在导航栏中单击"拾取曲面"按钮，在绘图区拾取凹槽面，单击"确定"按钮，如图 7-4 所示。

图 7-4 提取边界线

STEP2：单击功能区的"变换"选项卡上"基本变换"组中的"3D 平移"按钮，在导航栏中单击"拾取对象"按钮，在绘图区拾取曲线，在"DZ"文本框输入"-5"，单击"确定"按钮。

STEP3：单击功能区的"曲线"选项卡上的"点"按钮，在导航栏选中"等分点"，在曲线上均匀绘制辅助点，如图 7-5 所示。

233

STEP4：切换到加工环境中，单击功能区的"在机测量"选项卡上"元素"组中的"点"按钮，弹出"点参数"对话框，如图7-6所示。

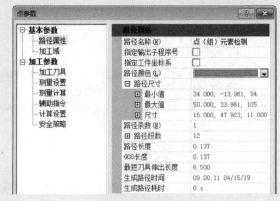

图7-5 布点　　　　　　　　　　　　　　　图7-6 点参数界面

STEP5：切换到参数树中的"加工域"，单击"编辑测量域"按钮，在导航栏单击"曲面手动"按钮，拾取被测曲面，测量点生成方式设置为"通过存在点"，在绘图区选择已提取好的凹槽辅助点，生成测量点如图7-7所示；设置"表面高度"为0，设置"加工深度"为0；设置"定义方式"为"默认"。

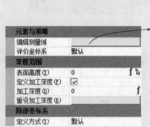

图7-7 点参数加工域设置

📎 **参数说明：**

单击"编辑测量域"右边的长条按钮，进入"测量域"导航栏，如图7-8所示。

① "曲线手动测量点"按钮：在绘图区选择需要布置测量点的曲线，选择存在点或通过参数值定义输入点生成测量点，根据需要设置测量点的探测方向，即可手动生成曲线上的测量点。手动生成的测量点为单点，不支持回滚编辑。

② "曲线自动测量点"按钮：在绘图区选择需要布置测量点的曲线，可通过设置"按点

图7-8 编辑测量域

数"或"按间距"来布置测量点，设置测量点探测方向、探测范围及跳过测量点，即可自动生成曲线上的测量点。

自动生成的测量点为点组，支持回滚编辑。对创建测量点时依附的几何元素进行改动后，自动生成的测量点组进行挂起，此时右击点树上对应的节点，可以进行测量点重算。

③"曲面手动测量点"按钮：选择需要布置测量点的曲面，选择存在点或通过U、V参数值定义输入点生成测量点，根据需要设置测量点的探测方向，即可手动生成曲面上的测量点。

④"曲面自动测量点"按钮：选择需要布置测量点的曲面，可通过设置曲面上的U、V向的点数来布测量点，设置测量点探测方向、探测范围及跳过测量点，即可自动生成曲面上的测量点。

⑤"通过位置点"按钮：通过存在点或输入点方式，选择测量点，并根据需要设置探测方向。

⑥"点表"按钮：单击此按钮，即可在弹出的"点表"对话框中显示当前坐标系下所有测量点的 ID、触点位置和探测方向，如图 7-9 所示。在"点表"对话框中选中某个测量点，在绘图区对应的测量点高亮显示，同时采用手动方式生成的测量点位置也可以通过直接修改点表中的坐标来改变。

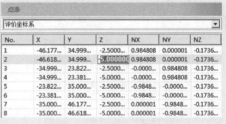

图 7-9 "点表"对话框

只有手动布点方式生成的测量点位置可以通过修改点表中测量点的坐标来改变，自动布点方式生成的测量点位置不能通过此方式进行修改。

⑦"重点检查"按钮：用于检查当前生成的所有测量点是否有重复。若存在重复的测量点，则弹出提示，如测量点 1 和测量点 7 重合，此时用户可以在点树中选择对应的测量点进行删除；如果没有重复的测量点，则提示"没有重点"。

⑧"点树"按钮：所有测量点均在点树上显示。新建的测量点位于点树上光标焦点行后，如果光标焦点不在点树上，则测量点追加到点树的末尾。自动生成的测量点为点组的形式，在对应点组节点上右击，在快捷菜单中选择"编辑"选项，可以实现参数的回滚编辑；将点组节点展开，子节点中显示此点组中包含的所有测量点。

⑨"测量点编辑"按钮：右击操作以"自动点组"和"测量点"为基本单位，可对测量点进行编辑、探测方向反向、复制、剪切和粘贴操作。其中，编辑操作只对自动点组有效。

自动生成的测量点组和测量点可以通过右键菜单中的"剪切""粘贴"命令实现策略顺序的调整，测量点组必须当成一个整体进行处理，既不支持测量点组中的某个测量点进行剪切，也不支持将剪切的单个测量点粘贴到点组内部。调整后测量点的 ID 重新进行编号。

⑩"轮廓线"按钮：测量连接时，选择"曲线连接"的依据曲线。

⑪"保护面"按钮：连接路径将会自动抬高到距离保护面一个相对定位高度的高度。

STEP6：切换到参数树中的"加工刀具"，单击"刀具名称"按钮进入当前刀具表，选择测头"[测头]JD-2.00_1"，如图7-10所示。

加工阶段	刀具名称	刀柄	输出编号	长度补偿号	半径补偿号	刀具伸出长度	加锁	使用次数
测量	[测头]JD-5.00_1	BT30	8	8	8	30	!	5
测量	[测头]JD-2.00_1	BT30	2	2	2	30	!	5

图7-10　当前刀具表

STEP7：切换到参数树中的"测量设置"，设置"标定类型"为"圆球标定"，"标定坐标系"为"G59"，"标定测头刀长编号"为该条路径使用测头的长度补偿号，"球体半径"根据实际情况设置，此处设置为12.6998mm，设置"快速移动高度"为0；"测量进给"选项区域的相关参数，一般为默认；设置"连接模式"为"直接直线连接"；设置"测量数据输出类型"为"数据及公差"，如图7-11所示。

STEP8：切换到参数树中的"测量计算"，勾选"距离"；设置正确的"理论值"和合理的"上公差""下公差"（默认为±0.01），如图7-12所示。

STEP9：切换到参数树中的"安全策略"，设置"检查模型"为预先设置好的"曲面几何体1"；设置"安全高度"和"相对定位高度"为10mm，如图7-13所示。

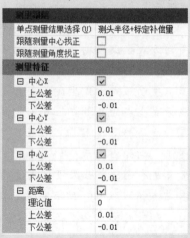

图7-11　点参数测量设置　　　　图7-12　点参数测量计算设置

STEP10：设置完成后单击"计算"按钮，完成余量测量路径的编辑，如图7-14所示。

图7-13　点参数安全策略设置　　　　图7-14　点探测路径

236

> **说明：**
>
> 标定路径须作为整个测量路径的首条路径。

7.2.2 圆

图 7-15 所示为圆孔薄壁零件和圆特征类的产品，在装配和使用中对圆孔会有一定的形状精度和位置精度要求，此类产品需要使用圆检测方式进行。使用 SurfMill 9.0 软件中圆元素测量功能，可以在产品的圆特征上布置测量点，生成相应数控程序，实现对圆特征圆度误差和位置的在机检测。

图 7-15 产品图

圆元素命令用于测量孔、圆柱销等具有圆截面的轴和弧形工件，在局部角度无法探测时，可定义被测圆的起始和终止探测范围，要求这些点位于同一截面；测量结果可输出被测圆的 X、Y、Z 轴中心圆点，直径，圆度误差。

下面将通过实例来说明圆元素测量的设置步骤。

此处对测试件斜面位置圆元素进行测量，如图 7-16 所示，并打印圆度误差及直径结果。

图 7-16 圆测量

STEP1： 在 3D 环境中，单击功能区的"曲线"选项卡上"派生曲线"组中的"曲面流线"按钮，单击"拾取曲面"按钮，选中"等 U 参数线"，在绘图区拾取圆柱面，设置"U 值"为"0.7"，单击"确定"按钮完成辅助线绘制，如图 7-17 所示。

图 7-17 曲线

STEP2：切换至加工环境，单击功能区的"在机测量"选项卡上"元素"组中的"圆"按钮，弹出"圆参数"对话框，如图7-18所示。

STEP3：切换到参数树中的"加工域"，单击"编辑测量域"按钮，在导航栏中单击"拾取曲线"按钮，选择"曲线自动"选项，选择"按点数"并确定"U向分布点数"为8，勾选"反向探测"（视情况而定），生成圆元素测量点；设置"表面高度"为3mm，"加工深度"为0；设置

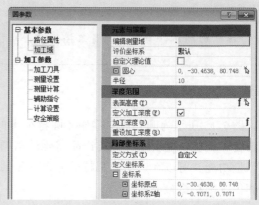

图 7-18 圆参数界面

"定义方式"为"自定义"，"Z轴定义方式"为"自动"，勾选"矢量反向"（查看坐标系预览视情况而定），如图7-19所示。

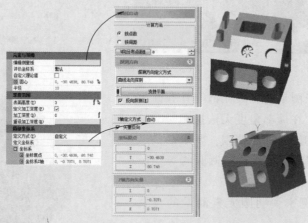

图 7-19 圆参数加工域设置

参数说明：

1. 自定义理论值

圆元素及圆柱元素的元素及策略有此选项。如果勾选了此选项，则理论的圆心和半径可以被修改，创建测量点时还是以拾取的理论圆为交互对象，检测结果以修改后的理论值为参考；如果没有勾选，则不能修改理论值。

2. 局部坐标系——自动局部坐标系

对于圆元素的多轴测量路径，支持自动识别局部坐标系，如图7-20所示，在"自定义局部坐标系"文本框中，可以选择"自动"选项作为Z轴定义方式。对于圆元素，自动局部坐标系的原点在圆心处，Z轴垂直于圆所在的平面。

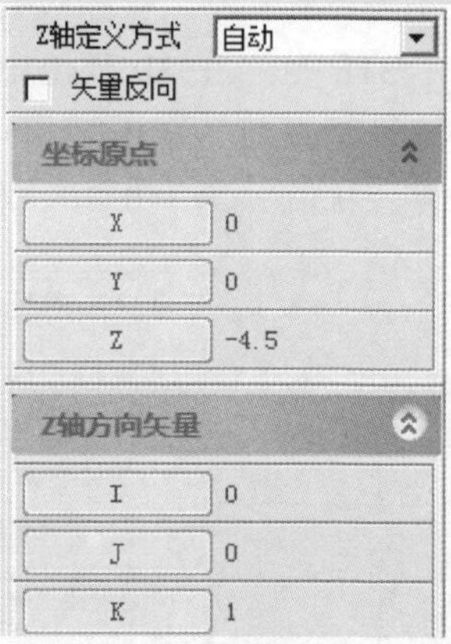

图 7-20 自动局部坐标系

STEP4：切换到参数树中的"加工刀具"，单击"刀具名称"按钮进入当前刀具表，选择测头"［测头］JD-2.00_1"。

STEP5：切换到参数树中的"测量设置"按钮，在"测量进给"选项区域的相关参数，一般为默认，设置"连接模式"为"直接直线连接"，用户可根据实际情况修改，如图7-21所示。

STEP6：切换到参数树中的"测量计算"，勾选"圆径"和"圆度"，并根据要求设置上、下公差，如图7-22所示。

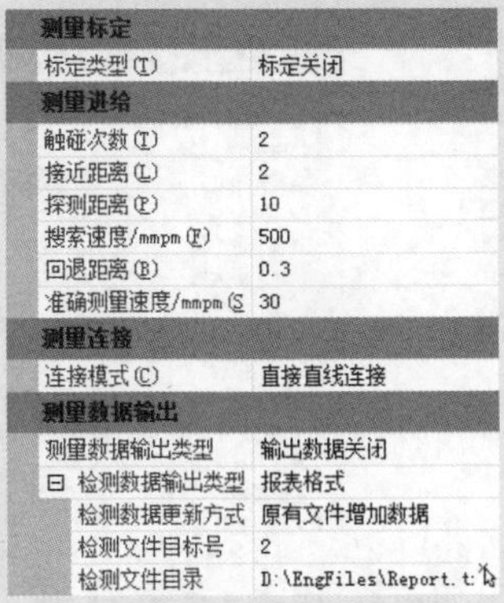

测量标定	
标定类型（T）	标定关闭
测量进给	
触碰次数（I）	2
接近距离（L）	2
探测距离（F）	10
搜索速度/mmpm（F）	500
回退距离（B）	0.3
准确测量速度/mmpm（S）	30
测量连接	
连接模式（C）	直接直线连接
测量数据输出	
测量数据输出类型	输出数据关闭
□ 检测数据输出类型	报表格式
检测数据更新方式	原有文件增加数据
检测文件目标号	2
检测文件目录	D:\EngFiles\Report.t ▷

图7-21　圆参数测量设置

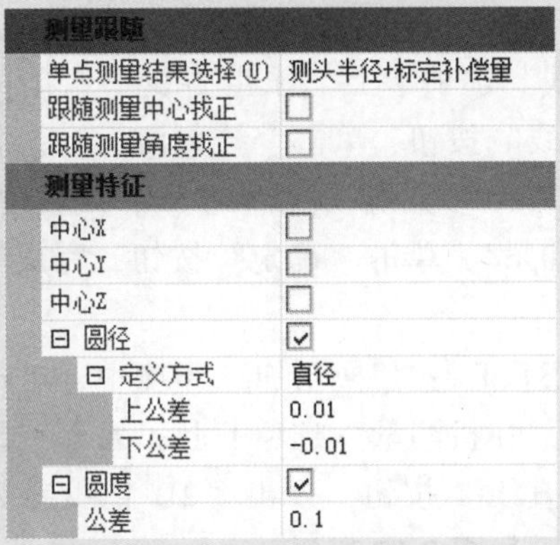

测量跟随	
单点测量结果选择（U）	测头半径+标定补偿量
跟随测量中心找正	□
跟随测量角度找正	□
测量特征	
中心X	□
中心Y	□
中心Z	□
□ 圆径	☑
□ 定义方式	直径
上公差	0.01
下公差	-0.01
□ 圆度	☑
公差	0.1

图7-22　圆参数测量计算设置

STEP7：切换到参数树中的"安全策略"，设置"检查模型"为预先设置好的"曲面几何体1"，"安全高度"和"相对定位高度"均为默认值，如图7-23所示。

STEP8：设置完成后单击"计算"按钮，完成圆元素测量路径的编辑，如图7-24所示。

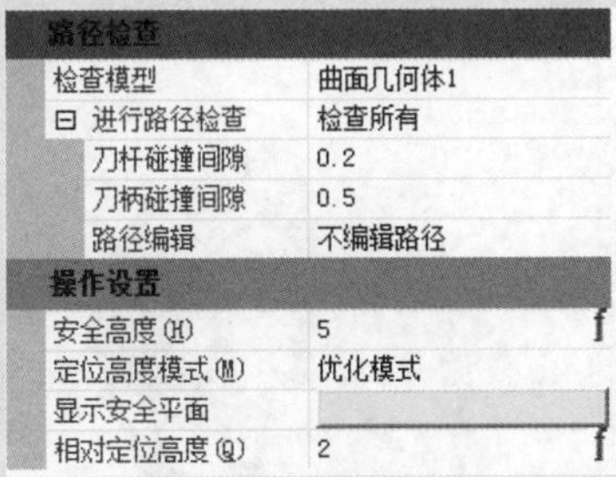

路径检查	
检查模型	曲面几何体1
□ 进行路径检查	检查所有
刀杆碰撞间隙	0.2
刀柄碰撞间隙	0.5
路径编辑	不编辑路径
操作设置	
安全高度（H）	↑
定位高度模式（M）	优化模式
显示安全平面	
相对定位高度（Q）	2　↑

图7-23　圆参数安全策略设置

图7-24　圆测量路径

7.2.3　2D直线

图7-25所示为薄壁零件和其他具有狭长面特征的产品，在装配和使用中会有一定的形状精度和位置精度要求，此类产品需要使用直线检测方式进行。使用 SurfMill 9.0 软件中2D直线元素测量功能可以在产品的直线特征上布置测量点，生成相应的数控程序，实现对产品直线特征直线度误差和位置的在机检测。

图7-25　产品图

2D 直线元素命令主要用于定义任何平面上的探测线或工件表面上的直线；一般可通过直线起点和终点确定探测范围。此处对测试件后视图位置直线进行测量，并打印直线度误差结果。

下面将通过图 7-26 所示实例来说明 2D 直线测量的设置步骤。

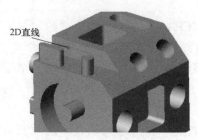

图 7-26　2D 直线测量

STEP1：在 3D 环境中，单击功能区的"曲线"选项卡上"派生曲线"组中的"曲面流线"按钮，单击"拾取曲面"按钮，选择"等 V 参数线"，拾取平面，设置"V 值"为"0.6"，单击"确定"按钮，完成辅助线绘制。

STEP2：切换至加工环境中，单击功能区的"在机测量"选项卡上"元素"组中的"2D 直线"按钮，弹出"2D 直线参数"对话框，如图 7-27 所示。

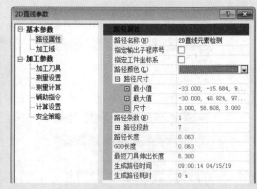

图 7-27　2D 直线参数界面

STEP3：切换到参数树中的"加工域"，单击"编辑测量域"按钮，单击"拾取曲线"按钮，拾取上述生成的曲线，选择"曲线自动"选项，选中"按点数"并设置"U 向分布点数"为 6；设置"探测范围"为"手动输入"，设置"U 向起始及终止参数"为 0.1 和 0.9，点击确定生成直线元素测量点；设置"表面高度"为 3mm，"加工深度"为 0；设置"定义方式"为"默认"，如图 7-28 所示。

图 7-28　2D 直线加工域设置

📝 **参数说明：**

1）"直线基点"文本框：显示被测直线上的某一点，在检测域中测量点生成后，自动算出，不支持输入和修改。

2）"方向"文本框：显示被测直线的方向向量，在检测域中测量点生成后，自动算出，不支持输入和修改。

STEP4：切换到参数树中的"加工刀具"，单击"刀具名称"按钮进入当前刀具表，选择测头"［测头］JD-2.00_1"。

STEP5：切换到参数树中的"测量设置"，"测量进给"选项区域相关参数一般为默认。设置"连接模式"为"直接直线连接"，用户可根据实际情况修改，如图7-29所示。

STEP6：切换到参数树中的"测量计算"，勾选"直线度"和"与指定轴夹角"，根据实际情况设置公差值和上、下公差，如图7-30所示。

测量标定	
标定类型(T)	标定关闭
测量进给	
触碰次数(T)	2
接近距离(L)	2
探测距离(P)	10
搜索速度/mmpm(F)	500
回退距离(B)	0.3
准确测量速度/mmpm(S)	30
测量连接	
连接模式(C)	直接直线连接
测量数据输出	
测量数据输出类型	输出数据关闭
□ 检测数据输出类型	报表格式
检测数据更新方式	原有文件增加数据
检测文件目标号	2
检测文件目录	D:\EngFiles\Report.t

图 7-29 2D直线测量设置

测量跟随	
单点测量结果选择(U)	测头半径+标定补偿量
跟随测量中心找正	□
跟随测量角度找正	□
测量特征	
□ 直线度	☑
公差	0.02
与理论直线夹角	□
□ 与指定轴夹角	☑
X轴	□
□ Y轴	☑
上公差	0.02
下公差	-0.02
Z轴	□

图 7-30 2D直线测量计算设置

STEP7：切换到参数树中的"安全策略"，设置"安全高度"和"相对定位高度"均为10mm，如图7-31所示。

STEP8：设置完成后单击"计算"，完成2D直线元素测量路径的编辑，如图7-32所示。

路径检查	
检查模型	曲面几何体1
□ 进行路径检查	检查所有
刀杆碰撞间隙	0.2
刀柄碰撞间隙	0.5
路径编辑	不编辑路径
操作设置	
安全高度(H)	10
定位高度模式(M)	优化模式
显示安全平面	
相对定位高度(Q)	10

图 7-31 2D直线安全策略设置

图 7-32 2D直线测量路径

7.2.4 平面

在图7-33所示包含平面特征的产品中，为了满足产品装配和密封等方面的要求，产品会对装配平面有形状精度和位置精度要求。使用SurfMill 9.0软件中的平面元素测量功能可以在产品的平面特征上布置测量点，生成相应数控程序，实现对产品平面特征平面度误差和夹角误差的在机检测。

平面元素用于定义被测工件上平面元素的位置和方向；被测平面一般可以分为区域面和裁剪面，区域平面测量点建议在测量区域内均匀分布；裁剪面可以根据平面面积和形状尽量均匀分布测量点。

下面将通过图 7-34 所示实例来说明平面测量的设置步骤。此处对测试件前视图位置平面 3 进行测量，并打印平面度误差结果。

图 7-33　产品图

图 7-34　平面测量

STEP1：在加工环境中，单击功能区的"在机测量"选项卡上"元素"组中的"平面"按钮，弹出"平面参数"对话框，如图 7-35 所示。

STEP2：切换到参数树中的"加工域"，单击"编辑测量域"按钮，选择"曲面自动"选项，在绘图区拾取被测曲面，单击需要探测区域的对角线，再单击选择探测区域，设置"等分方式"为"两向等分"，设置"U 向分布点数"为"3"，

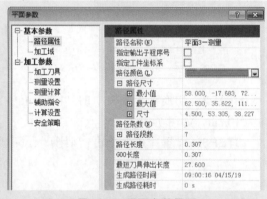

图 7-35　平面参数界面

"V 向分布点数"为"2"，单击"确定"按钮，在绘图区选择被测面上存在点，生成平面测量点；设置"定义方式"为"默认"，如图 7-36 所示。

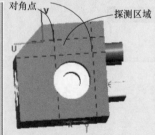

图 7-36　平面加工域设置

STEP3：切换到参数树中的"加工刀具"，单击"刀具名称"按钮进入当前刀具表，选择测头为"［测头］JD-5.00_1"。

STEP4：切换到参数树中的"测量设置"，"测量进给"选项区域的相关参数，一般为默认；设置"连接模式"为"直接直线连接"，用户可根据实际情况修改，如图7-37所示。

STEP5：切换到参数树中的"测量计算"按钮，勾选"平面度"，并根据要求设置公差，如图7-38所示。

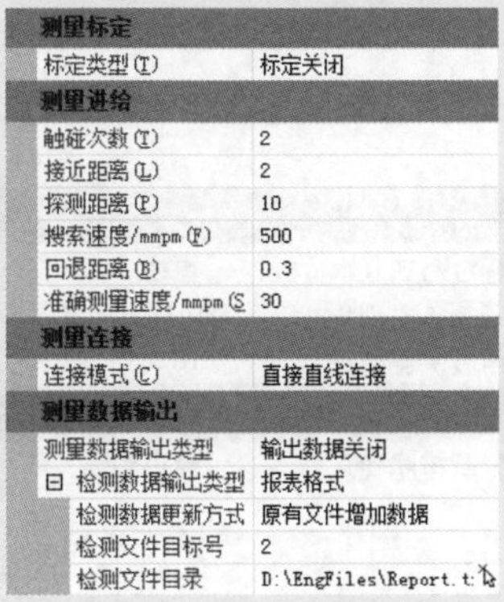

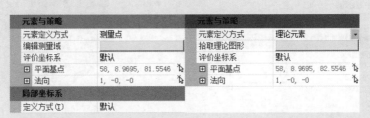

图 7-37　平面测量设置 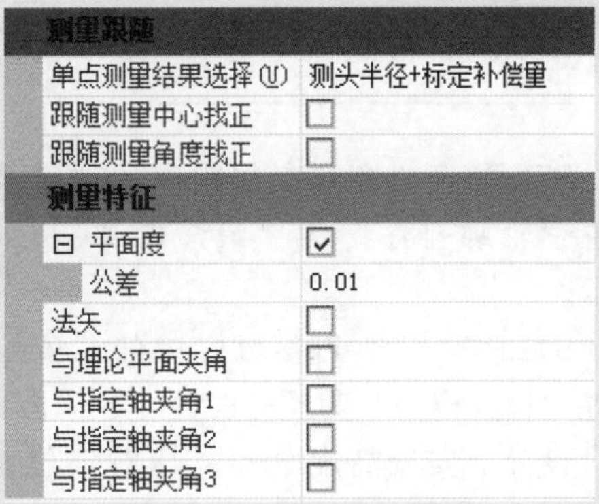　　　　　　　　　　图 7-38　平面测量计算设置

参数说明：

1. 元素定义方式

平面元素定义方式有测量点和理论元素两种，如图7-39所示。

图 7-39　元素定义方式

1）"测量点"定义方式：通过测量点拟合平面，会生成相应探测路径，如图7-40所示。

2）"理论元素"定义方式：通过拾取已有平面或修改平面基点和法向自定义理论平面，不会生成探测路径，只会显示理论平面位置，后续计算直接使用理论值，如图7-41所示。

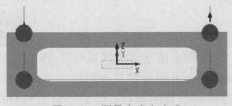

图 7-40　测量点定义方式

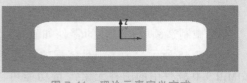

图 7-41　理论元素定义方式

通过理论元素定义方式创建的平面元素只支持工件位置偏差路径的创建，不能用于构造路径和评价路径。

2. 平面基点

被测平面上的某一点，在检测域中测量点生成后，自动算出，不支持输入和修改。

3. 法向

被测平面的法向向量，在检测域中测量点生成后，自动算出，不支持输入和修改。

STEP6：切换到参数树中的"计算设置"，设置"轮廓排序"为"最短距离"，如图 7-42 所示。

STEP7：切换到参数树中的"安全策略"，设置"检查模型"为预先设置好的"曲面几何体1"，设置"安全高度"和"相对定位高度"均为 12mm，如图 7-43 所示。

加工精度	
逼近方式 (P)	直线
弦高误差 (T)	0.002
角度误差 (A)	10
加工次序	
轮廓排序 (R)	最短距离

图 7-42　平面计算设置

STEP8：设置完成后单击"计算"按钮，完成平面元素测量路径的编辑，如图 7-44 所示。

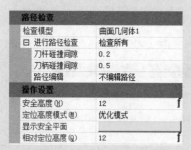

图 7-43　平面安全策略设置

图 7-44　平面测量路径

说明：

如果计算结果提示发生碰撞，则可以通过改变刀具装夹长度（或调整测量点高度）方式来解决，具体步骤如下：

1) 在"当前刀具表"对话框中双击当前使用的测头。

2) 修改刀杆参数中的"刀具伸出长度"，根据实际情况设定合适值。

7.2.5　圆柱

在机械制造领域，许多的零件如缸体、缸盖、齿轮和减速电动机摆线轮等都有孔系特征，如图 7-45 所示，为了满足装配的互换性，需要保证各孔的位置尺寸和形状尺寸，使用 SurfMill 9.0 软件中的圆柱元素测量功能可以在孔特征面布置测量点，生成相应数控程序，实现对孔（圆柱）类特征圆柱度误差、半径及位置误差的在机测量。

图 7-45　产品图

　　圆柱元素用于测量孔类零件或轴类零件，可定义圆柱探测起始角和角度范围，测量结果输出被测圆柱的圆柱度误差、半径、轴向。

　　下面将通过图 7-46 所示实例来说明圆柱测量的设置步骤。此处对测试件前视图位置两同轴圆柱元素进行测量，并打印圆柱度误差、圆柱直径结果。

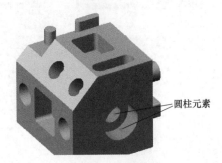

圆柱元素

图 7-46　圆柱测量

　　STEP1：在加工环境中，单击功能区的"在机测量"选项卡上"元素"组中的"圆柱"按钮，弹出"圆柱参数"对话框，如图 7-47 所示。

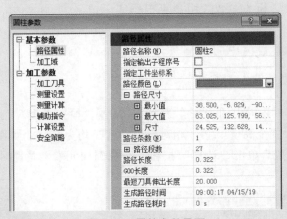

图 7-47　圆柱参数界面

　　STEP2：切换到参数树中的"加工域"，单击"编辑测量域"按钮，单击"拾取圆柱面"按钮后拾取圆柱面，单击"圆柱截面"按钮，截面参数中设置"起始角"为"0"，"角度范围"为"360°"，"每个截面测量点个数"为"8"，"起始高度"为1.5mm，"目标高度"为9mm，"截面个数"为"3"；设置局部坐标系的"定义方式"为"自定义"，单击"定义坐标系"按钮，设置"Z 轴定义方式"为"曲面法向"，在绘图区拾取平面，单击"确定"按钮，如图 7-48 所示。

图 7-48　圆柱加工域设置

STEP3：切换到参数树中的"加工刀具"，单击"刀具名称"按钮进入当前刀具表，选择测头"[测头]JD-2.00_1"。

STEP4：切换到参数树中的"测量设置"，在"测量进给"选项区域设置相关参数，用户可根据实际情况修改。

STEP5：切换到参数树中的"测量计算"，勾选"圆径"和"圆柱度"，并根据要求设置上、下公差，如图 7-49 所示。

测量跟随	
单点测量结果选择(U)	测头半径+标定补偿量
跟随测量中心找正	☐
跟随测量角度找正	☐
测量特征	
轴向	☐
☐ 圆径	☑
☐ 定义方式	半径
上公差	0.02
下公差	-0.02
☐ 圆柱度	☑
公差	0.01

图 7-49　圆柱测量计算设置

STEP6：切换到参数树中的"安全策略"，设置"检查模型"为预先设置好的"曲面几何体 1"；设置"安全高度"和"相对定位高度"均为 8mm，如图 7-50 所示。

STEP7：设置完成后单击"计算"按钮，完成圆柱元素测量路径的编辑，如图 7-51 所示。

路径检查	
检查模型	曲面几何体1
☐ 进行路径检查	检查所有
刀杆碰撞间隙	0.2
刀柄碰撞间隙	0.5
路径编辑	不编辑路径
操作设置	
安全高度(H)	8
定位高度模式(M)	优化模式
显示安全平面	
相对定位高度(Q)	8

图 7-50　圆柱安全策略设置

图 7-51　圆柱测量路径

7.2.6　方槽

在加工图 7-52 所示的具有方槽特征的手机壳时，为了满足产品的装配和密封等要求，需要保证方槽类特征的位置公差和形状公差。使用 SurfMill 9.0 软件中方槽元素测量功能可以在产品方槽特征面上快速布置测量点，生成相应数控程序，实现对方槽类特征长度、宽度及位置的在机检测。

测量工件上内外方孔特征，至少探测五个点，测量结果包括被测方槽的长度、宽度及中心坐标 X、Y 值。

下面将通过图 7-53 所示的实例来说明方槽测量的设置步骤。此处就测试件俯视图位置方槽元素进行测量，输出长宽尺寸及方槽中心坐标 X、Y 值。

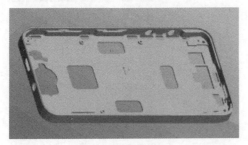

图 7-52　产品图

图 7-53　方槽测量

STEP1：在加工环境中，单击功能区的"在机测量"选项卡上"元素"组中的"方槽"按钮，弹出"方槽参数"对话框，如图 7-54 所示。

STEP2：切换到参数树中的"加工域"，单击"编辑测量域"按钮，进入"测量域"选项，在绘图区拾取方槽四壁，生成方槽元素测量点如图 7-55 所示（为避免拾取错误，需要关闭菜单栏中的特征拾取功能），设置"定义方式"为"默认"。

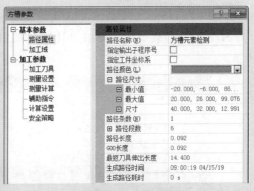

图 7-54　方槽参数界面

图 7-55　方槽测量域

STEP3：切换到参数树中的"加工刀具"，单击"刀具名称"按钮进入当前刀具表，选择测头"[测头]JD-2.00_1"。

STEP4：切换到参数树中的"测量设置"，"测量进给"选项区域相关参数一般为默认。设置"连接模式"为"方槽自动连接"，用户可根据实际情况修改，如图 7-56 所示。

STEP5：切换到参数树中的"测量计算"，勾选"中心 X""中心 Y""长""宽"，并根据要求设置上、下公差，如图 7-57 所示。

图 7-56　方槽测量设置　　　　　　　图 7-57　方槽测量计算设置

STEP6：切换到参数树中的"安全策略"，设置"检查模型"为预先设置好的"曲面几何体 1"，设置"安全高度"和"相对定位高度"均为 8mm，如图 7-58 所示。

STEP7：设置完成后单击"计算"按钮，完成方槽元素测量路径的编辑，如图 7-59 所示。

图 7-58　方槽安全策略设置　　　　　　图 7-59　方槽测量路径

7.3　坐标系

7.3.1　工件位置偏差

实际加工和测量中经常需要对工件进行二次装夹，装夹后的工件需要进行位置找正。传统的找正方式是打表分中，耗时耗力，碰到压铸件这类基准模糊的工件时无法保证找正精度。

工件位置偏差是曲线测量中心角度找正的升级功能，利用点（圆、方槽）、直线、圆柱、平面（对称平面）元素之间的组合，通过计算后对工件坐标系进行修正，不仅降低了软件编程难度，也提高了找正精度。

软件提供了六种检测坐标系的创建方式，用户任选一种方式后，会出现对应的创建元素控件，给控件添加完这些元素后，通过计算，软件会自动生成检测坐标系。

下面分别介绍这六种创建方式及其创建元素。

1. 自定义

自定义创建方式较为灵活，每个创建元素的可选元素种类不唯一，用户可以根据每个控件名称自行选取合适的元素，如图 7-60 所示。若可选元素选择不当，则检测坐标系会计算失败。自定义创建检测坐标系的控件名称及说明见表 7-1。

工件位置偏差	
创建方式	自定义
空间旋转Z	
平面旋转X	
原点X	
原点Y	
原点Z	
循环次数	2

图 7-60　自定义创建检测坐标系

表 7-1　控件名称及说明

名　称	说　明	
空间旋转元素(+Z)	用于定义坐标系的 Z 轴	可选平面、圆柱
平面旋转元素(+X)	用于定义坐标系的 X 轴	可选 2D 直线、平面圆柱、圆、点
原点(X)	用于定义坐标系原点的 X 坐标	可选点、平面、圆、圆柱
原点(Y)	用于定义坐标系原点的 Y 坐标	可选点、平面、圆、圆柱
原点(Z)	用于定义坐标系原点的 Z 坐标	可选点、平面、圆、平面圆柱
循环次数	测量循环校正的次数，如输入"2"，程序会运行两次计算工件位置偏差值，并且第二次是在第一次找正的基础上进行探测和找正。	

2. 面线点法

面线点法创建方式通过选择基准平面、基准直线以及基准中心点构建检测坐标系，如图 7-61 所示。其中，由基准平面确定坐标系 Z 轴方向和坐标系原点的 Z 坐标值；基准直线确定坐标系 X 轴方向；基准中心点确定坐标系原点的 X 坐标值和 Y 坐标。面线点法中基准类型及说明见表 7-2。

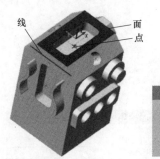

工件位置偏差	
创建方式	面线点法
基准平面(P)	
基准直线(L)	
基准中心点(O)	
循环次数	2

图 7-61　面线点法创建坐标系

表 7-2　面线点法中基准类型及说明

基准类型	说　　明
基准平面	用于定义坐标系的 Z 轴
基准直线	2D 直线、圆柱
基准中心点	圆、方槽、圆柱

3. 一面两圆法

一面两圆法创建方式通过基准平面、基准方向圆和基准原点圆构建测量坐标系，如图 7-62 所示。其中，基准平面确定坐标系 Z 轴方向；基准原点圆的圆心在基准平面上的投影为坐标系原点；坐标系原点和基准方向圆的连线确定坐标系 X 轴方向。一面两圆法中基准类型及说明见表 7-3。

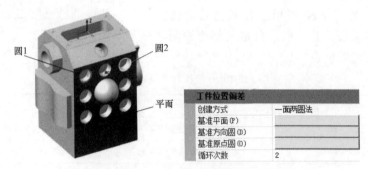

图 7-62　一面两圆法创建坐标系

表 7-3　一面两圆法中基准类型及说明

基准类型	说　　明
基准平面	平面
基准方向圆	圆
基准原点圆	圆、方槽、圆柱

4. 回转体法

回转体法创建方式通过基准圆柱和基准平面构建测量坐标系，如图 7-63 所示。其中，基准圆柱确定坐标系 Z 轴方向；圆柱轴线与基准平面的交点确定坐标系原点；由于圆柱是回转体，无论如何放置，对 X、Y 轴方向无任何影响，因此无须选择平面旋转 X 元素。回转体法中基准类型及说明见表 7-4。

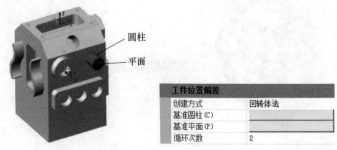

图 7-63　回转体法创建坐标系

表 7-4 回转体法中基准类型及说明

基准类型	说 明
基准圆柱	圆柱
基准平面	平面

5. 三面法

三面法创建方式通过三个基准平面构建测量坐标系,如图 7-64 所示。其中,基准平面 1 确定坐标系 Z 轴方向;基准平面 2 确定坐标系 X 轴方向;三面交点为坐标系原点。三面法中基准类型及说明见表 7-5。

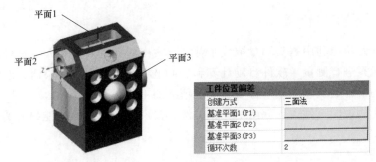

图 7-64 三面法创建坐标系

表 7-5 三面法中基准类型及说明

基准类型	说 明
基准平面 1	平面
基准平面 2	平面
基准平面 3	平面

6. 一面一槽法

一面一槽法创建方式通过基准平面和基准槽构建测量坐标系,如图 7-65 所示。其中,基准平面确定坐标系 Z 轴方向;方槽长边方向确定坐标系 X 轴方向;方槽中心在基准平面上的投影确定坐标系原点。一面一槽法中基准类型及说明见表 7-6。

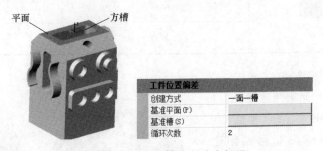

图 7-65 一面一槽法创建坐标系

表 7-6 一面一槽法中基准类型及说明

基准类型	说 明
基准平面	平面
基准槽	方槽

说明：

1）工件位置偏差路径的创建元素不能随意选择，需要根据实际模型合理选择相应的元素进行组合；否则路径计算会失败。

2）检测路径循环次数越多，坐标系精度越高，但效率会降低，用户可根据实际情况选择。

3）工件位置偏差路径支持五轴加工路径、测量和检测路径的摆正补偿，对三轴机床只支持测量和检测路径的摆正补偿。

7.3.2 工件位置偏差修正

工件位置偏差功能利用测头测量取代了常规方式中的夹具定位和人工打表，通过对工件装夹后的基准元素进行测量，软件自动计算和变换坐标系，可直接、快速、准确地修正工件装夹误差，得到工件与机床的相对位置，实现精准加工和探测。

下面通过实例说明工件位置偏差的修正方法，其中，坐标系的智能修正采用"三面法"建立检测。

1. 工艺分析

该工件具有基本的六面体特征，可通过互相垂直的三个平面元素修正装夹误差，顶平面作为空间旋转元素，平面1作为平面旋转X元素，原点的X、Y、Z元素分别为平面1、平面3和顶平面，工件位置偏差的基准元素见表7-7。

表 7-7　示例工件的位置偏差基准元素

工件基准元素确定	工件位置偏差基准元素	
	空间旋转 Z	顶平面
	平面旋转 X	平面 1
	原点 X	平面 1
	原点 Y	平面 3
	原点 Z	顶平面

2. 建立基础元素测量

建立"平面3"元素测量路径，具体操作方法参见本书"7.2.4平面"中内容，完成平面元素测量路径创建，并将路径重命名为"平面3-测量"；根据同样的方法制作"顶平面-测量"和"平面1-测量"的测量路径，三条测量路径效果预览如图7-66所示，接下来进行工件位置偏差的应用。

图 7-66　三个平面测量路径

3. 建立工件位置偏差

STEP1：在加工环境下，单击功能区的"在机测量"选项卡上的"工件位置偏差"按钮，弹出"工件位置偏差参数"对话框；设置"创建方式"为"三面法"，选择"顶平面-测量"为"基准平面1"；设置"基准平面2"为"平面1-测量"，"基准平面3"为"平面3-测量"；设置合适的循环次数，默认为2，如图7-67所示。

STEP2：单击"计算"按钮，完成测量坐标系路径的编辑，如图7-68所示。

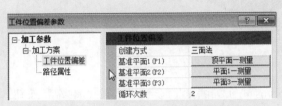

图 7-67　工件位置偏差设置

图 7-68　测量坐标系路径

以上完成了多轴坐标系的整个操作过程，在实际应用中，只需要将实际工艺流程中需要的加工、测量路径放置在工件位置偏差路径后面即实现摆正功能。

7.4　评价

评价是指对测量后的元素与元素进行评价计算，获得特征的尺寸、形状、位置等数据，实现加工后工件特征尺寸和特征位置关系的在机检测，根据测量结果可选择放心下机或补偿加工。SurfMill 9.0软件支持的评价包括距离、角度、平行度、垂直度和同轴度。

7.4.1　距离

距离评价是确定工件特征大小和位置的基本指标，大部分工件都会用到距离评价，如齿轮厚度、节气门轴承孔到基准面的距离等。使用SurfMill 9.0软件中的距离测量功能可便捷地生成点、圆、直线、圆柱、平面的距离检测路径和相应的数控程序，实现对产品特征距离的在机测量，如图7-69所示。

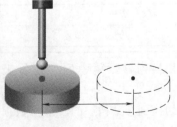

图 7-69　距离测量

下面将通过图 7-70 所示实例说明距离评价的设置步骤。基于已完成测量的元素，对平面 2 与平面 3 距离特征进行评价。

平面2　平面3　圆柱2　平面1　圆柱1

图 7-70　距离评价

STEP1：在加工环境中，单击功能区的"在机测量"选项卡上的"距离"按钮，弹出"距离参数"对话框，如图 7-71 所示。

STEP2：切换到参数树中的"尺寸评价"，单击"被测元素"按钮，选择"平面 2—测量"选项；选择"平面 3—测量"选项作为"基准元素"，如图 7-72 所示。

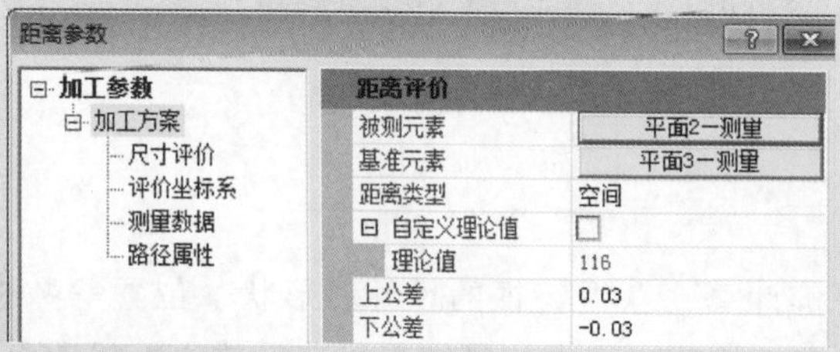

距离参数		
加工参数		
加工方案	**距离评价**	
尺寸评价	被测元素	平面2—测量
评价坐标系	基准元素	平面3—测量
测量数据	距离类型	空间
路径属性	自定义理论值	☐
	理论值	116
	上公差	0.03
	下公差	-0.03

图 7-71　距离参数界面

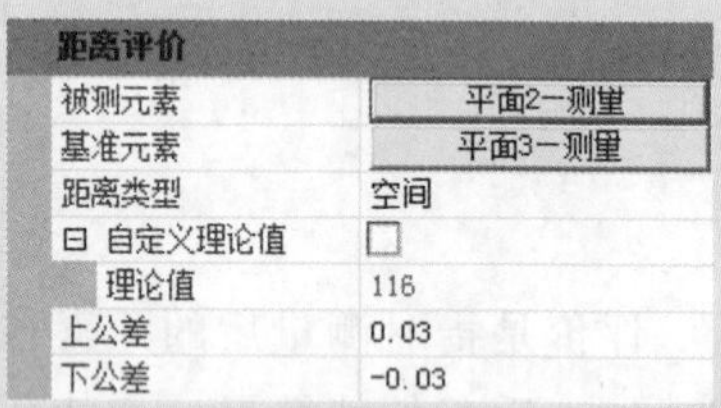

距离评价	
被测元素	平面2—测量
基准元素	平面3—测量
距离类型	空间
自定义理论值	☐
理论值	116
上公差	0.03
下公差	-0.03

图 7-72　尺寸评价设置

参数说明：

基准元素和被测元素的选择方式见表 7-8。

表 7-8　距离评价中基准元素和被测元素的选择方式

基准元素	被测元素
点	圆
2D 直线	点、2D 直线、圆、圆柱
平面	点、2D 直线、平面、圆、圆柱
圆柱	点、2D 直线、圆
圆	点、圆

STEP3：切换到参数树中的"评价坐标系"，定义方式选择"默认"，如图 7-73 所示。

STEP4：切换到参数树中的"测量数据"，设置"检测文件目录"为默认值（D：\EngFiles \ Report. t：），如图 7-74 所示。

测量数据输出	
⊟ 检测数据输出类型	报表格式
检测数据更新方式	原有文件增加数据
检测文件目标号	2
检测文件目录	D:\EngFiles\Report.t:

评价坐标系	
定义方式(T)	默认

图 7-73　评价坐标系设置　　　　　图 7-74　测量数据设置

7.4.2　角度

角度是用来确定工件不同特征相对位置关系的基本指标，许多工件都会用到角度评价，如花键不同键槽之间的角度和其他非垂直和非平行的特征面之间的角度，如图 7-75 所示。使用 SurfMill 9.0 软件中的角度测量功能可便捷地生成直线和平面的角度检测路径和相应的数控程序，实现对产品特征角度的在机测量。

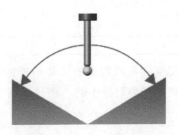

图 7-75　角度测量

下面将通过图 7-76 所示实例说明角度评价的设置步骤。基于已完成测量的元素，对平面 1 与平面 3 角度特征进行评价。

图 7-76　角度评价

255

STEP1：在加工环境中，单击功能区的"在机测量"选项卡上的"角度"按钮，弹出"角度参数"对话框，如图 7-77 所示。

STEP2：切换到参数树中的"角度评价"，设置"元素类型"为"平面与平面"，单击"元素 1"按钮，进入元素表，选择"平面 3—测量"选项；设置"元素 2"为"平面 1—测量"选项，设置"角度类型"为"夹角"，如图 7-78 所示。

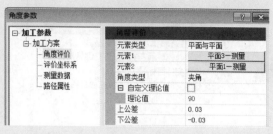

图 7-77　角度参数界面　　　　　　　　　图 7-78　角度评价设置

参数说明：

角度评价中基准元素和被测元素的选择方式见表7-9。

表 7-9　角度评价中基准元素和被测元素的选择方式

基准元素	被测元素
2D 直线	2D 直线、平面
平面	2D 直线、平面

STEP3：切换到参数树中的"评价坐标系"，设置"定义方式"为"默认"。

STEP4：切换到参数树中的"测量数据"，默认"检测文件目录"为 D：\ EngFiles \ Report。

7.4.3　平行度

有些产品在加工或装配后会有平行度的要求，如丝母座轴承孔基准面、减速器不同级数轴承安装孔轴线、机床导轨等。使用 SurfMill 9.0 软件中的平行度测量功能可以便捷地生成直线、圆柱、平面的平行度误差检测路径和相应的数控程序，实现对产品平行度误差的在机测量，如图 7-79 所示。

下面将通过图 7-80 所示实例说明平行度评价的设置步骤。基于已完成测量的元素，对平面 2 与平面 3 平行度特征进行评价。

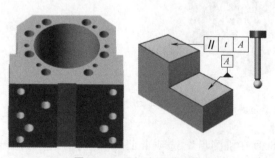

图 7-79　平行度误差测量

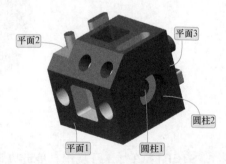

图 7-80　平行度评价

STEP1：在加工环境中，单击功能区的"在机测量"选项卡上的"平行度"按钮，弹出"平行度参数"对话框，如图 7-81 所示。

图 7-81 平行度参数界面

STEP2：切换到参数树中的"平行度"，单击"被测元素"按钮，进入元素表，"被测元素"选择"平面 2—测量"选项，用相同方法设置"基准元素"为"平面 3—测量"，默认"公差值"为"0.03"，如图 7-82 所示。

平行度	
被测元素	平面2—测量
基准元素	平面3—测量
公差	0.03

图 7-82 平行度设置

参数说明：

使用方法同距离评价。平行度评价中基准元素和被测元素的选择方式见表 7-10。

表 7-10 平行度评价中基准元素和被测元素的选择方式

基准元素	被测元素
2D 直线	2D 直线、平面、圆柱
平面	2D 直线、平面、圆柱
圆柱	2D 直线、平面、圆柱

STEP3：切换到参数树中的"测量数据"，默认"检测文件目录"为 D：\ EngFiles \ Report. txt。

7.4.4 垂直度

许多的装配工件，对配合部位都有垂直度的要求，如气缸轴承孔和孔端面、齿轮孔和孔端面、锥齿轮减速器中输入轴孔中心线和输出轴孔中心线等。使用 SurfMill 9.0 软件中的垂直度测量功能可以便捷地生成直线、圆柱和平面的垂直度误差检测路径和相应的数控程序，实现对产品特征垂直度误差的在机测量，如图 7-83 所示。

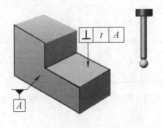

图 7-83 垂直度误差测量

下面将通过图 7-84 所示实例来说明垂直度误差评价的设置步骤。

基于已完成测量的元素，对平面 1 与平面 3 垂直度特征进行评价。

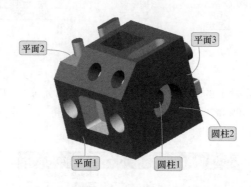

图 7-84　垂直度评价

STEP1：在加工环境中，单击功能区的"在机测量"选项卡上的"垂直度"按钮，弹出"垂直度参数"对话框，如图 7-85 所示。

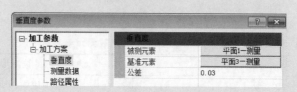

图 7-85　垂直度参数界面

STEP2：切换到参数树中的"垂直度"，单击"被测元素"按钮，进入元素表，"被测元件"选择"平面 1—测量"选项，设置"基准元素"为"平面 3—测量"，默认"公差"为"0.03"，如图 7-86 所示。

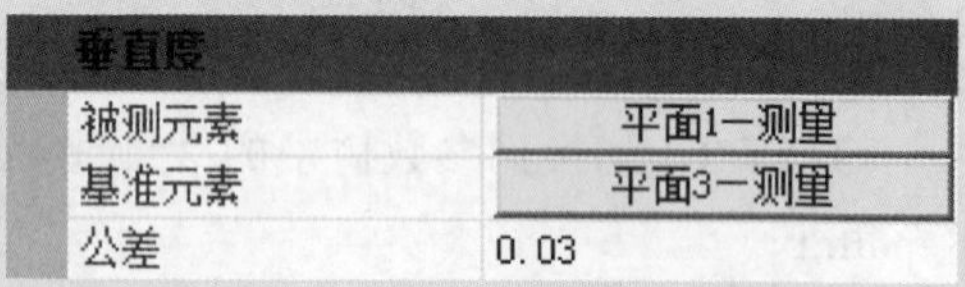

垂直度	
被测元素	平面1—测量
基准元素	平面3—测量
公差	0.03

图 7-86　垂直度设置

参数说明：

垂直度评价中基准元素和被测元素的选择方式见表 7-11。

表 7-11　垂直度评价中基准元素和被测元素的选择方式

基准元素	被测元素
2D 直线	平面
平面	2D 直线、圆柱、平面
圆柱	平面

STEP3：切换到参数树中的"测量数据"，默认"检测文件目录"为 D：\ EngFiles \ Report. txt。

7.4.5 同轴度

在装配工件中，许多工件的装配孔间都会有同轴度的要求，如旋转支架两端的轴承孔、变速箱两侧轴承孔等。使用 SurfMill 9.0 软件中的同轴度测量功能可以便捷地生成两圆柱同轴度误差检测路径和相应的数控程序，实现对产品特征同轴度误差的在机检测，如图 7-87 所示。

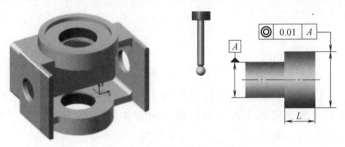

图 7-87 同轴度误差测量

下面将通过图 7-88 所示实例来说明同轴度评价的设置步骤。

基于已完成测量的元素，对圆柱 1 与圆柱 2 同轴度特征进行评价。

图 7-88 同轴度评价

STEP1：在加工环境中，单击功能区的"在机测量"选项卡上的"同轴度"按钮，弹出"同轴度参数"对话框，如图 7-89 所示。

STEP2：切换到参数树中的"同轴度"，单击"被测元素"按钮，进入元素表，"被测元素"选择"圆柱 2"选项；设置"基准元素"为"圆柱 1"，默认"公差"为"0.03"，如图 7-90 所示。

图 7-89 同轴度参数界面 　　　　　图 7-90 同轴度设置

参数说明：

被测元素和基准元素选择方法同距离评价。其中，同轴度检测中基准元素和被测元素都只能选择圆柱。

259

STEP3：切换到参数树中的"测量数据"，默认"检测文件目录"为 D：\ EngFiles \ Report。

7.5 测量补偿

7.5.1 曲线测量

市场对产品的外观效果要求越来越高，高光倒角加工正是提升产品外观效果的重要手段。产品外形加工完成后，需要经过阳极、喷砂、打磨等一系列工序之后再进行倒角加工。在生产、装夹过程中产生偏移和变形是不可避免的，并且毫无规律可循。因此，传统的加工方法难以保证倒角宽度的一致性。

曲线测量轮廓补偿功能通过分析采集的数据点将原始加工路径转换为补偿加工路径，可以有效补偿产品的倒角变形，保证倒角宽度的一致性，如图 7-91 所示。除此之外，曲线测量功能还可应用于工件中心角度找正、尺寸大小变形补偿、平面度误差和位置度误差的测量。

图 7-91　产品图

以下通过某款铝模件的加工为例，展示曲线测量的实际应用过程（参考案例文件"某款铝模件-final. escam"）。

某款铝模件需要在三轴机床上进行二次装夹补加工，将工件放在工作台上进行初定位，由于操作误差和毛坯表面粗糙不整齐等原因的存在，会导致工件基准位置发生偏移现象，如图 7-92 所示，主要有原点偏移和角度偏转，直接加工可能会因为特征加工不准确而导致产品报废，因此在加工前需要将工件位置摆正。传统的方法是操作人员通过打表的形式进行工件找正，但往往耗时耗力且摆正效果不佳。

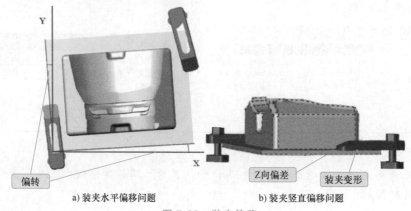

a）装夹水平偏移问题　　　　b）装夹竖直偏移问题

图 7-92　装夹偏移

中心角度找正功能通过探测工件面，计算工件原点偏移和角度偏差，自动补偿工件坐标系，实现准确地找正工件位置，保证工件特征的准确加工。

分析工件造型特征和基准面分布情况，可以通过探测工件四周基准面来补偿工件原点在X、Y轴方向的偏移和角度偏差，通过探测底部基准面来补偿工件原点在Z轴方向的偏差。下面通过实例来学习测量补偿功能的具体操作步骤。

1. 创建曲线测量探测点

STEP1：在3D环境下，拾取模型的四个侧壁，如图7-93所示，单击功能区的"曲线"选项卡中的"曲面边界线"按钮，生成边界曲线。

STEP2：在3D环境下，拾取下边界线，单击功能区的"变换"选项卡中的"3D平移"按钮，在"DZ"文本框输入为"18"（根据实际情况，设置探测高度），如图7-94所示。

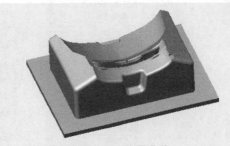

图7-93 边界曲线

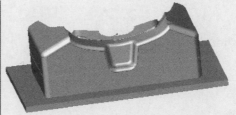

图7-94 辅助曲线

STEP3：在3D环境下，单击功能区的"在机测量"选项卡中的"曲线测量"按钮，选中"手动创建"，设置"测头半径"为"2.5"，"探测方向定义方式"为"曲线法向探测"；单击"拾取曲线"按钮，在绘图区拾取辅助边界线，在工件四边布置测量点，左、右短边各布置一个，上、下长边各布置两个，完成后单击"确定"按钮（避开空余位置，布点顺序按照一个方向进行），如图7-95所示。

261

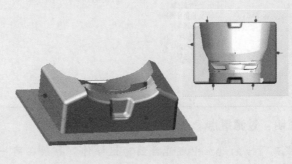

图7-95 布点

STEP4：在 3D 环境下，单击功能区的"在机测量"选项卡中的"曲面测量"按钮，选中"手动创建"单选按钮；设置"测头半径"为"2.5"，"探测方向定义方式"为"曲面法向探测"；单击"拾取曲面"按钮，在绘图区拾取底面，在工件四个边中心布置测量点，完成后单击"确定"按钮，如图 7-96 所示。

图 7-96　布点

说明：

创建曲线测量点时，测量点编号依次连续，并且在同一条边上的测量点编号必须连续。

2. 生成测量路径

STEP1：在加工环境下，单击功能区的"在机测量"选项卡上的"曲线测量"按钮，弹出"刀具路径参数"对话框，如图 7-97 所示。

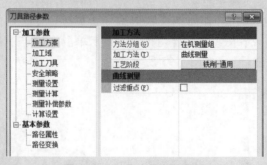

图 7-97　刀具路径参数界面

参数说明：过滤重点

在生成测量点的过程中可能会因为误操作，导致在同一个位置生成多个测量点，生成探测路径时仍将其选中，使得生成的探测路径会在同一位置反复探测。当"过滤重点"为选中状态时，可以避免同一个位置的反复探测，从而提高效率。

STEP2：切换到参数树中的"加工域"，单击"编辑加工域"按钮，单击"探测点"按钮并拾取所有测量点；设置"表面高度"为0，"加工深度"为0（根据实际情况设置），如图7-98所示。

图7-98 加工域设置

STEP3：切换到参数树中的"加工刀具"，单击"刀具名称"按钮进入当前刀具表，选择"[测头]JD-5.00"。

STEP4：切换到参数树中的"安全策略"，设置"安全高度"和"相对定位高度"均为60mm。

STEP5：切换到参数树中的"测量设置"，设置"连接模式"为"安全高度连接"。

STEP6：切换到参数树中的"测量计算"，勾选"角度测量""中心测量"选项，此时参数树会增加"测量补偿参数"节点，如图7-99所示。

图7-99 测量计算设置

说明：

当同一条测量路径中，出现以下情况时，在"单点测量结果选择"列表框中只能选择"测头半径+标定补偿量"选项。

1）选中"路径跟随偏置"选项。

2）在测量数据中的"测量"选项区域中选中"分别输出全部数据"，且选中"输出理论数据"。辅助宏程序功能立足于用户的定制需求，为用户提供基础运算的宏程序，方便用户通过调用宏程序获取测量过程中的关键数据。

STEP7：切换到参数树中的"测量补偿参数"，在"角度补偿"选项区域设置"参考图形"为"矩形"，勾选"自动识别起末点"，设置"转角参考边"为"上壁和下壁组合"，设置"保存数据组号"为"1"；在"中心补偿"选项区域设置"参考图形"为"矩形"，勾选"自动识别起末点"，勾选"中心X""中心Y""中心Z"，设置"保存数据组号"为"1"，（若工件理论中心不在原点，需要拾取中心点坐标），如图7-100所示。

STEP8：其他参数默认即可。

STEP9：单击"计算"按钮，生成测量路径，如图7-101所示。

计算结果

1个路径重算完成，共计用时合计：3 秒

(1) 曲线测量（[测头]JD-5.00）：

　无过切路径。

　无碰撞路径。

避免刀具碰撞的最短刀具伸出长度：3.7。

图 7-100　测量补偿参数设置　　　　　图 7-101　测量路径计算完成

📖 **参数说明：**

1. 测量计算

（1）单点测量结果选择

1）主轴中心位置：输出测量结果坐标为测头触发时主轴中心位置。

2）测头半径：输出测量结果坐标为测头触发时主轴中心+测球半径位置。

3）标定补偿量：输出测量结果坐标为测头触发时测球中心位置。

4）测头半径+标定补偿量：输出测量结果坐标为测头触发时测球与工件接触点位置。

（2）路径跟随偏置　测量路径跟随测量数据偏置，使测量更加准确。跟随点的跟随方向是由被跟随点的标记探测方向确定。只有勾选该选项，才能生成跟随偏移路径。

（3）统一跟随组号　勾选时，输出的数控程序会利用"跟随组号"所对应测量路径的测量结果，对当前测量路径进行找正。

如果"跟随组号"所对应的测量路径为局部测量路径，则必须勾选"空间变换局部找正"选项；否则输出的数控程序会出错；如果"跟随组号"所对应的测量路径为整体测量路径，则不必勾选。当勾选"空间变换局部找正"时，必须勾选"跟随测量中心找正"选项。

整体和局部的概念如图7-102所示，对外圈大矩形的探测为整体测量，对内圈小矩形的探测为局部测量。

（4）跟随测量中心找正　跟随测量中

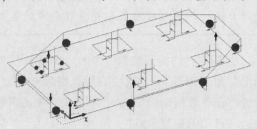

图 7-102　整体和局部

264

心找正是一种测量路径的中心补偿应用。勾选该选项并在"使用数据组号"文本框输入 n，则此测量路径将使用"保存数据组号"为 n 的中心补偿值进行补偿测量，以消除测量路径的位置平移误差。

（5）跟随测量角度找正　跟随测量角度找正是一种测量路径的角度补偿应用。勾选该选项并在"使用数据组号"文本框输入 n，则此测量路径将使用"保存数据组号"为 n 的角度补偿值进行补偿测量，以消除测量路径的位置旋转误差。

（6）统一测量组号　统一测量组号支持测量路径的空间变换跟随的补偿方式，也可以用作常规模式下的跟随测量补偿。

（7）两点中心　输出求两点中心的宏程序。

（8）两点距离　输出求两点距离的宏程序。

（9）两点构造直线夹角　输出两点构造直线求夹角的宏程序。

2. 测量补偿参数

当在"测量计算"选项区域中勾选中某种测量补偿时，会出现"测量补偿参数"对话框。

（1）角度补偿　角度补偿主要用于工件存在旋转误差的情况下，计算实际工件与理论工件之间的旋转误差值，根据测量的用途可分为补偿测量和超差检测两种方式，分别对工件进行角度补偿加工计算或超差检测，如图 7-103 所示。

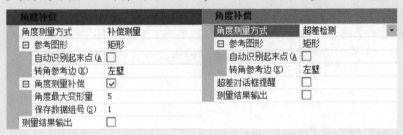

图 7-103　角度补偿界面

1）参考图形　包括矩形、直线、折线和矩形特征边四种方式。

2）角度最大变形量　允许角度最大偏移值，计算获得的工件旋转角度绝对值是否超过允许值，超过将报警退出。

3）角度测量补偿　当勾选此项时，测量计算结果可以用于补偿其他路径。

4）保存数据组号　角度补偿计算结果的数据组号，同种补偿计算的数据组号不应重复。

5）超差对话框提醒　当测量值大于角度超差公差时将以对话框方式显示检测结果。

（2）中心补偿　中心补偿主要用于工件位置存在平移偏差的情况，计算实际工件原点与理论工件原点之间的平移偏差值。根据测量的用途可分为补偿测量、补偿工件原点测量和超差检测三种方式。补偿测量用于对工件进行补偿加工计算；补偿工件原点测量用于对工件进行工件原点补偿的加工计算；超差检测用于对工件中心进行超差检测，如图 7-104 所示。

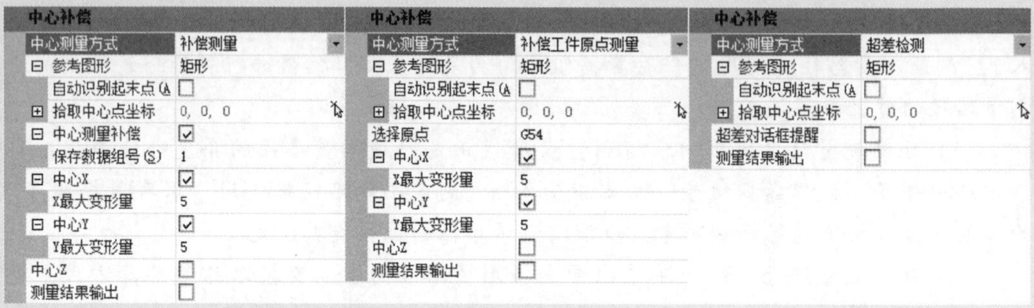

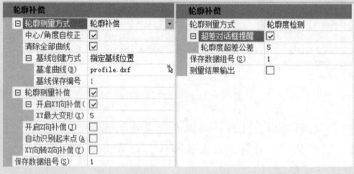

图 7-104 中心补偿界面

1）参考图形：包括矩形、折线和圆，仅在勾选"中心 X""中心 Y"时可用，用于计算中心 X、Y 的偏差。

2）中心测量补偿：当勾选此项时，测量计算结果可以用于补偿其他路径。

3）选择原点：选择补偿的工件坐标系。

4）中心 X/Y：用于测量计算工件位置的平移 X、Y 向偏差，"中心 X""中心 Y"必须一起勾选。

5）中心 Z：用于测量计算工件位置的平移 Z 向偏差。

（3）轮廓补偿

轮廓补偿可计算测量曲线与基准曲线的偏差，用于工件的轮廓加工补偿；计算轮廓度，得到轮廓测量点到理论点的最大和最小距离值，如图 7-105 所示。

图 7-105 轮廓补偿界面

1）中心/角度自校正：此选项默认为勾选状态。表示轮廓补偿得到的测量点数据会根据此路径的中心/角度补偿得到的补偿值进行转换。

主要用于以下情形：为了少布置测量点以节省测量时间，用户将中心/角度补偿测量与轮廓补偿测量设置在同一条测量路径中进行，同时想要使用同一测量路径中的中心/角度补偿得到的测量值补偿轮廓测量的数据。

2）清除全部曲线：此选项默认勾选状态，表示清空 1~24 号所有曲线，同时"基线保存编号"显示编号为 1 且不可更改；当取消勾选"清除全部曲线"时，"基线保存编号"文本框可以编辑，用户可以自定义基线的保存编号，此时用户使用的基线保存编号不能使用已经使用过的编号，不然机床会报警。

3）基线创建方式

① 指定基线位置：选择补偿的基准曲线。可以在加工域中单击"基准曲线"按钮，从绘图区中拾取目标曲线；也可以直接单击"基准曲线（B）"右侧的箭头▼，直接跳转到加工域界面，单击"基准曲线"按钮后，从绘图区选择目标曲线来作为基准曲线。

② 创建圆角矩形：补偿基准曲线为中心在原点的圆角矩形。在"矩形长""矩形宽""圆角半径"文本框中分别输入圆角矩形的矩形长、矩形宽和圆角半径。

4）开启 XY 向补偿：勾选"XY 最大变形"选项，开启了轮廓 XY 补偿，更新工件侧壁轮廓；同时，XY 最大变形为测量的数据点偏移工件基准轮廓的 XY 法向偏移量，最大外偏量或最大内偏量超过该允许值将报警退出。

5）开启 Z 向补偿：勾选此选项，开启了轮廓 Z 补偿，使用标记为 Z 向起点和 Z 向末点的测量点的测量数据，更新工件上表面轮廓；同时，Z 最大变形为测量的数据点偏移工件基准轮廓的 Z 方向偏移量，最大上偏量或最大下偏量超过该允许值将报警退出。

轮廓补偿只支持 2D 的文件格式，如果轮廓是 3D，就需要开启"3D 轮廓"功能。

6）自动识别起末点：勾选该选项系统自动判断轮廓起末点和 Z 向探测起末点，只适用于理论摆正的矩形；取消勾选，需要在创建点时设置方向属性和单边起末点特征。

3. 生成补偿加工路径

STEP1：单击功能区的"三轴加工"选项卡中的"曲面精加工"按钮，弹出"刀具路径参数"对话框。

STEP2：切换到参数树中的"加工域"，单击"编辑加工域"按钮，拾取绿色区域为加工域，如图 7-106 所示。

STEP3：切换到参数树中的"加工刀具"按钮，单击"刀具名称"按钮进入当前刀具表，选择"［牛鼻］JD-2.00-0.20"，如图 7-107 所示。

绿色区域

图 7-106　拾取加工域

几何形状	
刀具名称 (M)	[牛鼻]JD-2.00-0.20
输出编号	3
刀具直径 (D)	2　f
底直径 (d)	1.6　f
圆角半径 (r)	0.2　f
半径补偿号	3
长度补偿号	3
刀具材料	硬质合金
从刀具参数更新	...
刀轴方向	
刀轴控制方式 (T)	竖直
走刀速度	
主轴转速/rpm (S)	16000　f
进给速度/mmpm (F)	6000　f
开槽速度/mmpm (T)	3000　f
下刀速度/mmpm (P)	1500　f
进刀速度/mmpm (L)	6000　f
连刀速度/mmpm (K)	3000　f
尖角降速 (W)	☐
重设速度 (R)	...

图 7-107　设置加工刀具

STEP4：切换到参数树中的"辅助指令"按钮，勾选"角度测量""中心测量"，"中心 X""中心 Y"复选框，设置"使用数据组号"为"1"，如图 7-108 所示。

STEP5：单击"计算"按钮，生成加工路径，如图 7-109 所示。

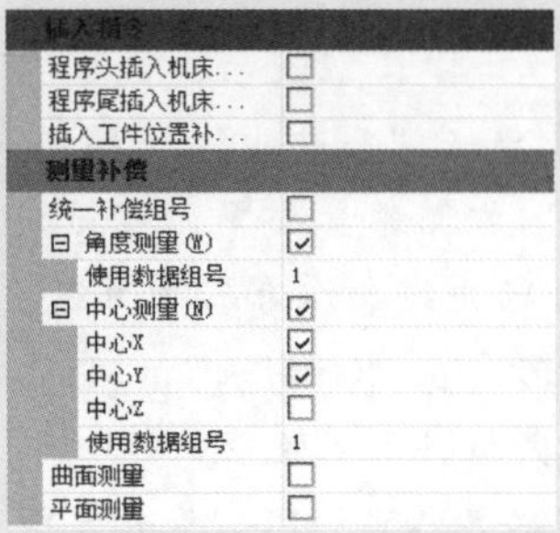

图 7-108　辅助指令设置

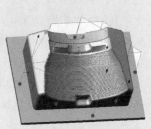
图 7-109　加工路径计算完成

📝 **参数说明：**

加工路径的测量补偿提供了统一补偿组号，同时包含角度补偿应用、中心补偿应用、HD 补偿应用、轮廓补偿应用以及尺寸补偿应用五种补偿应用。测量补偿选项如图 7-110 所示。

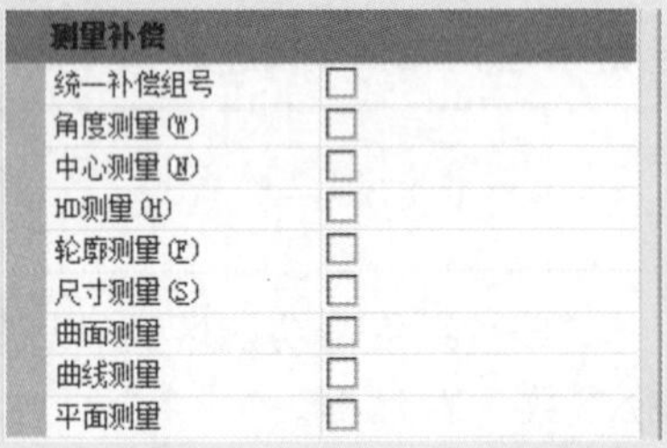

（1）统一补偿组号　统一补偿组号主要用于空间变换路径的测量补偿加工，如图 7-111 所示。目前暂不支持曲线测量、曲面测量、平面测量。

如果勾选了"统一补偿组号"选项，并且将"变换类型"设置为"跟随测量补偿方式"，如图 7-112 所示，则输出的数控程序将会利用"使用数据组号"所对应的测量路径的测量结果，对当前加工路径进行补偿加工。如果设置"变换类型"为"关闭"，则仅支持非空间变换测量补偿。

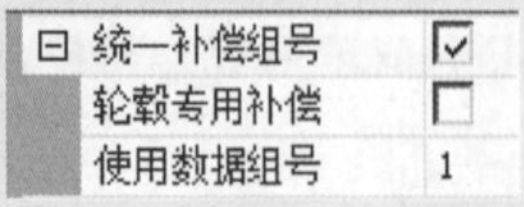

图 7-110　加工路径的测量补偿选项

图 7-111　统一补偿组号

图 7-112　跟随测量补偿方式

"轮毂专用补偿"只针对轮毂测量的补偿加工；如果是其他加工，则不需要勾选。

（2）中心测量　中心补偿应用设置如图 7-113 所示。

1）中心 X/Y/Z　使用测量计算得到的工件位置平移 X/Y/Z 向偏差对路径进行补偿。

2）"使用数据组号"　勾选"中心测量"选项，编辑"使用数据组号"为 n，表明加工路径使用"保存数据组号"为 n 的中心补偿计算结果进行补偿加工。

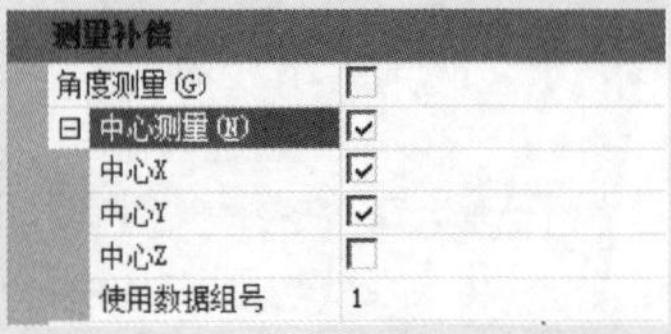

图 7-113　中心测量补偿选项

以上完成了中心角度找正功能的操作，接下来可以进一步进行机床模拟检查，路径输出等操作。

7.5.2　曲面测量

曲面测量功能提供了曲面测量补偿功能和 3D 曲线测量补偿功能。

曲面测量补偿功能常用于蛋雕、铸造和冲压等工艺的成型曲面，如图 7-114 所示，该类曲面具有个体差异大，同时受工件装夹偏移影响等特点，在工件表面加工时往往会出现深浅不一致的问题。

图 7-114　产品图

曲面测量补偿功能通过分析采集测量点数据构造工件实际曲面，将加工路径依据实际曲面形状进行变换，保证曲面加工深浅一致，改善表面加工效果。

轮廓测量补偿功能主要用于补偿 2D 封闭轮廓变形工件的加工，不能满足 3D 曲线加工的要求，比如 3D 倒角的加工。

3D 曲线测量补偿功能可以获取工件轴向和径向的误差，然后根据轴向和径向的误差对原始加工路径进行轴向和径向方向的变换，从而实现对特征的随形加工，保证倒角宽度一致。

以下通过蛋雕财神加工模型加工为例，展示曲面测量的实际应用过程（参考案例文件"蛋雕财神加工模型-final. escam"）。

1. 创建曲面测量探测点

STEP1：在 3D 环境下，新建图层，命名为"测量点"，如图 7-115 所示，并设为当前图层。

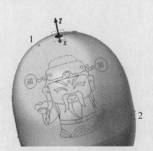

图 7-115　设置图层

STEP2：在 3D 环境下，单击功能区的"在机测量"选项卡中"曲面测量"按钮，选中"自动创建"选项，参数设置如图 7-116 所示，选择的测量点区域为辅助点图层中的点 1 和点 2 确定的，区域限定时先选择点 1，再选择点 2。如果确定生成后测量点方向未和图中相同，请选中"反向探测"选项。

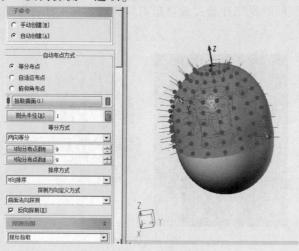

图 7-116　绘制测量点

2. 生成测量路径

STEP1：在加工环境下，单击功能区的"在机测量"选项卡中的"曲面测量"按钮，弹出"路径参数"对话框。

STEP2：切换到参数树中的"加工域"，单击"编辑加工域"按钮，单击"探测点"按钮并拾取所有测量点，如图 7-117 所示。

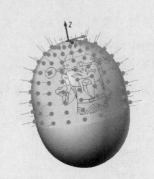

图 7-117　拾取探测点

STEP3：切换到参数树的"加工刀具"，单击"刀具名称"按钮进入当前刀具表，选择"［测头］JD-1.00"，设置"输出编号"和"长度补偿号"均为1；设置"刀轴控制方式"为"曲面法向"，如图 7-118 所示。

STEP4：切换到参数树的"测量计算"按钮，勾选"曲面测量"，如图 7-119 所示。

STEP5：切换到参数树的"计算设置"，设置"轮廓排序"为"探测点行号（往复）"，如图 7-120 所示。

270

图 7-118　设置加工刀具

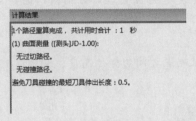

图 7-119　测量计算设置

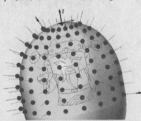

图 7-120　计算设置

STEP6：单击"计算"按钮，生成测量路径，如图 7-121 所示。

计算结果

1个路径重算完成，共计用时合计 : 1 秒

(1) 曲面测量 ([测头-]JD-1.00)：

　无过切路径。

　无碰撞路径。

避免刀具碰撞的最短刀具伸出长度 : 0.5。

图 7-121　生成探测路径

📋 **参数说明：**

1. 加工刀具

1) 调整刀轴　选择此项时，刀轴方向会调整成与测量点探测方向垂直，如图 7-122 所示。

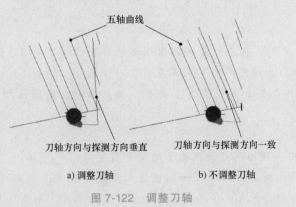

五轴曲线

刀轴方向与探测方向垂直　　刀轴方向与探测方向一致

a) 调整刀轴　　　　　　b) 不调整刀轴

图 7-122　调整刀轴

271

2）最大角度增量 允许用户定义相邻两路径节点刀轴的最大角度增量，如图 7-123 所示。五轴输出的路径包括刀尖位置和刀轴方向，相邻路径点刀轴方向变化不允许超过设置的最大角度增量。该选项仅在刀轴控制方式为曲面法向或者自动时存在。

减小"最大角度增量"的数值会增加路径节点的数量，增大"最大角度增量"的数值会减少路径节点数量，如图 7-124 所示。

图 7-123 最大角度增量说明

图 7-124 最大角度增量与路径节点的关系

2. 安全策略

系统提供以下几种安全模式，其中同含义参数如下。

（1）自动

1）退刀距离（D）：探测结束回到探测起始位置后沿刀轴回退的距离，如图 7-125 所示。

2）定位高度模式（M）：暂时无用。

3）相对定位高度（Q）：探测点与探测点之间的定位高度，如图 7-125 所示。

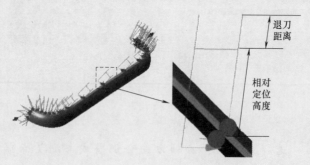

图 7-125 操作设置——自动

（2）平面

1）退刀距离（D）：探测结束回到探测起始位置后沿刀轴回退的距离。

2）高度（H）：虚拟平面的 Z 向高度。

3）显示安全体：单击后可修改"高度"值，同时在绘图区预览显示虚拟平面/柱面/球面。

（3）柱面

退刀距离（D）：作用同自动模式下的安全高度。

（4）球面 假设加工曲面外有一张包裹的球面，在加工过程中保证刀具在该曲面上进行连接移动就是安全的，刀具不会与加工面发生碰撞，如图 7-126 所示。

1）中心点（P）：虚拟球面球心点。

2）半径（R）：虚拟球的半径。

安全模式中的平面、柱面和球面三种模式，只有在刀轴方向为"自动"或"曲面法向"时才起作用。

勾选测量补偿界面的"曲面测量"或"曲线测量"后，参数树出现"测量补偿参数"节点。可进行测量补偿参数设置。

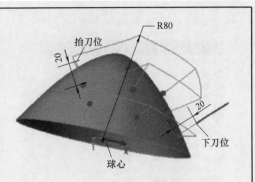

图 7-126　操作设置——球面

3. 测量补偿参数

（1）曲面测量补偿　针对曲面进行的测量补偿，与"曲线测量"和"平面测量"互斥。

1）曲面补偿校正方式：包括三轴和多轴两种方式。"三轴"表示形变误差面找正补偿，如图 7-127 所示；"多轴"表示实际面相对理论面偏差校正补偿，如图 7-128 所示。

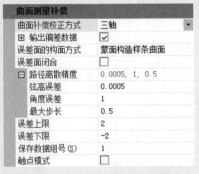

图 7-127　三轴曲面测量补偿参数

图 7-128　多轴曲面测量补偿参数

2）路径离散精度（弦高/角度误差，最大步长）：原始路径与补偿后生成的新路径的离散弦高/角度误差，以及补偿后生成新路径的离散最大步长。

3）保存数据组号：测量数据保存的组号，加工补偿时选择此组号，可对路径进行补偿。

4）误差上/下限：路径点轴向补偿调整的偏差区间的上/下限值。如果超过此值，那么将会引发机床报警。

5）触点模式：勾选此选项，探针与曲面的切点作为理论点；否则探针的刀尖点作为理论点，并且只能使用球形探针，所选探针必须与测量点半径一致。触点模式应用于曲率变化较平缓的曲面；否则探测过程中探针容易打滑。

（2）曲线测量补偿　针对3D曲线进行的测量补偿，与"曲面测量"和"平面测量"互斥。

1）曲线补偿类型：包括三轴和多轴两种方式。三轴补偿针对三轴机床加工，如图 7-129 所示；多轴补偿针对多轴机床加工，如图 7-130 所示。

273

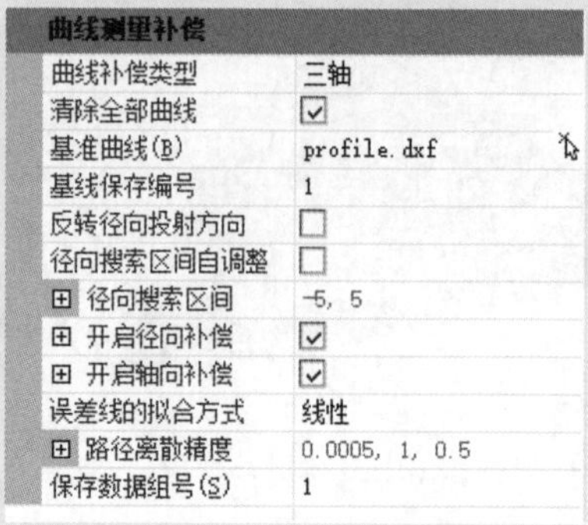

图 7-129　三轴曲线补偿　　　　　　　图 7-130　多轴曲线补偿

2）清除全部曲线：测量补偿之前，将保存在机床的曲线清除。

3）基准曲线：探测依据的理论曲线。

4）反转径向投射方向：投射方向为加工路径刀轴半径磨损补偿方向，根据加工需求切换，如图 7-131 所示。

5）径向搜索区间自调整（三轴与多轴）：勾选此选项，"径向搜索区间"表示的是实际加工路径和理论加工路径在径向上的偏差范围；取消勾选时，"径向搜索区间"表示的是实际加工路径和输出文件在径向上的偏差范围。

（3）平面测量补偿　平面测量补偿只有刀轴方向为竖直时才能使用，如图 7-132 所示。针对平面进行的测量补偿，与"曲面测量"和"曲线测量"互斥。

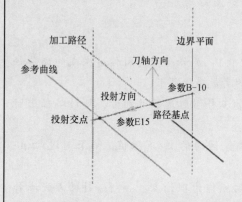

图 7-131　投射方向示意

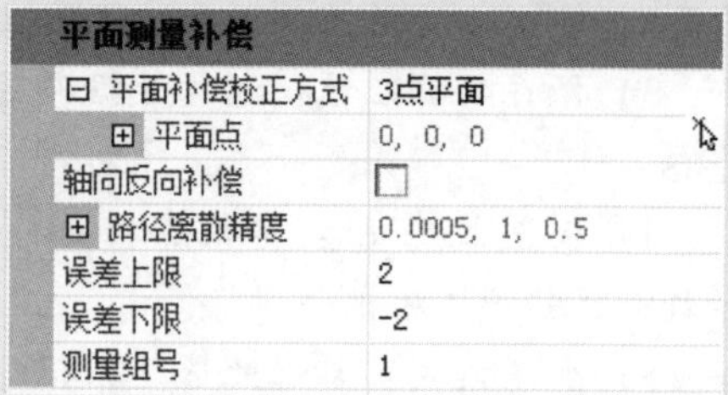

图 7-132　3 点平面补偿参数

平面补偿校正方式：包括 X 向 2 点、3 点平面和多点（4~50）平面方式。X 向 2 点表示在平面点中选择 X 方向的两个测量点；"多点（4~50）平面"表示加工图形中，标志为 Z 向起点和末点之间的多个测量点。

3. 生成补偿加工路径

STEP1：在加工环境下，单击功能区的"多轴加工"选项卡中的"五轴曲线测量"按钮，弹出"刀具路径参数"对话框。

STEP2：切换到参数树中的"加工域"，单击"编辑加工域"按钮，单击"探测点"按钮并拾取轮廓线；设置"表面高度"为0，"加工深度"为0.01mm，如图7-133所示。

STEP3：切换到参数树的"加工刀具"，单击"刀具名称"按钮进入当前刀具表，选择"[锥度平底] JD-30-0.20"；设置"刀轴控制方式"为"曲面法向"；勾选"导动模式"，此时在导航工作区新增"导动面"选项；修改走刀速度参数如图7-134所示。

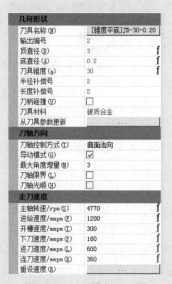

图 7-133　设置加工域　　　　　　　图 7-134　设置加工刀具

STEP4：切换到参数树"加工域"，单击"导动面"按钮，在绘图区拾取曲面，如图7-135所示。

图 7-135　拾取导动面

STEP5：切换到参数树中的"辅助指令"，勾选"曲面测量"，如图7-136所示。

STEP6：单击"计算"按钮，生成加工路径，如图7-137所示。

275

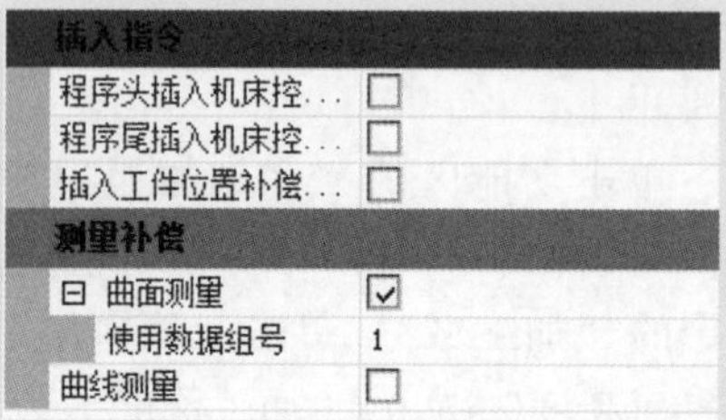

插入指令	
程序头插入机床控…	☐
程序尾插入机床控…	☐
插入工件位置补偿…	☐
测量补偿	
☐ 曲面测量	☑
使用数据组号	1
曲线测量	☐

图 7-136　设置辅助指令

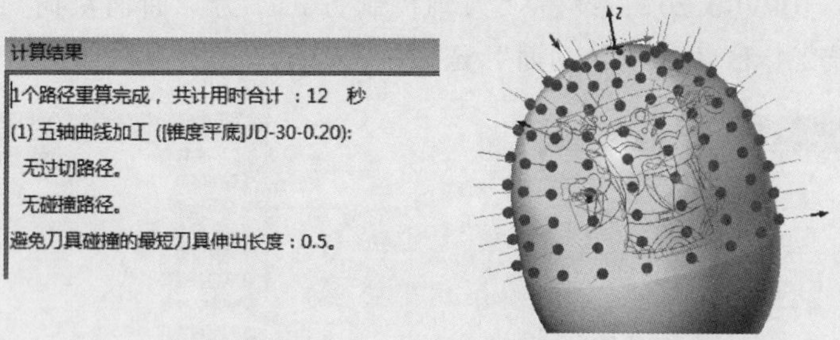

计算结果

1个路径重算完成，共计用时合计：12　秒

(1) 五轴曲线加工 ([锥度平底]JD-30-0.20):

　　无过切路径。

　　无碰撞路径。

避免刀具碰撞的最短刀具伸出长度：0.5。

图 7-137　生成补偿加工路径

以上完成了曲面测量补偿功能的操作，接下来可以进一步进行机床模拟检查，路径输出等操作。

7.6　报表

报表功能支持用户导入测量点实测数据，实现实测数据与理论数据的偏差计算和显示，输入机床打印的测量点数据，可方便直观的进行产品余量分析，同时生成 ∗.pdf 或 ∗.Mht 格式的报表，显示效果如图 7-138 所示。

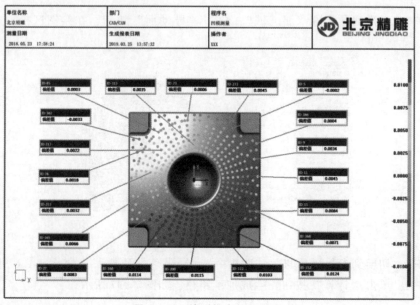

图 7-138　检测报表显示效果

下面对报表常用参数进行说明。

1. 显示方式

报表有两种显示方式，包括测量点和云图，如图 7-139 和图 7-140 所示。

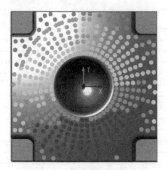

图 7-139　测量点显示

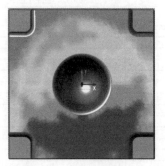

图 7-140　云图显示

2. 选择测量点

导入数据后可通过勾选测量树节点及直接在视图区拾取需要分析的测量点，按住 <Shift> 键的同时对测量点树进行多选操作，同时勾选测量点树节点，如图 7-141 所示。

3. 生成报表

其他参数设置完成后单击"生成报表"按钮即可生成测量报表，生成文件格式有 ＊.pdf 和 ＊.mht 两种。其中，报表中内容包括图形报表和数据报表。

（1）图形报表　如果视图列表中没有保存视图，则生成报表时自动截取当前视图区并输出；如果视图列表中有保存视图，则生成图形报表后清空（只生成数据报表时不清空），如图 7-142 所示。

图 7-141　选择测量点

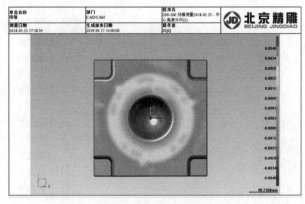

图 7-142　图形报表

（2）数据报表　数据报表共输出测量点 ID，理论点 X、Y、Z 值，上、下公差（即上、下极限偏差），X、Y、Z 方向偏差，余量偏差及偏差程度 11 项，如图 7-143 所示。其中，蓝色数据表示该测量点超差，最后一项为超差值；黑色数据表示未超差，最后一项表示偏差程度。偏差程度共分为五个等级：--|、-|、|、|-、|--，分别表示−100％～−50％、−50％

~0、0、0~50%、50%~100%。

单位名称		部门		程序名 多轴标准件 方槽 方案10						北京精雕
测量日期 2018.07.26 17:00:07		生成报表日期 2019.04.16 16:17:22		操作者						BEIJING JINGDIAO

点（组）

ID	MEAS X	Y	Z	+TOL	-TOL	DX	DY	DZ	DL	<--|-->
2	33.2443	-10.8516	-36.5536	0.0100	-0.0100	0.0041	0.0005	0.0000	-0.0041	< -| >
3	32.5316	-15.8023	-42.3579	0.0100	-0.0100	0.1046	-0.0413	0.0000	-0.1125	-0.1025
6	33.2769	-11.1629	-44.6529	0.0100	-0.0100	0.0079	0.0008	0.0000	-0.0079	<--| >
7	32.8606	-14.9132	-49.1838	0.0100	-0.0100	0.0843	-0.0243	0.0000	-0.0877	-0.0777
8	33.2215	-13.3470	-54.2743	0.0100	-0.0100	0.0441	-0.0052	0.0000	-0.0444	-0.0344
9	33.3077	-11.4790	-53.8894	0.0100	-0.0100	0.0041	0.0003	0.0000	-0.0041	< -| >
10	31.9766	-5.6082	-36.9797	0.0100	-0.0100	0.0080	0.0015	0.0000	0.0082	< |-->
11	31.4000	-0.1312	-38.1496	0.0100	-0.0100	0.0398	0.0002	0.0000	-0.0398	-0.0298
12	31.8882	5.6669	-37.7272	0.0100	-0.0100	0.0880	-0.0169	0.0000	-0.0896	-0.0796
14	31.4188	-0.7572	-44.7587	0.0100	-0.0100	0.0302	0.0008	0.0000	-0.0302	-0.0202
15	31.6905	4.4118	-44.1974	0.0100	-0.0100	0.0735	-0.0109	0.0000	-0.0743	-0.0643
16	31.7853	-4.5057	-49.5741	0.0100	-0.0100	0.0054	0.0008	0.0000	0.0055	< |-->
17	31.4047	0.5312	-49.4498	0.0100	-0.0100	0.0395	-0.0007	0.0000	-0.0395	-0.0295
18	31.7910	5.0625	-50.1726	0.0100	-0.0100	0.0764	-0.0130	0.0000	-0.0775	-0.0675
19	33.1758	11.0014	-35.4621	0.0100	-0.0100	0.0901	-0.0107	0.0000	-0.0907	-0.0807
20	32.8644	15.1972	-36.0537	0.0100	-0.0100	0.0017	0.0005	0.0000	-0.0018	< -| >
21	33.0538	10.5525	-41.8287	0.0100	-0.0100	0.0976	-0.0162	0.0000	-0.0990	-0.0890
23	33.2753	12.2013	-47.7996	0.0100	-0.0100	0.0604	0.0002	0.0000	-0.0604	-0.0504
24	32.7437	15.5894	-47.5151	0.0100	-0.0100	0.0097	0.0035	0.0000	0.0104	0.0004
25	33.2670	11.8186	-52.6343	0.0100	-0.0100	0.0625	-0.0022	0.0000	-0.0625	-0.0525
26	32.9475	14.9400	-52.5157	0.0100	-0.0100	0.0030	0.0009	0.0000	0.0032	< |-->

图 7-143　数据报表

4. 视图操作

当调整好标签及模型大小位置后，可单击"保存视图"按钮对当前绘图区进行截图，列表中列出当前所有截图，可预览视图、删除所选视图或删除所有视图，如图 7-144 所示。

5. 数据标签

通过勾选需要在数据标签中显示的选项，实现数据标签的定制，也可对字符大小、数据显示精度和指引线粗细进行设置，如图 7-145 所示。

图 7-144　视图操作　　　　　　　图 7-145　数据标签

6. 极值

每组测量点根据余量偏差程度都会存在极大与极小测量点，当导入数据时，无论是否勾选"极值"选项，都会在极值点弹框标题处显示 MAX/MIN，如图 7-146 所示，数据标签颜色由测量点数据是否超差决定。勾选"极值"选项，极值点弹框立刻显示，并且对应弹框内字符变红，如图 7-147 所示。当多个弹框重叠时，勾选"极值"选项，极值点对应弹框会自动显示在最上层。

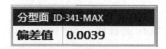

图 7-146　不勾选极值选项　　　　　　　　图 7-147　勾选极值选项

7. 梯度属性

梯度属性命令可以进行公差带步数和最大最小值显示颜色的设置，如图 7-148 所示。当多组数据上、下公差设置不一致时，颜色条刻度值只显示+TOL/−TOL。

8. 详细信息

可进行检测报表单位名称、部门、程序名、操作者、测量日期、Logo 路径和报表保存路径的设置，如图 7-149 所示。其中，程序名默认提取当前文件名称，测量日期自动提取导入数据中的时间，保存路径默认为当前文件所在目录。

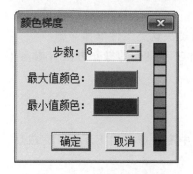

图 7-148　梯度属性设置　　　　　　　　　图 7-149　详细信息

> **说明：**
>
> 　1）生成报表导入的数据必须是使用点（组）元素检测方式且测量数据输出类型为数据及公差类型检测后机床打印的数据，并且数据格式不可修改。
>
> 　2）在进行报表操作时，原本生成检测数据的软件检测路径不能丢失；否则数据导入后无法正常生成检测报表。
>
> 　3）报表数据标签中上、下公差和余量的大小可通过检测路径中点元素测量属性上、下公差进行设置。
>
> 　4）详细信息中 Logo 路径如果为空或所设 Logo 不存在，则在生成报表时自动调用北京精雕集团 Logo。
>
> 　5）导入 Logo 的尺寸不宜过大或过小，因生成报表时会自动对 Logo 的尺寸进行放大或缩小以准确插入相应位置，导致在报表中显示不清晰。推荐图片分辨为 500 像素×130 像素。
>
> 　6）当导入数据中某条路径因多次探测而重复存在时，取最后一次探测数据进行报表生成。

7.7 实例

某款手机壳需要在三轴机床上进行倒角加工，将工件放在工作台上进行初定位，但是因为装夹受力变形和工件流转环节磕碰等因素的存在，会导致工件产生不均匀的变形，如图7-150所示。直接倒角加工将因为产品轮廓变形导致倒角出现大小边和不一致等问题。因此对变形的工件倒角加工时需要使用曲线补偿加工。

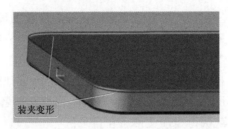

图 7-150　装夹变形

SurfMill 9.0软件的测量补偿功能可以便捷有效地解决这类工件偏移问题。

本节以手机壳为例，介绍使用SurfMill 9.0软件加工手机壳的操作方法（参考案例文件"手机壳-final. escam"）。

7.7.1　配置虚拟加工环境

首先要进行模型和机床的相关准备工作，在软件中配置虚拟加工环境，完成后进行功能详细介绍。

> **STEP1**：单击功能区的"新建"→"精密加工"选项，进入精密加工环境。
> **STEP2**：进入3D环境，导入几何模型，如图7-151所示。
> **STEP3**：进入加工环境，单击功能区的"项目设置"选项卡中的"机床设置"按钮，弹出"机床设置"对话框，选中"3轴"单选按钮，设置"机床文件"为"Carver600"，依次完成其他参数配置。
>
>
>
> 图 7-151　产品图
>
> **STEP4**：单击功能区的"项目设置"选项卡中的"当前刀具表"按钮，弹出"当前刀具表"对话框，单击"添加" ✛⃞ 按钮，添加"［测头］JD-5.00"测头和"［大头刀］JD-90-0.20-4.00"刀具。
> **STEP5**：单击功能区的"项目设置"选项卡中的"创建几何体"按钮，进入导航栏完成工件设置、毛坯设置和夹具设置操作。
> **STEP6**：单击功能区的"项目设置"选项卡中的"几何体安装"按钮，进入导航栏单击"自动摆放"按钮，对几何体进行安装操作。
> 以上完成准备工作。

7.7.2　曲线补偿加工

曲线补偿加工功能通过探测工件轮廓，计算出其变形量，根据变形量对原始加工路径进行自动补偿转换，实现转换后路径对变形轮廓的精准切削，保证切削工件的倒角宽度均匀，无大小边且一致稳定。

分析工件造型特征和基准面分布情况，通过探测工件四周基准面来补偿工件原点 X、Y 向偏移和角度偏差，探测底部基准面来补偿工件原点 Z 向偏差。

1. 创建探测点

STEP1：在 3D 环境下，拾取模型的四个侧壁，单击功能区的"曲线"选项卡中"曲面边界线"按钮，生成辅助线，如图 7-152 所示。

图 7-152　辅助线

STEP2：在 3D 环境下，单击功能区的"在机测量"选项卡中的"曲线测量"按钮，进入"曲线测量"导航栏，单击"拾取曲线"按钮，在绘图区拾取辅助曲线，布置测量点，长边布置两个、短边布置一个，圆弧布置五个，如图 7-153 所示，完成后单击"确定"按钮。

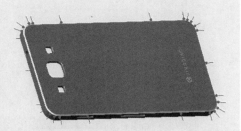

图 7-153　探测点

STEP3：单击功能区的"在机测量"选项卡中的"方向及特征点"按钮，进入"测量点编辑"导航栏，拾取轮廓起点的测量点，右击进入编辑状态，结束测量点拾取，勾选"轮廓起点"选项，单击"确定"按钮，如图 7-154 所示。

281

STEP4：拾取轮廓末点的测量点，右击进入编辑状态，结束测量点拾取，勾选"轮廓末点"选项，单击"确定"按钮，如图 7-155 所示。

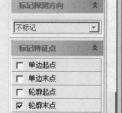

图 7-154　轮廓起点　　　　　　　　　　图 7-155　轮廓末点

2. 生成测量路径

STEP1：单击功能区的"在机测量"选项卡中的"曲线测量"按钮，弹出"刀具路径参数"对话框。

STEP2：切换到参数树中的"加工域"，单击"编辑加工域"按钮，单击"探测点"按钮并拾取所有测量点；设置"表面高度"为−0.5mm，"加工深度"为0（根据实际探测深度设置），如图7-156所示。

STEP3：根据实际情况设置"加工刀具""安全策略""测量设置"选项区域中的相关参数。

STEP4：切换到参数树中的"测量计算"，勾选"轮廓测量"选项，如图7-157所示。

STEP5：切换到参数树中的"测量补偿参数"，设置"轮廓测量方式"为"轮廓补偿"，勾选"中心/角度自校正"；选中"轮廓测量补偿""开启XY向补偿"，在"XY最大变形"文本框设置合理数值，如图7-158所示。

STEP6：单击"计算"按钮，生成测量路径，如图7-159所示。

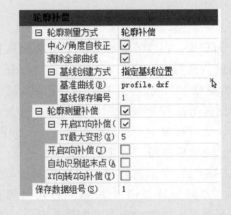

图7-156　加工域设置

测量补偿	
单点测量结果选择 (U)	测头半径+标定补偿量
路径跟随偏置 (Q)	☐
统一跟随组号	☐
跟随测量中心找正	☐
跟随测量角度找正	☐
统一测量组号	☐
角度测量 (N)	☐
中心测量 (N)	☐
轮廓测量 (F)	☑
尺寸测量 (D)	☐
平面度测量 (T)	☐
位置度测量 (P)	☐
辅助宏程序	
两点中心	☐
两点距离	☐
两点构造直线夹角	☐

图7-157　测量计算设置

轮廓补偿	
⊟ 轮廓测量方式	轮廓补偿
中心/角度自校正	☑
清除全部曲线	☑
⊟ 基线创建方式	指定基线位置
基准曲线 (B)	profile.dxf
基线保存编号	1
⊟ 轮廓测量补偿	☑
⊟ 开启XY向补偿(	☑
XY最大变形 (X)	5
开启Z向补偿 (T)	☐
自动识别起末点 (A)	☐
XY向转Z向补偿 (Y)	☐
保存数据组号 (S)	1

图7-158　测量补偿参数

计算结果

1个路径重算完成，共计用时合计：4 秒

(1) 曲线测量 ([测头]JD-5.00)：

　　无过切路径。

　　无碰撞路径。

　　避免刀具碰撞的最短刀具伸出长度：3.7。

图7-159　探测路径计算完成

3. 生成加工路径

STEP1：单击功能区的"三轴加工"选项卡中的"轮廓切割"按钮，弹出"刀具路径参数"对话框。

STEP2：切换到参数树中的"加工刀具"，单击"刀具名称"按钮进入当前刀具表，选择"［大头刀］JD-90-0.20-4.00"刀具。

STEP3：设置其他工艺参数（这里不进行详细介绍）。

STEP4：切换到参数树中的"辅助指令"，勾选"轮廓测量"选项；设置"使用数据组号"为"1"（保持加工路径中"使用数据组号"和测量路径中的"保存数据组号"一致），如图 7-160 所示。

插入指令	
程序头插入机床控...	☐
程序尾插入机床控...	☐
插入工件位置补偿...	☐
测量补偿	
统一补偿组号	☐
角度测量(N)	☐
中心测量(N)	☐
HD测量(H)	☐
☐ 轮廓测量(F)	☑
使用数据组号	1
尺寸测量(S)	☐
曲面测量	☐
曲线测量	☐
平面测量	☐

图 7-160　辅助指令设置

STEP5：单击"计算"按钮，生成加工路径，如图 7-161 所示。

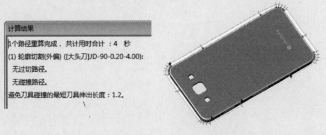

计算结果

1个路径重算完成，共计用时合计：4 秒

(1) 轮廓切割(外偏) (［大头刀］JD-90-0.20-4.00)：

无过切路径。

无碰撞路径。

避免刀具碰撞的最短刀具伸出长度：1.2。

图 7-161　加工路径计算完成

7.8　实战练习

请按照以下要求，编写"在机测量加工练习"工件加工程序。

1）工件在装夹时易出现偏移，在加工前需要对工件位置和角度进行测量，请编制相关测量程序。

2）受装夹偏移及工件变形影响，工件表面在加工时易出现深浅不一等缺陷，因此需要对工件表面进行曲面测量，以弥补表面误差。请编制相关曲面测量程序。

3）使用上述测量补偿，生成区域加工路径。

知识拓展 ——在机测量的工具

1）接触式测头：将开关信号接入机床的数控系统，在测量过程中，依赖机床运动来触发信号，数控系统高速抓取信号触发时的位置坐标并记录。

2）对刀仪：配合数控系统的跳转触发功能的传感器单元，可以实现对刀具尺寸及状态的检测，也可以测量设备的主轴热伸缩量。常见的有接触式对刀仪和非接触式对刀仪两种。

3）CCD（感光元件）：直接将光学信号转换为模拟电流信号的图像传感器，可实现图像的获取、存储、处理，具有响应速度快、灵敏度高等优点。

4）机床内部传感器：机床内接不同传感器测试单元，实时监测设备加工状态，包括振动传感器、温度传感器等。

模块4

后置处理

第8章

后　处　理

本章导读

SurfMill 9.0 软件提供的后处理工具 JDNcPost，可以满足 SurfMill 9.0 软件生成的加工路径在不同数控机床及系统中的正常运行。

本章主要介绍 JDNcPost 工具，包括界面、参数和命令等。通过本章学习，用户可以了解 JDNcPost 的参数设置及使用方法。

学习目标

➤ 掌握 JDNcPost 软件中参数及命令的含义；
➤ 掌握 JDNcPost 软件定制后处理文件的流程。

8.1　概述

不同的机床控制系统对数控程序的指令和格式有不同的要求，将 CAM 软件生成的刀具轨迹经过处理转换成特定机床控制器能接受的格式，这一处理过程就是"后处理"。

为方便用户在使用 SurfMill 9.0 软件编制的加工路径能适应不同的数控机床或数控系统，SurfMill 9.0 软件提供了 JDNcPost 后置路径功能。用户可以按照实际加工条件制作后处理文件，并在路径输出时选择对应的后处理文件，以输出满足实际加工需求的数控程序。

SurfMill 9.0 软件内置了很多后处理文件，放置于软件安装目录下的 Cfg \ NcPost 文件夹中。为便于管理，用户自定义的后处理文件也可以放在该文件夹下。输出路径的方法如下：打开图 8-1 所示对话框，将"输出格式"切换为"Self_Def-NC Format"，单击"后置文件"

图 8-1　使用后处理

按钮选择需要使用的后处理文件，单击"确定"按钮后，即可输出需要的数控程序。

8.2 JDNcPost 介绍

8.2.1 界面

可以通过以下两种方式启动 JDNcPost 软件。

1）通过 SurfMill 9.0 软件启动，如图 8-2 所示。

2）在 SurfMill 9.0 软件的安装目录下找到 JDNcPost.exe 图标双击启动。

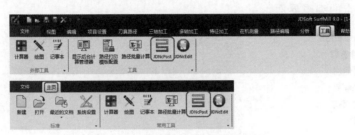

图 8-2 通过 SurfMill 9.0 软件启动

软件的主界面主要分为四个区域，如图 8-3 所示。

图 8-3 主界面

四个区域的作用见表 8-1。

表 8-1 JDNcPost 软件主界面功能说明

菜单	功 能 说 明
菜单工具栏	提供软件的框架视图设置，以及基本的创建、打开、保存配置文件等功能
导航栏	以结构树的形式引导用户进行相关操作
可视化交互区	通过单击导航栏中每个不同的节点，可以达到切换界面的效果，并可以对当前节点的各项参数进行修改
命令预览区	方便用户查看命令中各个参数的数控指令，提供直观的预览效果

编辑后处理的主要方法：首先单击导航栏的不同节点，然后在可视化交互区编辑参数，最后在命令预览区检查输出是否正确。

下面主要对导航栏和可视化交互区和命令预览窗口进行介绍，软件更为详细的使用请参见后面的实例。

1. 导航栏

导航栏以结构树为载体，指引用户对后处理参数进行设置。后处理参数主要包含两大内容：配置文件参数和命令参数，如图8-4所示。

2. 可视化交互区

可视化交互区展示当前导航栏被选中的节点的信息，用户在该区域进行修改。图8-5所示为圆弧设置节点的编辑界面。

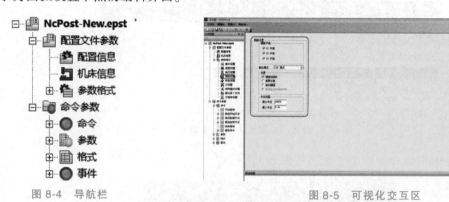

图 8-4　导航栏　　　　　　　　　　　　　　　图 8-5　可视化交互区

3. 命令预览窗口

命令预览窗口提供了导航栏中被选中的命令节点的输出预览，方便用户更加直观地修改。图8-6所示为"首次装刀"命令节点的预览。

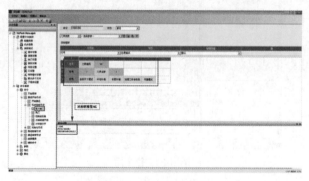

图 8-6　命令预览窗口

8.2.2　配置文件参数

配置文件参数主要针对机床参数设置，以及对路径文件进行配置，包含配置信息、机床信息以及参数格式。

1. 配置信息

配置信息主要用于配置生成路径所支持的数控系统、数控系统的版本号以及配置文件生成使用的 SurfMill 9.0 软件等相关定制信息，如图 8-7 所示。

2. 机床信息

机床信息主要用于用户根据使用的机床信息配置机床结构，包括机床类型、机床运动类型、机床运动结构、行程等，如图 8-8 所示。

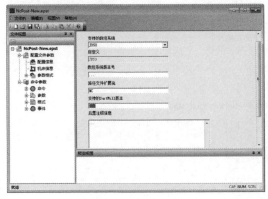

图 8-7 配置信息

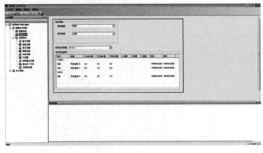

图 8-8 机床信息

3. 参数格式

参数格式主要涉及输出路径程序时的一些基本设置，如图 8-9 所示。常用的有设置圆弧象限分割输出、子程序模式等。

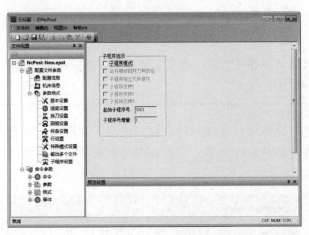

图 8-9 参数格式

8.2.3 命令参数

命令参数主要是针对路径输出时的命令设置，以及对输出参数、参数的数据格式进行设置。主要包括命令、参数、格式和事件四部分内容。

1. 命令

（1）命令节点 命令参数的节点将数控程序内容做了一个划分，结构顺序与输出的数控程序结构顺序一致，每个节点控制数控程序的一段或一类内容。这部分的设置是整个后处理定制最为重要的部分。图 8-10 所示为 SurfMill 9.0 软件自带的 JD50-3Axis.epst 的命令节点与其输出的数控程序的对应关系。通过设置命令节点就可以控制输出的数控程序内容。

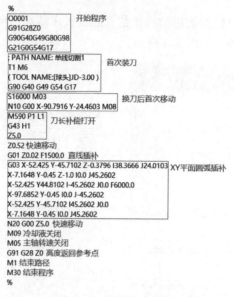

```
%
O0001                              开始程序
G91G28Z0
G90G40G49G80G98
G21G0G54G17
; PATH NAME: 单线切割1              首次装刀
T1 M6
( TOOL NAME:[球头]JD-3.00 )
G90 G40 G49 G54 G17
S16000 M03                         换刀后首次移动
N10 G00 X-90.7916 Y-24.4603 M08
M590 P1 L1    刀长补偿打开
G43 H1
Z5.0
Z0.52 快速移动
G01 Z0.02 F1500.0  直线插补
G03 X-52.425 Y-45.7102 Z-0.3796 I38.3666 J24.0103  XY平面圆弧插补
X-7.1648 Y-0.45 Z-1.0 I0.0 J45.2602
X-52.425 Y44.8102 I-45.2602 J0.0 F6000.0
X-97.6852 Y-0.45 I0.0 J-45.2602
X-52.425 Y-45.7102 I45.2602 J0.0
X-7.1648 Y-0.45 I0.0 J45.2602
N20 G00 Z5.0 快速移动
M09 冷却液关闭
M05 主轴转速关闭
G91 G28 Z0 高度返回参考点
M1 结束路径
M30 结束程序
%
```

图 8-10　数控程序结构

> 说明:
>
> 1) 首次装刀和换刀: 首次装刀命令用于程序中第一次换刀被调用, 程序中其余的换刀调用换刀命令。
>
> 2) 换刀后首次移动和首次移动: 都用于路径开始第一次移动阶段, 区别在于后者被不换刀的路径所调用。

(2) 命令的状态　命令的状态有三种, 包括激活、非激活、不允许。状态的切换在可视化交互区进行切换, 如图 8-11 所示。只有在激活状态下, 预览窗口中会有预览, 该命令才会被输出。

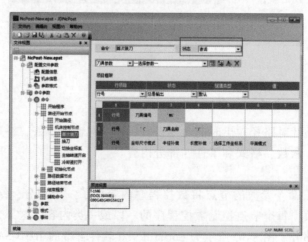

图 8-11　命令的状态

说明：

导航栏的命令节点不允许删除或增加，通过切换命令的状态可以便捷控制整个节点内容的输出与否。

当节点前的图标为灰色，说明当前命令节点处于"未激活"状态；节点为绿色，说明节点处于"激活"状态。

（3）命令内容的编辑 一个"命令"是由一个或多个"程序段"组成，"程序段"可包含一个或多个"程序字"。因此对命令的设置就是对"程序段"和"程序字"的设置。如图 8-12 所示，"首次移动"命令中的组成结构是由两个程序段（Block）组成，这两个程序段分别包含三个、八个程序字（BlockItem）。

1）程序段的添加。单击"增加行"按钮即可添加一行新的空白程序段，如图 8-13所示。

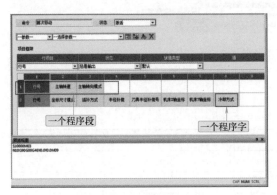

图 8-12 程序段和程序字

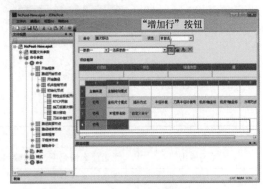

图 8-13 增加程序段

2）程序字的添加和删除。程序字有参数、文本两种类型。

① 选择参数类别和参数名称，单击"增加参数"按钮即可在指定位置添加一个参数，如图 8-14 所示。参数的内容设置将在下一节介绍。

② 单击"增加文本"按钮即可在指定位置添加一个文本。通过修改"值"这一参数，即可添加文本的内容。单击"增加文本"按钮后面的"删除"按钮即可删掉选中的程序字。如图 8-15 所示。

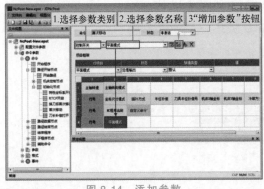

图 8-14 添加参数

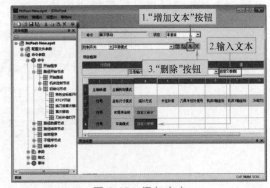

图 8-15 添加文本

3）程序字的状态。程序字的状态和命令的状态作用类似，都是控制输出状态，只不过控制细化到每一个字。参数的状态有总是输出、总不输出、当更新时输出、随格式内容设置四种，如图 8-16 所示。

图 8-16　程序字的状态

文本的状态有总是输出和总不输出两种。设置为前者时，会在数控程序中总是输出；否则将不会输出，如图 8-17 所示。

图 8-17　文本的状态

各个状态的含义见表 8-2。

表 8-2　参数状态及含义

状态	含义
总是输出	无论什么情况下,都将输出
总不输出	无论什么情况下,都不输出
当更新时输出	与上一次输出值不同时,输出
随格式内设置	按格式的状态(以上三种)输出,有格式的普通参数按格式的状态输出,没有格式的则不输出

4）程序字的依赖关系。对程序字建立依赖关系。其中，"依赖项""依赖对象"是对命令中的两个参数建立一种依赖关系后的一种称谓，此时的"依赖项"将依赖于"依赖对象"而存在。用户可以通过双击任意存在参数来打开"依赖关系设置"对话框。以图 8-18 所示的半径补偿进行说明，"刀具半径补偿号"这个参数必须与"刀具半径补偿"配合使用，可以将"刀具半径补偿号"设置成依赖于"半径补偿"。如图 8-18 所示。

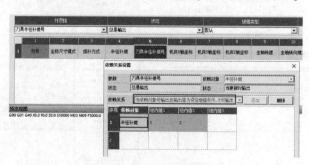

图 8-18　程序字的依赖关系

依赖关系及其含义见表 8-3。

表 8-3　程序字依赖关系及含义

依赖关系	含　义
当依赖对象可输出时,才可输出	本身可以输出且指定的依赖对象也可以输出时,才会输出
当依赖对象可输出且输出值为设定组值条件,才可输出	本身可以输出且指定的依赖对象(必须为组参数)也可以输出,且设定的组内值与依赖对象的组值相同时,才会输出
当依赖对象不可输出时,才可输出	本身可以输出且指定的依赖对象不可输出时,才会输出
当依赖对象可输出时,即可触发输出	本身可以输出且指定的依赖对象也可以输出时,才会输出
当依赖对象输出值为设定组值条件,才可输出	本身可以输出且设定的组内值与依赖对象(必须为组参数)的组值相同时,才会输出
当依赖对象输出值为设定组值条件,不输出	本身可以输出且设定的组内值与依赖对象(必须为组参数)的组值相同时,不输出

5)程序段的输出条件。在定制命令时,用户可以根据需要对命令行的输出条件进行定制。在命令定制区域右击,弹出图 8-19 所示快捷菜单。

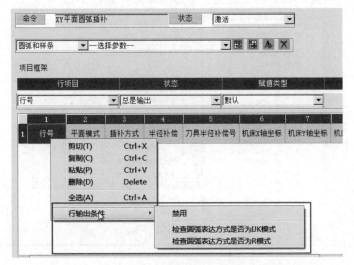

图 8-19　程序段的输出条件

"禁用"选项表示禁止选中命令行输出,禁用后的命令行用深灰色表示,如图 8-20 所示。

图 8-20　禁用

有条件的限制输出是指命令行满足一定条件后才能输出，一般用于同一个命令中存在多行命令，命令行之间满足的输出条件不同。目前有条件的限制输出仅为两种情况提供选项。

当在为多轴路径进行配置时，开启特性坐标系及 RTCP 模式后，如图 8-21 所示。

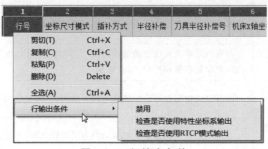

图 8-21　行输出条件

检查是否使用特性坐标系输出：指当前输出路径为多轴定位加工，并且使用特性坐标系指令的情况下输出。

检查是否使用 RTCP 模式输出：指当前输出路径使用 RTCP 指令的情况下输出。

说明：

多轴路径使用的输出模式和多轴设置中选项有关，如图 8-22 所示。

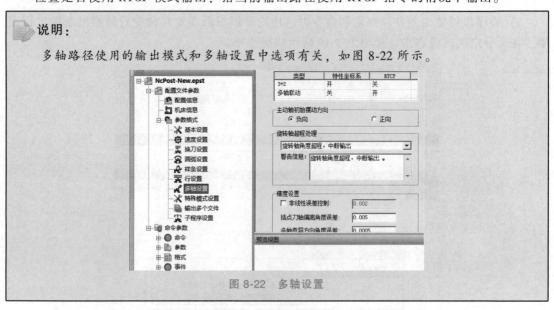

图 8-22　多轴设置

圆弧定制命令界面提供图 8-23 所示的限制条件。

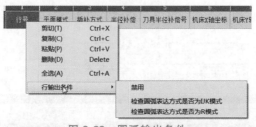

图 8-23　圆弧输出条件

检查圆弧表达方式是否为 IJK 模式：指输出圆弧模式为 IJK 模式时输出。

检查圆弧表达方式是否为 R 模式：指输出圆弧模式为 R 模式时输出。

说明：

路径输出圆弧时使用的表达方式与圆弧设置中的选项有关，如图 8-24 所示。

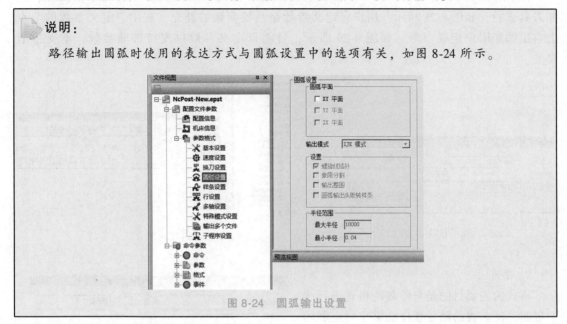

图 8-24　圆弧输出设置

---

2. 参数

在 JDNcPost 软件中参数包含程序参数、控制开关、运动参数、钻孔参数等，如图 8-25 所示。

按照不同的分类，参数可以分成普通参数/组参数、系统参数/自定义参数。参数的输出受前缀、后缀、格式、类型等的影响。

（1）普通参数/组参数　普通参数是一个单一参数，例如转速 S，在导航栏双击"参数"按钮，选择"控制开关"→"主轴转速"命令，弹出图 8-26 所示对话框。

组参数由多个相似功能参数组成，它们具有相似的数控指令，例如坐标尺寸模式 G90 和 G91，被称作"状态"。在导航栏双击"参数"按钮，选择"控制开关"→"选择工件坐标系"命令，弹出图 8-27 所示对话框。

图 8-25　参数

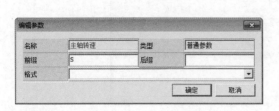

图 8-26　普通参数

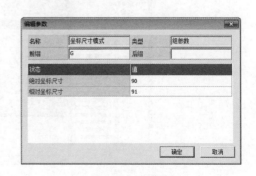

图 8-27　组参数

295

（2）系统参数/自定义参数　系统参数可以用来获取 SurfMill 9.0 软件的系统变量，例如刀具直径，如图 8-28 所示；用户自定义参数是系统参数的补充，在用户定义参数的节点上右击添加用户定义参数，如图 8-29 所示；目前自定义参数仅支持普通参数，不支持组参数。

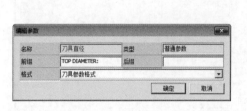

图 8-28　系统参数

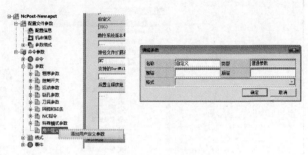

图 8-29　添加用户自定义参数

3. 格式

格式的主要目的是对参数的格式进行统一定制，使获得的路径程序能够按照定制的要求进行输出，以满足不同数控系统的要求。在 JDNcPost 软件中，格式中包含自定义格式、机床 ABC 格式、圆弧中心 XYZ 格式、毛坯 XYZ 格式等选项，如图 8-30 所示。

格式用于普通参数的输出中，由于其从参数内取值，需要通过格式对该值进行一定的处理，才能满足不同数控系统的要求。格式有小数位、比例、负值、增量模式、整数部分零、小数部分零六种属性，如图 8-31 所示。

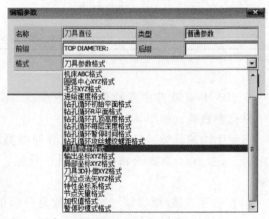

图 8-30　格式

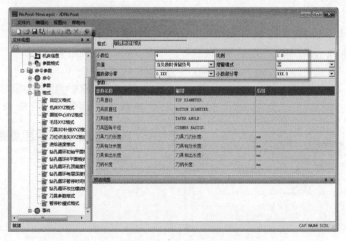

图 8-31　刀具参数格式

用户可以自定义格式，如图 8-32 所示。

图 8-32　自定义格式

4. 事件

在输出加工路径文件时可以定义事件的输出格式，用户可以根据实际情况加入一些 M 指令和非运动指令。在 JDNcPost 软件中，事件包括辅助指令、驻留、暂停等，如图 8-33 所示。

事件与普通参数相似，双击某一事件时，弹出"编辑事件"对话框，如图 8-34 所示，此时可以修改或自定义"前缀"和"后缀"文本框。

图 8-33　事件

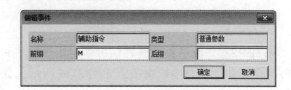

图 8-34　编辑事件

8.3　实例——制作后处理文件

下面用一个综合实例来示范使用 JDNcPost 工具制作后处理的操作。（参考案例文件 "JDVT600-A12S-激光对刀.epst"。）

8.3.1　后处理需求

1）SurfMill 9.0 软件输出，适用于 JDVT600-A12S 机床的三轴后处理，JD50 系统。

2）换刀后第一条路径作为暖机程序，其前后添加激光对刀，每把刀具加工结束后对刀。

3）圆弧输出采用 R 模式。

4）子程序输出。

8.3.2 建立步骤

1. 新建文件

打开 JDNcPost 软件，浏览至 SurfMill 9.0 软件的安装目录，找到 \ Cfg \ NcPost 文件夹，直接在软件自带的 JD50-3Axis.epst 后处理上修改，打开 JD50-3Axis.epst 文件，将文件另存为"JDVT600-A12S-激光对刀.epst"。

2. 修改配置文件参数

STEP1：修改配置信息。这部分信息作为整个后处理的说明，如图 8-35 所示。

图 8-35　修改配置信息

STEP2：修改子程序模式输出。单击导航栏的"子程序设置"按钮，勾选"子程序模式""子程序支持 S"选项，如图 8-36 所示；分别激活"调用子程序""开始子程序""结束子程序"命令。节点图标由灰色变为绿色，如图 8-37 所示。

图 8-36　设置子程序输出

图 8-37　激活子程序相关节点

3. 添加激光对刀程序

JDNcPost 软件暂时不支持逻辑判断，这里采用 G 代码的判断来实现。

（1）添加变量#200-#202

STEP1：单击"开始程序"按钮，在其命令后面添加一个新行，如图 8-38 所示。

STEP2：在添加的新行中添加一个文本，在"值"文本框里面输入"#200＝0；记录上一把刀具的直径"，如图 8-39 所示。

STEP3：按照同样的方法，继续添加两个文本，"#201＝0；记录上一把刀具的圆角半径""#202＝0；标记换刀后第一条路径"，结果如图 8-40 所示。

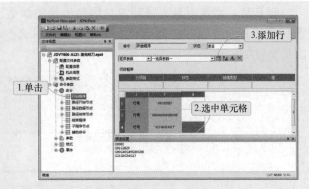

图 8-38　添加一个新行

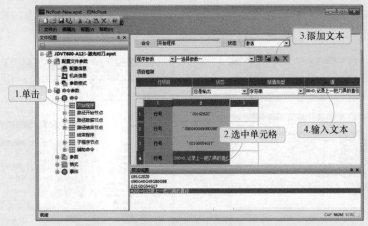

图 8-39　修改文本内容

图 8-40　添加另外两个文本

（2）给#200-#202 赋值

STEP1：修改刀具直径和刀具圆角半径的参数。双击"命令参数"按钮，选择"参数"→"刀具参数"→"刀具直径"命令，删掉前缀，如图 8-41 所示。同样的，删掉"刀具圆角半径"的前缀。

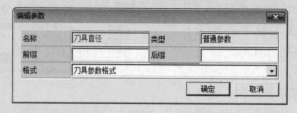

图 8-41　删除刀具直径前缀

STEP2：在"首次装刀"命令节点中添加文本"#200 ="，如图 8-42 所示；在"#200 ="文本后面添加参数"刀具直径"，如图 8-43 所示；在下一行添加文本"#201 ="和参数"刀具圆角半径"，如图 8-44 所示。

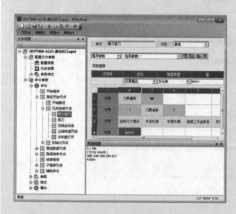

图 8-42　首次装刀之添加#200＝文本

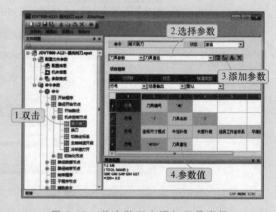

图 8-43　首次装刀之添加刀具直径

STEP3：在"换刀"命令节点中添加和上一步中相同的代码，如图 8-45 所示。

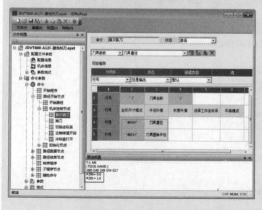

图 8-44　首次装刀之添加#201＝文本

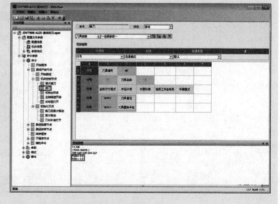

图 8-45　换刀

STEP4：在"换刀后首次移动"命令节点里面添加文本"#202＝1；换刀后第一条路径"，如图 8-46 所示。

STEP5：在"首次移动"命令节点中添加文本"#202＝0；换刀后非第一条路径"，如图 8-47 所示。

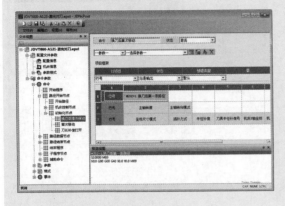

图 8-46　换刀后首次移动　　　　　　　　图 8-47　首次移动

（3）添加对刀宏程序

STEP1：在"换刀后首次移动"命令节点中添加文本"G65P7680D"、参数"刀具直径"、文本"R"、参数"刀具圆角半径"，如图 8-48 所示。

STEP2：在"换刀"命令节点中添加文本"G65P7680D＃200R＃201"，如图 8-49 所示。

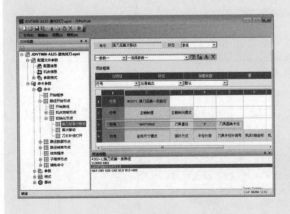
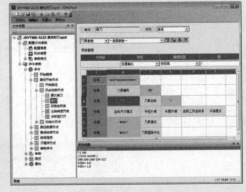

图 8-48　"换刀后首次移动"添加对刀　　　　图 8-49　"换刀"添加对刀

STEP3：在"结束程序"命令节点中添加文本"G65P7680D"、参数"刀具直径"、文本"R"、参数"刀具圆角半径"，如图 8-50 所示。

STEP4：在"冷却液关闭"命令节点中，添加文本"IF［#202 NE 1］GOTO999"；文本"G65P7680D"、参数"刀具直径"、文本"R"、参数"刀具圆角半径"；文本"N999"，结果如图 8-51 所示。

图 8-50　结束程序

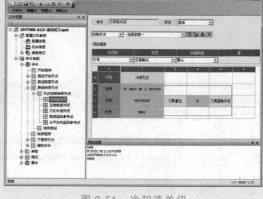
图 8-51　冷却液关闭

4. 修改冷却液和转速

STEP1：进行激光对刀前需要开启转速和关闭冷却液，如图 8-52 所示，使得该节点处于"非激活"。

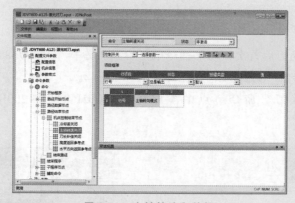
图 8-52　主轴转速和关闭

STEP2：在"结束程序"命令节点中，添加"主轴转向模式"参数，并将其值设置成"主轴停转"。如图 8-53 所示。

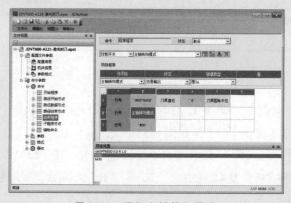
图 8-53　添加主轴转向模式

5. 修改圆弧输出方式

STEP1：单击"XY 平面圆弧插补"命令，如图 8-54 所示。

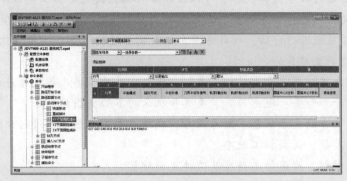

图 8-54　XY 平面圆弧插补

STEP2：将"圆弧中心 X 坐标""圆弧中心 Y 坐标"命令删掉，添加"圆弧半径参数"命令，如图 8-55 所示。同样的，修改"YZ 平面圆弧插补"和"ZX 平面圆弧插补"命令。

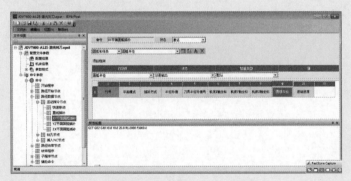

图 8-55　添加圆弧半径参数

6. 输出测试

制作完毕后保存该后处理文件，对其进行软件输出测试和上机测试。

完成后的后处理文件可参考范例文件"JDVT600-A12S-激光对刀 .epst"。

8.4　实战练习

此配置文件为 JD50 系统三轴加工定制，请按照要求制作后处理文件。

1）最高转速为 36000r/min，最大切削进给速度为 10000mm/min。

2）关闭子程序模式。

3）圆弧 IJK 模式，采用象限分割，支持螺旋圆弧插补。

4）刀具加工前输出 P7680 对刀宏程序。

5）同把刀具路径间不关闭切削液、不停止转动。

6）程序结尾触发蜂鸣器报警。

知识拓展 ——数字仿真模拟

数控加工之前进行数字仿真模拟，可以在计算机端直接观察加工走刀和零件切削的全过程，对可能遇到的问题进行预先调整，而不实际占用和消耗机床、工件等资源。此外，还可以预先对数控加工结果进行评估，统计各种加工数据并进行优化，实现智能化加工。

数字仿真模拟的主要目的：

1）检验数控加工程序是否有过切或欠切，保证零件的最终几何尺寸符合要求。

2）进行碰撞干涉检查，避免刀具、夹具和机床的不必要损坏。

3）对加工过程中的受力状态、热力耦合、残余应力等力热性能进行分析。

4）优化切削参数，提高加工效率。

5）预测刀具磨损，确保加工精度及工件表面质量。

附 录

附录 A 理论习题

一、判断题

1. SurfMill 9.0 软件提供实体建模功能。　　　　　　　　　　　　　　（　　　）

2. SurfMill 9.0 软件不仅提供了完善的曲面造型模块，还提供了 2.5 轴、3 轴、多轴、特征加工等多种加工策略。　　　　　　　　　　　　　　　　　　　　（　　　）

3. 使用"单线等距"命令可以将给定曲线在其某一侧方向上偏移一定距离，即绘制某一条曲线的等距线。　　　　　　　　　　　　　　　　　　　　　　　　（　　　）

4. 一般情况下，在区域加工时，选择直线逼近方式生成的刀具路径，可以达到图形尺寸的最大精度。　　　　　　　　　　　　　　　　　　　　　　　　　（　　　）

5. 一般情况下，在计算曲面精加工路径时，选择圆弧逼近方式，可以避免计算本身因圆弧逼近的误差而导致的加工表面过切的现象。　　　　　　　　　　　　（　　　）

6. 五轴曲线加工功能根据刀轴控制方式的不同，可以分为面加工方式和线加工方式。

　　　　　　　　　　　　　　　　　　　　　　　　　　　　　　　　（　　　）

7. 在构造模型的过程中，可将属性相似的对象或同一绘图面上的曲线放在同一层中，这样可以便于对象的选择、显示、加锁和编辑等操作。　　　　　　　　　（　　　）

8. 在编写加工路径、生成加工程序前，需要对当前的加工环境进行配置，包括机床设置、刀具表设置、几何体设置等。　　　　　　　　　　　　　　　　　　（　　　）

9. 三轴加工组常应用于精密模具、工业产品等加工行业，主要包括分层区域粗加工、曲面残料补加工、曲面精加工、曲面清根加工、成组平面加工、投影加深粗加工以及导动加工七种加工方式。　　　　　　　　　　　　　　　　　　　　　　（　　　）

10. 加工叶轮需要结合特征加工组及多轴加工组共同实现。　　　　　　　（　　　）

11. 特征加工常应用于模具、工业模型等行业以及多轴加工、多轴刻字、雕花、倒角修边加工领域。　　　　　　　　　　　　　　　　　　　　　　　　　　　（　　　）

12. 2.5 轴加工常应用于规则零件加工、玻璃面板磨削、文字雕刻等领域。　（　　　）

13. 对生成的刀轨进行仿真模拟的目的是为了检查加工过程中是否存在过切、干涉现象。　　　　　　　　　　　　　　　　　　　　　　　　　　　　　　（　　　）

14. 选择"文件"→"保存"命令（常用<Ctrl+S>组合快捷键），即可将文件保存到原路径。　　　　　　　　　　　　　　　　　　　　　　　　　　　　　　　（　　　）

15. 单击并从左向右拖动鼠标，形成一个蓝色的由实线构成的矩形线框。完全包含在矩形框内部的对象以及与矩形框相交的对象被选择。　　　　　　　　　　（　　　）

16. 在绘制圆弧时，不能定义小于所输入圆弧起末点之间距离一半的圆弧半径值。

（　　　）

17. 使用吸附到面命令时。当吸附线落在曲面外或曲面边界上时，可以生成吸附曲线。

（　　　）

18. 曲线组合时，若选择"转为组合线"命令，则生成的曲线为一条组合曲线，该曲线不可以被炸开为组合前的多条曲线。　　　　　　　　　　　　　　　　　　（　　　）

19. 曲线组合时，若选择"转为样条线"命令，则生成的曲线为一条样条曲线，该曲线可以被炸开为组合前的多条曲线。　　　　　　　　　　　　　　　　　　　（　　　）

20. 在使用曲线桥接命令时，连续条件设置为 G2 连续可以使两条曲线在连接端点处不仅相互连接、相切，并且曲率相同。　　　　　　　　　　　　　　　　　（　　　）

21. 扫掠命令可以实现将多条截面线沿着运动轨迹线扫出曲面。　　　　（　　　）

22. 生成扫掠曲面时，两条轨迹线的方向可以不一致。　　　　　　　　（　　　）

23. 生成扫掠面时，当轨迹线与截面线有交点时，生成的曲面即会通过截面线，同时也会通过轨迹线。　　　　　　　　　　　　　　　　　　　　　　　　（　　　）

24. 使用曲面组合命令时，曲面必须相邻。　　　　　　　　　　　　　（　　　）

25. 仰角是指在世界坐标系下，刀轴与 XOY 平面的夹角，范围为 0°~180°。　（　　　）

26. 方位角是指在世界坐标系下，刀轴在 XOY 平面的投影与 X 轴正方向在顺时针方向的夹角，范围为 0°~360°。　　　　　　　　　　　　　　　　　　　　（　　　）

27. 在加工时，采用直线逼近生成的刀具路径比逼近圆弧生成的刀具路径，在加工速度上要快很多。　　　　　　　　　　　　　　　　　　　　　　　　　（　　　）

28. 单线切割功能用于加工各种形式的曲线，加工的图形要求必须封闭、可以自交。

（　　　）

29. 在使用单线切割命令进行实际应用的过程中，在设置了反向重刻一次的基础上，要设置一次最后一层重刻。　　　　　　　　　　　　　　　　　　　　（　　　）

30. 曲面残料补加工命令主要用于去除大直径刀具加工后留下的阶梯状残料以及倒角面等位置因无法下刀而留下的残料，使得工件表面余量尽可能的均匀，避免后续精加工路径因刀具过大和残料过多而出现弹刀、断刀等现象。　　　　　　　　　（　　　）

31. 平行截线命令主要用于加工曲面较复杂、侧壁较陡峭的场合。平行截线在加工过程中每层高度保持不变，可以提高机床运行的平稳性和加工工件的表面质量。　（　　　）

32. 径向放射精加工命令主要适用于类似于圆形、圆环状模型的加工，路径呈扇形分布。　　　　　　　　　　　　　　　　　　　　　　　　　　　　　（　　　）

33. 角度分区精加工命令是等高外形精加工和径向放射精加工的组合加工。它根据曲面的坡度判断走刀方式。　　　　　　　　　　　　　　　　　　　　　　（　　　）

34. 曲面投影加工命令是多轴联动加工中一个重要的加工方法，能够通过辅助导动面和刀轴控制方式生成与其他加工方法具有相同效果的加工路径。　　　　　　（　　　）

35. 多轴侧铣加工命令利用刀具的侧刃对直纹曲面或类似直纹曲面的曲面进行加工，刀轴在加工过程中与直母线保持平行，起到曲面精修的作用。　　　　　　　（　　　）

36. 为了检查路径参数的合理性以及确保加工安全，输出路径之前必须经过一系列加工过程检查，避免路径过切和刀具发生碰撞。（　　　）

37. 铣削加工采用顺铣时，铣刀旋转方向与工件进给方向相同。（　　　）

38. 影响数控机床加工精度的因素很多，要提高加工工件的质量，有很多措施，其中将绝对编程改变为增量编程能提高加工精度。（　　　）

39. 刀具材料的耐热性由低到高依次排列是碳素工具钢、合金工具钢，高速工具钢、硬质合金。（　　　）

40. 在编制加工中心的程序时，应正确选择换刀点的位置，要避免刀具交换时与工件或夹具产生干涉。（　　　）

二、单选题

1. 在工具条中，当工具图标右侧有倒三角形符号▼时，表示此图标（　　　）
A. 方向　　　　　　　　　　　　B. 指示
C. 是一个工具组　　　　　　　　D. 是凸台

2. 快捷键<F8>表示的功能是（　　　）。
A. 选择观察　　B. 上次观察　　C. 全屏观察　　D. 全部观察

3. 单击（　　　）按钮，进入加工环境。
A. 　　　　　　B. 　　　　　　C. 　　　　　　D.

4. 在绘制圆弧时，通过选择（　　　）命令，可以绘制与两圆相切的圆弧。
A. 三点圆弧　　　　　　　　　　B. 圆心半径角度
C. 圆心首点末点　　　　　　　　D. 两直线圆弧

5. 要将若干条不同但相连的曲线合成一条组合曲线，可使用（　　　）命令。
A. 曲线毗连　　B. 曲线闭合　　C. 曲线桥接　　D. 曲线组合

6. 要使加工零件的大部分曲面曲率都在 1.5mm 以上，可选（　　　）刀具进行精加工。
A. 球头刀 D3.0R1.5　　　　　　B. 牛鼻刀 D3.0R2.0
C. 牛鼻刀 D10.0R1.5　　　　　　D. 球头刀 D2.0R2.0

7. SurfMill 9.0 软件提供了多种清根方式，其中最为常用的是（　　　）。
A. 多笔清根　　B. 缝合清根　　C. 混合清根　　D. 角度分区清根

8. 在 SurfMill 9.0 软件中，通过（　　　）可以实现平移视图观察操作。
A. 单击　　　　　　　　　　　　B. 右击
C. 按住<Ctrl>键的同时右击　　　D. 按住<Shift>键的同时右击

9. （　　　）按钮表示反选。
A. 　　　　　　B. 　　　　　　C. 　　　　　　D.

10. （　　　）交换数据格式不是 SurfMill 9.0 软件可以输入或导出的。
A. step　　　　B. igs　　　　　C. dxf　　　　　D. dwg

11. 对两条曲线进行桥接，使用（　　　）桥接连续方式可以消除两条曲线的连接间隙，并且达到光滑连接的状态。

A. G0　　　　　B. G1　　　　　C. G3　　　　　D. G4

12. 要生成较为光顺的扫掠面，通过（　　）可以实现。

A. 截面线所在平面平行于轨迹线　　B. 截面线所在平面与轨迹线呈 30°

C. 截面线所在平面与轨迹线呈 45°　　D. 截面线所在平面垂直于轨迹线

13. 使用曲面光顺命令时，若要求光顺前后曲面的四条边界保持不变，则可以在导航栏中选中（　　）选项。

A. 自由　　　　　B. 固定角点　　　　C. 固定边界　　　D. 保持边界切失

14. 下述关于仰角和方位角叙述错误的内容是（　　）。

A. 仰角是指在世界坐标系下，刀轴与 XOY 平面的夹角，范围为−90°~90°。

B. 方位角是指在世界坐标系下，刀轴在 XOY 平面的投影与 X 轴顺时针方向的夹角，范围为 0°~360°。

C. 当仰角为±90°时，方位角为 0°。

D. 方位角初始化时，使用垂直曲线命令指的是刀轴方向始终与对应曲线切线方向垂直。

15. 在编程之前，需要对加工环境依次进行（　　）设置。

A. 机床、刀具、几何体、几何体安装、加工路径

B. 机床、几何体、刀具、几何体安装、加工路径

C. 刀具、机床、几何体安装、几何体、加工路径

D. 刀具、机床、加工路径、几何体、几何体安装

16. 在多轴加工中，使用（　　）方式可以检查加工中工件是否会与机床部件发生碰撞。

A. 线框模拟　　B. 机床模拟　　　C. 实体模拟　　　D. 干涉检查

17. SurfMill 9.0 软件定义的刀轴方向是（　　）。

A. 刀柄指向刀尖　　　　　　B. 刀尖指向刀柄

C. Z 轴正方向　　　　　　　D. Z 轴负方向

18. 要加工出和球刀圆弧相同形状的圆弧凹槽，可以使用（　　）方法。

A. 单线字锥刀加工　　　　　B. 轮廓切割加工

C. 区域加工　　　　　　　　D. 模具流道加工

19. 判断图 A-1 所示刀具相对曲线的偏移方向，蓝色线代表刀具路径，红色线代表曲线。

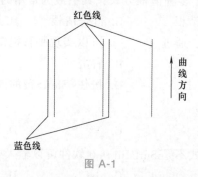

图 A-1

A. 右偏 左偏 关闭　　　　　　B. 外偏 内偏 关闭

C. 左偏 右偏 关闭　　　　　　D. 内偏 外偏 关闭

20. 当模型凸凹处较明显，侧壁接近竖直壁，底面接近平面时，对底面的加工适合采用（　　）方式。

A. 曲面清根加工　　　　　　　　　B. 残料补加工

C. 分层区域加工　　　　　　　　　D. 成组平面加工

21. 倾斜孔使用（　　）方法最为方便简单。

A. 2.5 轴加工　　B. 三轴加工　　　C. 多轴加工　　　D. 都一样

22. 数控编程人员在数控编程和加工时使用的坐标系是（　　）。

A. 右手直角笛卡儿坐标系　　　　　B. 机床坐标系

C. 工件坐标系　　　　　　　　　　D. 直角坐标系

23. 当加工一个外轮廓零件时，常用刀具半径补偿来偏置刀具。如果加工出的零件尺寸大于要求尺寸，则只能再加工一次，但加工前要进行调整，而最简单的调整方法是（　　）。

A. 更换刀具　　　　　　　　　　　B. 减小刀具参数中的半径值

C. 加大刀具参数中的半径值　　　　D. 修改程序

24. 程序编制中首件试切的作用是（　　）。

A. 检验零件图样的正确性

B. 检验零件工艺方案的正确性

C. 检验程序单或控制介质的正确性，并检查是否满足加工精度要求

D. 检验机床运行是否正常

25. 在数控加工中，刀具补偿功能除对刀具半径进行补偿外，在用同一把刀进行粗、精加工时，还可进行加工余量的补偿，设刀具半径为 r，粗加工时，半径方向余量为 Δ，则最后一次粗加工走刀的半径补偿量为（　　）。

A. r　　　　　　　　B. Δ　　　　　　　　C. $r+\Delta$　　　　　　　　D. $2r+\Delta$

26. 图 A-2 所示的几何公差是（　　）。

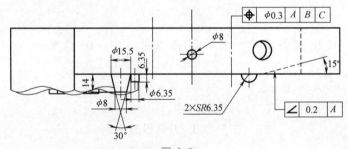

图 A-2

A. 直线度　　　　B. 平行度　　　　　　C. 垂直度　　　　　D. 位置度和倾斜度

27. 如果公差值前加注 ϕ，则公差带的类型是（　　）。

A. 公差带是与理论平面或直线垂直的，两相距 t 值平行平面所限定的区域

B. 公差带是与基准垂直，直径为 ϕt 的圆柱面所包容的区域

C. 公差带是与理论直线垂直的，两相距 t 值平行直线所限定的区域

D. 公差带是与理论平面垂直的，两相距 t 值平行平面所限定的区域

28. 图 A-3 所示的几何公差是（　　）。

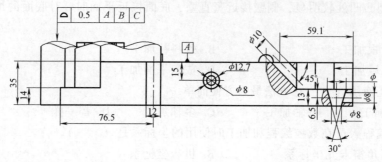

图 A-3

A. 直线度　　　　B. 平行度　　　　　C. 轮廓度　　　　D. 位置度

29. 图 A-4 所示的几何公差（　　　）。

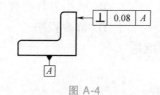

图 A-4

A. 直线度　　　　B. 平行度　　　　　C. 垂直度　　　　D. 位置度

30. 图 A-5 所标示的几何公差是（　　　）。

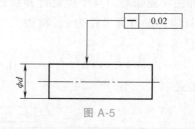

图 A-5

A. 直线度　　　　B. 平行度　　　　C. 垂直度　　　　D. 位置度

三、多选题

1. 在编程前，需要进行（　　　）准备工作。

A. 机床设置　　　　　　　　　　B. 刀具设置

C. 毛坯设置　　　　　　　　　　D. 输出设置

E. 曲面模型分析

2. 在进行加工设置过程中，可以选择"几何体安装"→"自动摆放"命令，将工件自动安装在机床工作台上，若自动摆放后安装状态不正确，可通过（　　　）方式手动改变工件安装位置。

A. 使用动态坐标系　　　　　　　B. 坐标系偏置

C. 点对点平移　　　　　　　　　D. 修改工件坐标系

E. 指定世界坐标系

3. SurfMill 9.0 软件支持的对象类型包括（　　　）。

A. 实体　　　　B. 曲线　　　　　　C. 几何曲面　　　D. 坐标系　　　　E. 点

4. 一般约定，运动轴数目大于 3 的机床为多轴加工机床。多轴加工是指多轴机床同时联合运动轴数目大于 3 时的加工形式，这些轴可以是联动的，也可以是部分联动的。根据多轴机床运动轴配置形式的不同，可以将多轴数控加工分为（　　　）。

A. 四轴联动加工　　　　　　　　　B. 五轴定轴加工

C. 3+1 轴加工　　　　　　　　　　D. 五轴联动加工

E. 三轴联动加工

5. 在曲面裁剪命令中，系统提供了下述四种裁剪方式。常用的两种是（　　　）。

A. 线面裁剪　　　　　　　　　　　B. 流线裁剪

C. 面面裁剪　　　　　　　　　　　D. 一组面内裁剪

6. 当使用曲面等距命令时，如果等距距离大于原始曲面的最小曲率半径，则等距面可能出现的异常情况包括（　　　）。

A. 报错　　　　　　　　　　　　　B. 等距面上原始曲面的一部分消失

C. 等距面自相交　　　　　　　　　D. 等距面出现尖棱

E. 不能生成等距

7. DT 编程的基础是使加工物料标准化，包括（　　　）。

A. 毛坯　　　　B. 夹具　　　　　　C. 刀具　　　　D. 刀柄　　　　E. 机床

8. 路径输出文件格式包括（　　　）。

A. txt　　　　　B. eng　　　　　　C. nc　　　　　D. ptp

9. Surfmill9.0 软件支持（　　　）方式。

A. 竖直下刀　　B. 沿轮廓下刀　　　C. 螺旋下刀　　D. 折线下刀

10. （　　　）可以用 2.5 轴加工完成。

A. 曲面精加工　　　　　　　　　　B. 曲面清根加工

C. 轮廓切割　　　　　　　　　　　D. 区域加工

E. 铣螺纹加工

11. 在使用轮廓切割的图形中，必须是严格的轮廓曲线组，所有的曲线需要满足（　　　）条件。

A. 曲线封闭　　　　　　　　　　　B. 曲线自交

C. 曲线不自交　　　　　　　　　　D. 曲线不封闭

E. 曲线不重叠

12. 下述加工方法，（　　　）是适合粗加工工序。

A. 轮廓切割　　　　　　　　　　　B. 曲面残料补加工

C. 成组平面加工　　　　　　　　　D. 区域加工

E. 分层区域加工

13. 四轴旋转加工按照不同的加工需求可以分为（　　　）

A. 分层粗加工　　　　　　　　　　B. 旋转精加工

C. 单笔清根加工　　　　　　　　　D. 凹腔加工

E. 外圆加工

14. 为方便用户针对不同外形的加工对象生成特定的走刀路径，四轴旋转加工中提供

（ 　　 ）子方式。

A. 旋转精加工 　　　　　　　　　　B. 外圆加工

C. 凹腔加工 　　　　　　　　　　　D. 分层加工

E. 指向导动面

15. 四轴旋转加工中提供了多种常用的走刀方向，外圆和凹腔加工支持的走刀方式有（ 　　 ）。

A. 直线 　　　　B. 圆形 　　　　C. 螺旋 　　　　D. U 向 　　　　E. 斜线

16. 四轴旋转加工中提供了多种常用的走刀方向，指向导动面支持的走刀方式有（ 　　 ）。

A. 直线 　　　　B. V 向 　　　　C. 螺旋 　　　　D. U 向 　　　　E. 斜线

17. 在机测量技术在解决传统离线测量问题的同时，还具有（ 　　 ）优点。

A. 智能修正 　　　　　　　　　　　B. 制检合一

C. 数字化管理 　　　　　　　　　　D. 自动化生产

E. 随形补偿

18. 图 A-6（ 　　 ）中的笛卡儿直角坐标系是正确的。

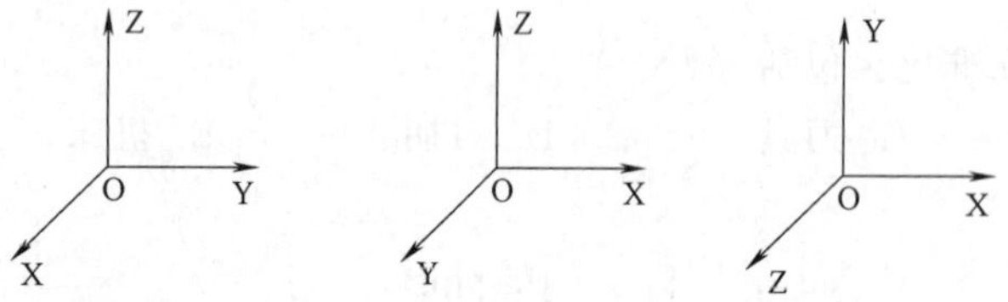

A. 　　　　　B. 　　　　　C. 　　　　　D.

图 A-6

19. 产生测量误差的原因有（ 　　 ）。

A. 人的原因 　　　　　　　　　　　B. 仪器原因

C. 外界条件原因 　　　　　　　　　D. 以上都不是

20. 切削的三要素有（ 　　 ）。

A. 切削厚度 　　　　　　　　　　　B. 切削速度

C. 进给量 　　　　　　　　　　　　D. 背吃刀量

四、简答题

1. 简述应用 SurfMill 9.0 软件进行三轴曲面工件加工编程的一般过程。

2. 系统提供的矩形框选择对象的方法中，图 A-7 两个窗口拾取方法分别代表了什么意思？

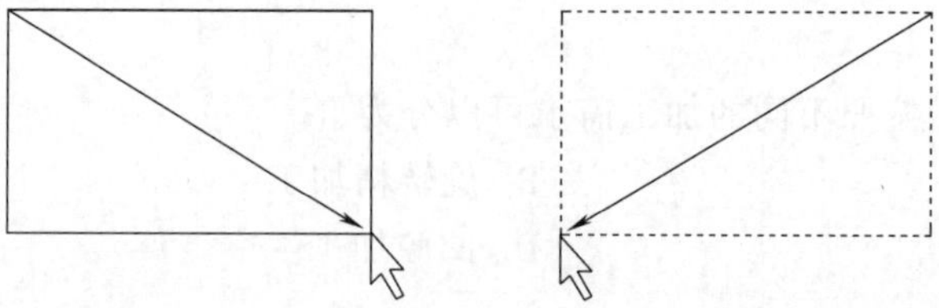

图 A-7

3. 在生成扫掠曲面时，如果生成的曲面是扭曲的，则可能是什么原因造成的？

4. Digital Twin 是什么技术？

5. 合理设置刀轴可以生成简洁、安全的多轴路径，可提高零件的加工精度和切削效率。控制刀轴的具体作用有哪些？

6. 与攻螺纹相比，铣螺纹加工的优点是什么？

7. 使用软件自带机床模拟仿真功能的目的是什么？

8. 如何理解在机测量技术。

9. 市场对产品的外观效果要求越来越高，高光倒角加工正是提升产品外观效果的重要手段。如何保证倒角宽度的一致性？

10. 简述后置处理的建立步骤。

附录 B　上机习题

一、建模题——二维图形绘制

1. 直线类图形绘制，利用直线命令绘制图 B-1~图 B-3 所示的图形。

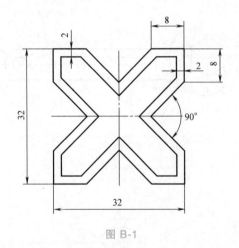

图 B-1

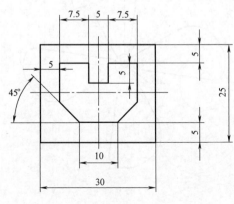

图 B-2

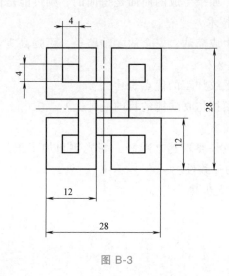

图 B-3

2. 圆弧类图形绘制，利用圆、圆弧和圆弧相切命令绘制图 B-4~图 B-6 所示的图形。

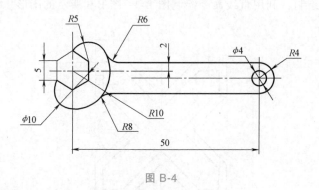

图 B-4

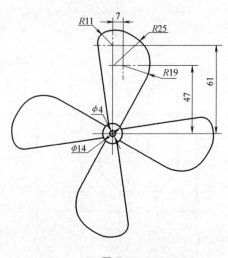

图 B-5

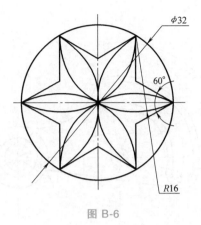

图 B-6

3. 利用圆弧命令和直线命令绘制图 B-7～图 B-9 所示的图形。

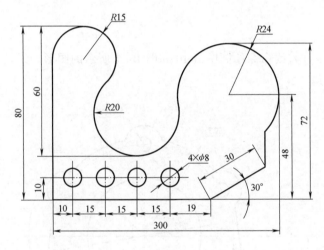

图 B-7

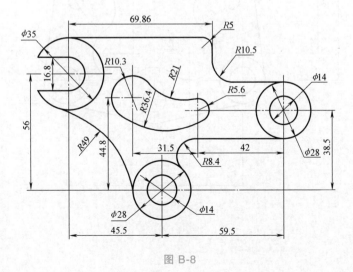

图 B-8

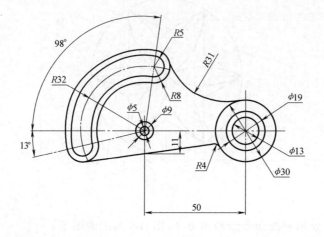

图 B-9

4. 利用圆弧命令和直线命令绘制图 B-10 和图 B-11 所示的图形。

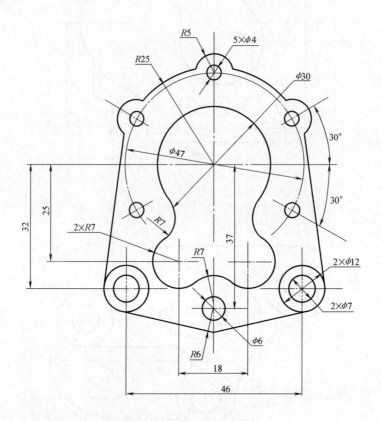

图 B-10

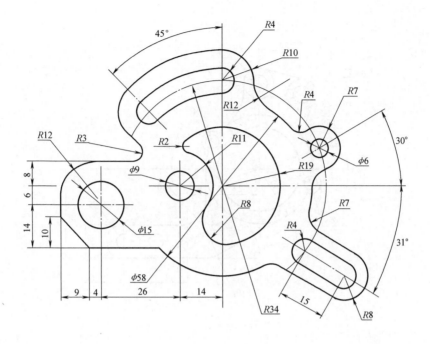

图 B-11

5. 利用圆弧命令和直线命令绘制图 B-12 所示的图形，注意阵列命令的使用。

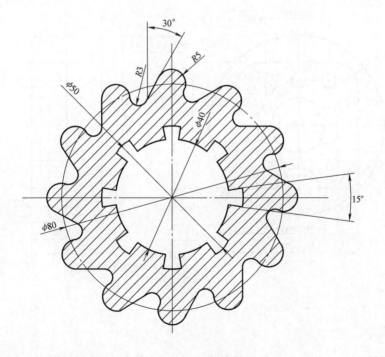

图 B-12

6. 利用圆命令、圆弧命令和直线命令绘制图 B-13 所示的图形。

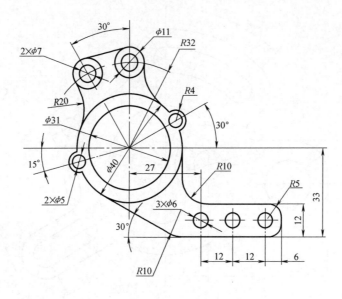

图 B-13

7. 利用圆命令、圆弧命令和直线命令绘制图 B-14 所示的图形。

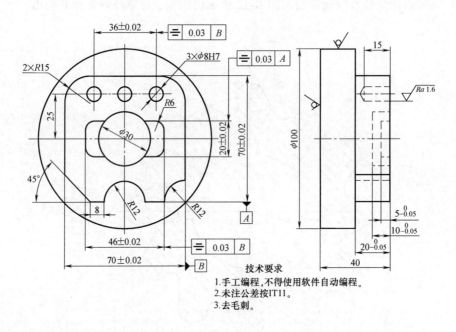

技术要求
1.手工编程,不得使用软件自动编程。
2.未注公差按IT11。
3.去毛刺。

图 B-14

8. 利用圆弧命令、直线命令和曲线倒角命令绘制图 B-15 所示的图形。

9. 利用直线、圆、圆弧、曲线倒角、曲线等距等命令绘制图 B-16 所示的图形。

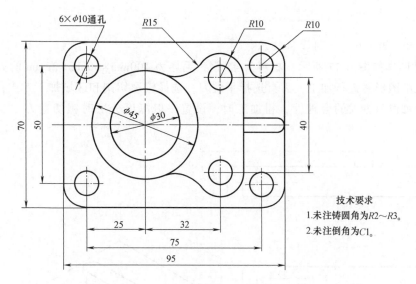

技术要求
1.未注铸圆角为R2～R3。
2.未注倒角为C1。

图 B-15

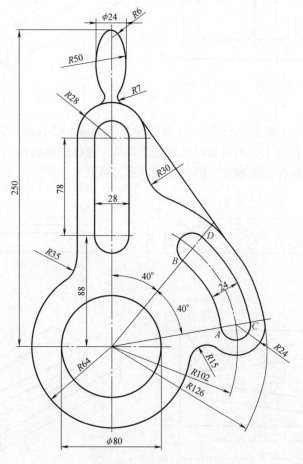

图 B-16

二、加工题（利用素材文件，.escam 和 .igs，完成下列任务）

（一）第一部分——三轴零件加工

1. 零件图样如图 B-17 所示，材料为 45 钢，毛坯为 100mm×60mm×23mm 的方料。根据图样绘制三维图形并进行加工，刀具选择平铣刀，选择轮廓切割和区域加工方式；设置加工参数时注意进退刀方式的合理性，粗加工时，设置一般深度分层时粗切量为 1.5mm，精切量为 0.5mm。

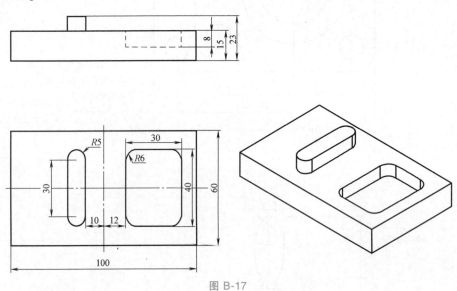

图 B-17

2. 零件样如图 B-18 所示，材料为 45 钢，毛坯为 90mm×50mm×18mm 的方料。根据图样绘制三维图形并进行加工，刀具选择硬质合金刀具，选择曲面精加工中的等高外形精加工方式；设置加工参数时注意粗精加工的进给量以及刀具最小半径。

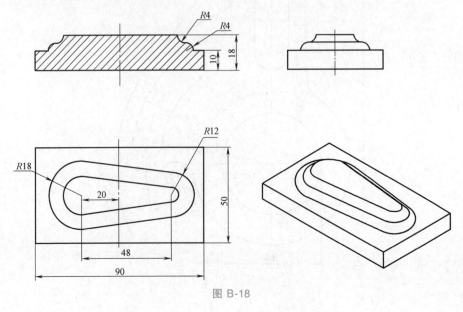

图 B-18

3. 零件图样如图 B-19 所示，材料为 45 钢，毛坯尺寸为 80mm×60mm×20mm 的方料。根据图样绘制三维图形并进行加工，刀具选择硬质合金刀具，底部曲面的加工方式一般选择曲面加工方式，刀具应采用球头刀。

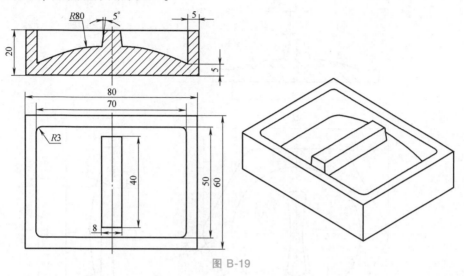

图 B-19

4. 零件图样如图 B-20 所示，材料为 45 钢，毛坯尺寸为 200mm×180mm×40mm 的方料。根据图样绘制三维图形并进行加工，粗加工时选择立铣刀，精加工时选择球头刀，在选择加工方式时注意 5°陡斜面的加工。

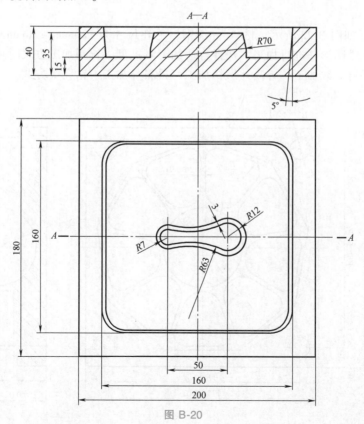

图 B-20

5. 零件图样如图 B-21 所示，材料为 45 钢，毛坯尺寸为 90mm×90mm×30mm 的方料。根据图样绘制三维图形并进行加工，刀具选择硬质合金刀具，选择合适的加工方法和加工参数。

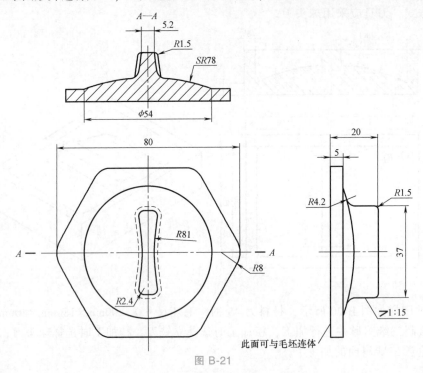

图 B-21

6. 零件图样如图 B-22 所示，材料为 45 钢，毛坯尺寸为 120mm×120mm×25mm 的方料。根据图样绘制三维图形并进行加工，选择合适的刀具类型，选择加工方式时可考虑选择分层区域粗加工、平行截线加工、等高外形精加工、残料补加工、钻孔等方式。

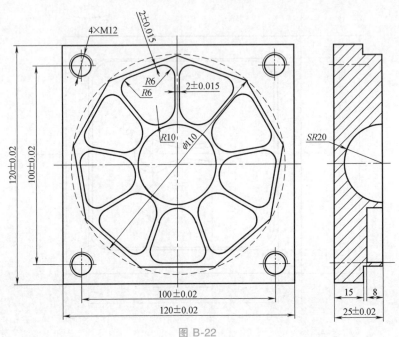

图 B-22

7. 零件图样如图 B-23 所示，材料为 45 钢，毛坯尺寸为 150mm×100mm×35mm 的方料。根据图样绘制三维图形并进行加工，选择合适的刀具类型，选择加工方式时可考虑选择轮廓切割、分层粗加工、残料补加工、钻孔等方式。

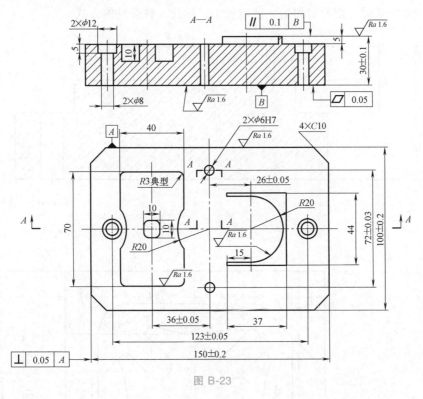

图 B-23

8. 零件图样如图 B-24 所示，材料为 6061 铝合金，毛坯尺寸为 48mm×30mm×20mm，要

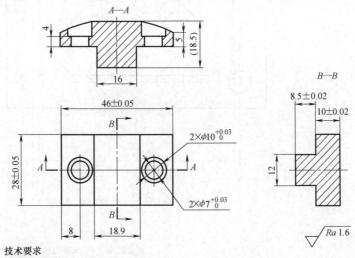

技术要求
1. 锐边倒钝，去除毛刺。
2. 零件加工表面不允许有磕碰、划伤等缺陷。
3. 未注尺寸允许的极限偏差为 ±0.05mm。

图 B-24

求选择合适的刀具类型，选择加工方式时可考虑选择轮廓切割、区域加工、平行截线精加工等操作方式。

9. 零件图样如图 B-25 所示，材料为 6061 铝合金，毛坯尺寸 40mm×40mm×22mm 的方料，选择加工方式时考虑轮廓切割、区域加工、钻孔、铣螺纹等方式。

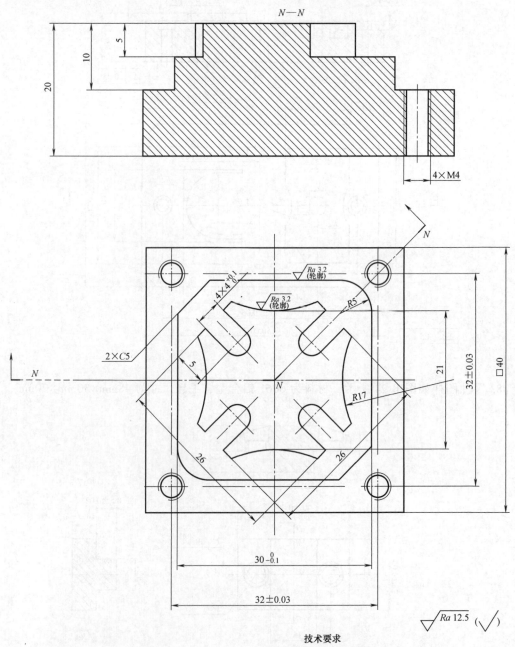

技术要求

1. 锐边倒钝C0.1，去除毛刺。
2. 零件加工表面不允许有划伤、碰伤等缺陷。
3. 未注长度尺寸允许的极限偏差为±0.1mm。

图 B-25

10. 加工图 B-26 所示的零件。

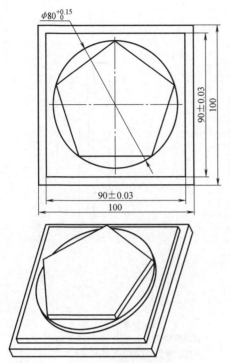

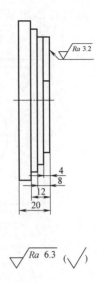

$$\sqrt{Ra\ 6.3}\ \left(\sqrt{\ }\right)$$

技术要求

1.锐边倒钝。

2.未注尺寸公差按GB/T 1804—m加工。

3.材料:6061铝合金。

4.毛坯尺寸:100×100×22。

图 B-26

11. 加工图 B-27 所示的零件。

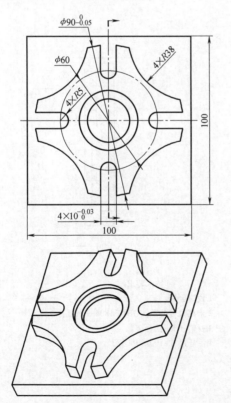

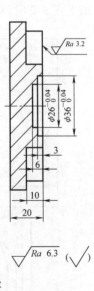

$$\sqrt{Ra\ 6.3}\ \left(\sqrt{\ }\right)$$

技术要求

1.锐边倒钝。

2.未注公差按GB/T 1804—m加工。

3.材料:6061铝合金。

4.毛坯尺寸:100×100×22。

图 B-27

12. 加工图 B-28 所示的零件。

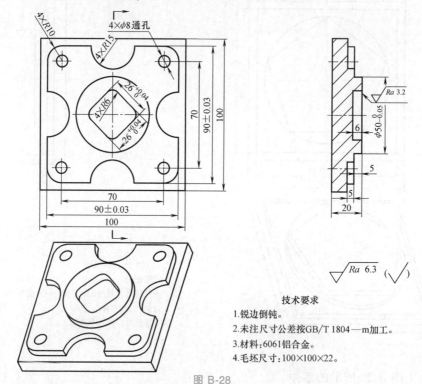

图 B-28

技术要求

1.锐边倒钝。

2.未注尺寸公差按GB/T 1804—m加工。

3.材料:6061铝合金。

4.毛坯尺寸:100×100×22。

13. 加工图 B-29 所示的零件。

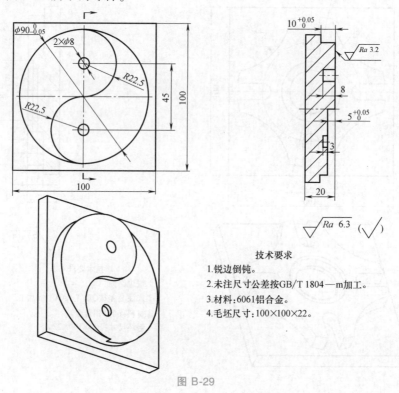

技术要求

1.锐边倒钝。

2.未注尺寸公差按GB/T 1804—m加工。

3.材料:6061铝合金。

4.毛坯尺寸:100×100×22。

图 B-29

14. 加工图 B-30 所示的零件。

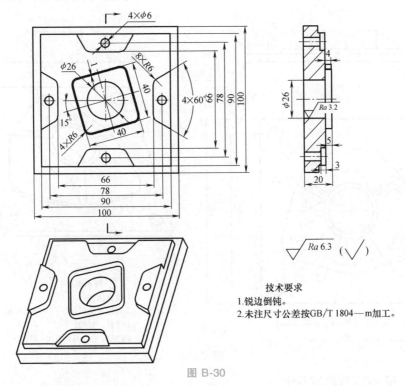

图 B-30

技术要求
1.锐边倒钝。
2.未注尺寸公差按GB/T 1804—m加工。

15. 加工图 B-31 所示的零件。

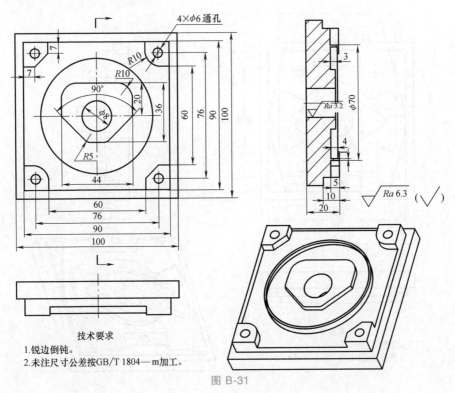

技术要求
1.锐边倒钝。
2.未注尺寸公差按GB/T 1804—m加工。

图 B-31

16. 加工图 B-32 所示的零件。

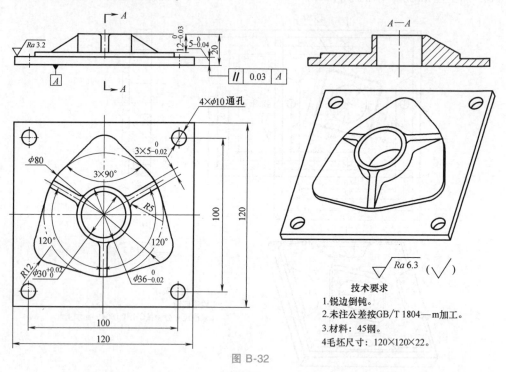

图 B-32

技术要求

1. 锐边倒钝。

2. 未注公差按GB/T 1804—m加工。

3. 材料：45钢。

4. 毛坯尺寸：120×120×22。

17. 加工图 B-33 所示的零件。

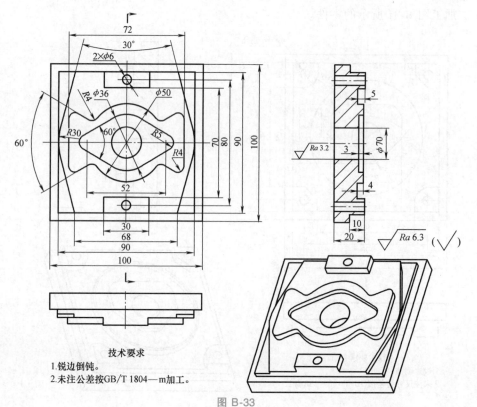

技术要求

1. 锐边倒钝。

2. 未注公差按GB/T 1804—m加工。

图 B-33

18. 零件图样如图 B-34 所示，材料为 45 钢，请选择合适的毛坯、刀具、加工方法和参数。

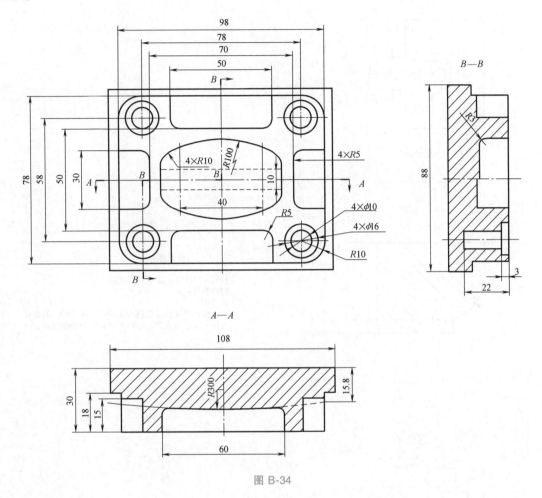

图 B-34

（二）第二部分——多轴零件加工

1. 零件图样如图 B-35 所示，请选择合适的毛坯、刀具和加工参数，使用多轴定位方式进行加工。

2. 加工图 B-36 所示的零件，材料为 6061 铝合金，选择合适的毛坯，通过建立局部坐标系，使用多轴定位及四轴旋转方式进行加工，未注尺寸允许的极限偏差为 ±0.05mm。

3. 加工图 B-37 所示的零件，材料为 6061 铝合金，选择合适的毛坯，通过建立局部坐标系，使用多轴定位方式进行加工。

4. 绘制并加工图 B-38 所示的零件，材料为 6061 铝合金，选择合适的毛坯，通过建立局部坐标系，使用多轴定位及四轴旋转方式进行加工。

5. 加工图 B-39 所示的零件，材料为 6061 铝合金，未注尺寸允许的极限偏差为 ±0.05mm。使用五轴定位加工方式，应用工件位置偏差功能，合理安排工序完成加工。

6. 加工图 B-40 所示的零件，材料为 6061 铝合金，选择合适的毛坯，通过建立局部坐标系，使用多轴定位方式进行加工，并对所标注的极限偏差的尺寸进行在机测量。

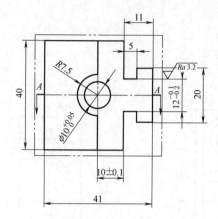

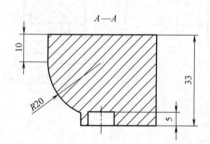

A—A

技术要求

1.材料：Q235A，除有特殊说明。
2.锐角倒钝。
3.去毛刺。
4.未注线性尺寸公差应符合GB/T 1804 —2000的要求。
5.未注几何公差应符合GB/T 1184 —1996的要求。

图 B-35

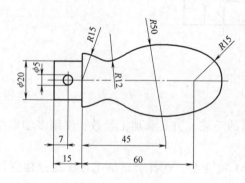

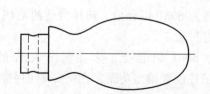

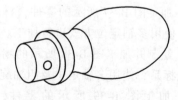

图 B-36

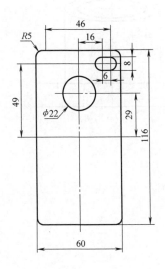

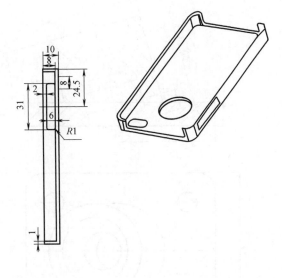

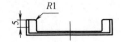

技术要求

1.未注尺寸公差按GB/T 1804—m执行。
2.锐角倒钝。
3.去飞边。

图 B-37

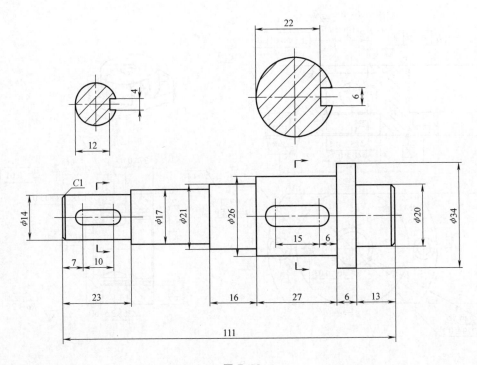

图 B-38

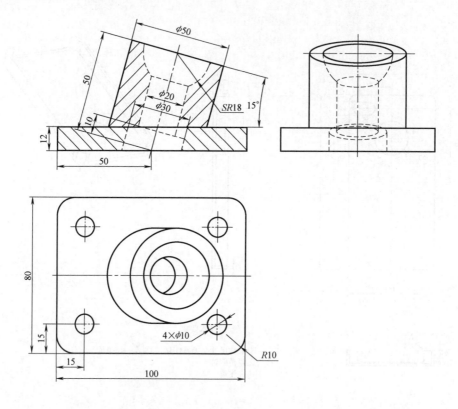

图 B-39

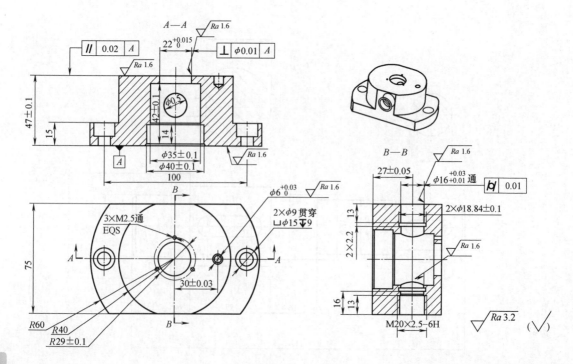

图 B-40